机械工程前沿著作系列
HEP Series in Mechanical Engineering Frontiers

液压伺服与比例控制

Hydraulic Servo and Proportional Control

YEYA SIFU
YU
BILI KONGZHI

宋锦春　陈建文　编著

高等教育出版社·北京
HIGHER EDUCATION PRESS BEIJING

内容简介

　　本书包括液压伺服和比例控制两部分内容。 首先介绍了液压伺服与比例系统的基本概念以及相关控制理论的基本内容。 在此基础上系统地介绍了液压伺服与比例控制系统的典型元件与回路知识，如电液伺服阀、机液伺服系统、电液比例阀、电液比例基本回路及电液比例技术的工程应用实例等，其中不少内容涉及液压伺服与比例控制领域的新技术。 最后，介绍了液压伺服与比例控制系统的分析与设计方法以及基于MATLAB 软件的仿真分析。

　　本书以液压伺服与比例控制为主线，注重阐述液压传动与控制理论基础。 并且部分内容以作者所研究的工程项目为例，实现了理论知识与实际应用的有效结合。 书中的液压元件尽可能选用最新产品，液压职能符号统一采用了国家最新标准。 通过本书学习，读者可以对液压伺服与比例控制的理论知识、技术以及应用情况有比较全面的了解。

　　本书可作为机械工程类专业本科生和研究生的教材，也可供相关领域的科技工作者和工程技术人员参考。

图书在版编目（ＣＩＰ）数据

　　液压伺服与比例控制/宋锦春,陈建文编著. --北京:高等教育出版社,2013.7
　　ISBN 978 - 7 - 04 - 037392 - 9

　　Ⅰ.①液… Ⅱ.①宋…②陈… Ⅲ.①电液伺服系统 - 比例控制 - 研究生 - 教材 Ⅳ.①TH137.5

　　中国版本图书馆 CIP 数据核字（2013）第 097456 号

策划编辑	刘占伟	责任编辑	刘占伟	特约编辑	陈　静	封面设计	杨立新
版式设计	王　莹	插图绘制	尹　莉	责任校对	杨凤玲	责任印制	赵义民

出版发行	高等教育出版社	咨询电话	400 - 810 - 0598
社　　址	北京市西城区德外大街4 号	网　　址	http://www.hep.edu.cn
邮政编码	100120		http://www.hep.com.cn
印　　刷	北京鑫海金澳胶印有限公司	网上订购	http://www.landraco.com
开　　本	787mm×1092mm　1/16		http://www.landraco.com.cn
印　　张	20.5	版　　次	2013 年 7 月第 1 版
字　　数	400 千字	印　　次	2013 年 7 月第 1 次印刷
购书热线	010 - 58581118	定　　价	59.00 元

前　言

液压伺服与比例控制是工业控制领域一门新兴的学科，是液压技术的重要组成部分。随着工业自动化技术的不断发展，液压伺服与比例控制的应用越来越广泛，对控制性能的要求也越来越高。

作者在长期从事专业教学工作的基础上，融合了数十年来科研工作中大量的工程实际应用经验，考虑到液压伺服系统与液压比例控制内容的连续性与相关性，将两者有机结合起来，使相关内容互相参照，便于读者充分了解这门新兴科学技术。同时，结合作者长期的教学科研及现场工作经验，针对目前本专业液压伺服与比例控制系统的特点，本书强调基础知识与基本概念，使读者能够掌握液压伺服系统的分析与设计方法；结合液压伺服与比例控制系统的发展，本书还注重知识的更新。本书对最新出现的高性能比例阀等比例伺服元件的原理进行了介绍，并将计算机仿真分析技术应用于现代液压伺服与比例控制系统。本书还对有关知识点进行了合理调整，易于读者理解和掌握。本书着力结合工程应用，所给出的各项实例基本上都是作者科研工作中的成功范例，有利于读者解决工程实际问题。书中的所有图形符号均采用最新国家标准。

本书共分 12 章，主要包括控制理论、液压伺服和液压比例控制三部分内容。其中，宋锦春编写第 1 章、第 2 章、第 7 章、第 8 章、第 9 章、第 10 章和第 12 章，陈建文编写第 3 章、第 4 章、第 5 章、第 6 章和第 11 章。全书由宋锦春统稿。

东南大学王积伟教授对本书进行了认真的审核并提出了建设性意见，在此表示衷心的谢意！

限于作者水平，书中难免存在不足之处，诚望广大读者斧正。

编　者
2013 年 3 月

符 号 表

符号	含义	符号	含义
A_p	液压缸有效作用面积	J_t	折算到马达轴上的等效惯量
B_p	黏性阻尼系数	K_a	控制放大器增益
B_L	负载等效黏性系数	K_c	流量－压力增益
C_c	断面收缩系数	K_f	反馈放大系数
C_d	滑阀流量系数	K_{ff}	力传感器反馈系数
C_{em}	液压马达外泄漏系数	K_{fx}	位移反馈系数
C_{ep}	液压缸外泄漏系数	K_{fv}	速度传感器反馈系数
C_{im}	液压马达内泄漏系数	K_g	增益裕量
C_{ip}	液压缸内泄漏系数	K_i	输入放大系数
C_{tm}	液压马达总泄漏系数	K_p	压力增益
C_{tp}	液压缸总泄漏系数	K_q	流量增益
C_r	伺服阀阀芯与阀套间的径向间隙	K_s	负载等效弹簧刚度
C_v	流速系数	K_{sv}	伺服阀的流量增益
D_0	固定节流口直径	K_v	开环放大系数
D_n	线圈内径	L	拉普拉斯变换
D_N	喷嘴直径	L^{-1}	拉普拉斯逆变换
D_w	线圈外径	m_t	折算到液压缸输出端的总质量
D_x	线圈平均直径	m_c	液压缸缸筒等效质量
$e_r(\infty)$	系统跟随误差	m_L	负载等效质量
e_{ss}	稳态误差	M_p	最大超调量
F_L	外负载	M_r	谐振峰值
F_B	黏性负载	p_1	液压缸进油腔压力
F_d	电磁力	p_2	液压缸回油腔压力
F_m	惯性力	p_c	控制压力
F_s	弹性负载	p_L	负载压力
F_{ss}	稳态液流力	p_s	油源压力
F_t	作用在阀芯上的总轴向力	p_T	回油压力
$G(s)$	前向通道传递函数	q_0	伺服阀的空载流量
$H(s)$	反馈通道传递函数	q_1	液压缸进油腔流量
i_C	电容电流	q_2	液压缸回油腔流量
i_r	电阻电流	q_L	负载流量
I_n	伺服阀的额定电流	q_n	伺服阀的额定流量
ΔI_{D1}	摩擦力引起的死区电流	q_{sv}	伺服阀流量

符号	含义	符号	含义
t_d	延迟时间	x_v	阀芯位移
t_P	峰值时间	y_{max}	活塞最大行程
t_r	上升时间	α	倾角
t_s	调整时间	β_e	有效体积弹性模量
T_L	外负载力矩	γ	相位裕量
$u(t)$	单位阶跃函数	$\delta(t)$	单位脉冲函数
u_e	偏差电压	ζ_h	液压阻尼比
u_f	反馈电压	ζ_m	负载阻尼比
u_i	输入电压	ζ_{sv}	伺服阀阻尼比
u_o	输出电压	ζ_v	开环系统阻尼比
u_r	指令电压	μ	油液的动力黏度
U	零位预开口量	ρ	油液密度
v_{max}	最大工作速度	τ	时间常数
V_1	液压缸进油腔的容积	τ_{sv}	伺服阀的时间常数
V_2	液压缸回油腔的容积	φ_c	增益穿越频率对应相角
V_t	液压缸总容积	ω_c	增益穿越频率
W	阀的面积梯度	ω_d	有阻尼固有频率
$x_i(t)$	时域输入	ω_g	相位穿越频率
$x_o(t)$	时域输出	ω_h	液压固有频率
Δx_p	总静态误差	ω_m	负载的固有频率
x_c	液压缸缸体位移	ω_n	无阻尼固有频率
x_i	输入位移	ω_o	液压弹簧与负载弹簧并联耦合的谐振频率
x_L	刀架位移	ω_r	液压弹簧与负载弹簧串联耦合的谐振频率
x_p	输出位移	ω_{sv}	伺服阀的固有频率
x_{ss}	稳态值	ω_v	开环系统固有频率

目　录

第 1 章　绪论 ··· 1

1.1　液压伺服与比例系统的组成与工作原理 ····························· 2

　　1.1.1　液压伺服系统示例 ··· 2

　　1.1.2　液压比例系统示例 ··· 4

　　1.1.3　液压伺服与比例控制系统的组成 ··························· 5

1.2　液压伺服与比例控制系统的分类 ··································· 6

1.3　液压伺服与比例控制系统的特点 ··································· 6

　　1.3.1　液压伺服系统 ··· 6

　　1.3.2　电液比例控制系统 ··· 7

1.4　液压伺服与电液比例控制系统的发展与应用 ······················· 8

第 2 章　控制理论基础 ··· 9

2.1　数学模型 ··· 9

　　2.1.1　微分方程 ·· 10

　　2.1.2　复数和复变函数 ··· 11

　　2.1.3　拉普拉斯变换与传递函数 ··································· 12

　　2.1.4　方框图及其等效变换 ······································· 16

　　2.1.5　系统辨识 ·· 20

2.2　典型环节 ·· 24

2.3　稳定性 ··· 31

2.4　稳态误差 ·· 32

2.5　频率特性 ·· 36

　　2.5.1　频率特性分析 ··· 37

　　2.5.2　对数幅相频率特性的稳定性判据 ··························· 41

2.5.3 稳定性裕量 ···················· 44

2.6 控制系统性能校正 ···················· 45

    2.6.1 系统的性能指标 ···················· 47

    2.6.2 系统闭环零点、极点的分布与系统性能的关系 ···· 49

    2.6.3 并联校正 ···················· 50

    2.6.4 串联校正 ···················· 53

    2.6.5 控制器类型 ···················· 57

第 3 章　电液伺服阀 ···················· 61

3.1 电液伺服阀的组成 ···················· 61

    3.1.1 电气 – 机械转换器 ···················· 61

    3.1.2 液压放大器 ···················· 63

3.2 电液伺服阀的分类 ···················· 65

3.3 伺服阀液压放大器的静特性分析 ···················· 65

    3.3.1 滑阀 ···················· 66

    3.3.2 喷嘴挡板阀 ···················· 88

    3.3.3 射流管阀 ···················· 98

3.4 常用电液伺服阀 ···················· 103

    3.4.1 力反馈式电液伺服阀 ···················· 103

    3.4.2 射流管式电液伺服阀 ···················· 104

    3.4.3 位置反馈式伺服阀 ···················· 105

3.5 电液伺服阀的主要性能指标 ···················· 106

    3.5.1 静态特性 ···················· 106

    3.5.2 动态特性 ···················· 111

第 4 章　液压动力元件 ···················· 113

4.1 四边阀控制液压缸 ···················· 113

    4.1.1 基本方程 ···················· 113

    4.1.2 方框图与传递函数 ···················· 116

    4.1.3 传递函数简化 ···················· 117

    4.1.4 频率响应分析 ···················· 122

4.2 四边阀控制液压马达 ···················· 128

4.3 双边阀控制液压缸 ···················· 129

    4.3.1 基本方程 ···················· 130

    4.3.2 传递函数 ···················· 131

4.4 泵控液压马达 ···················· 132

4.4.1 基本方程 ··· 133

4.4.2 传递函数 ··· 134

4.4.3 泵控液压马达与阀控液压马达的比较 ··················· 135

第 5 章 液压伺服系统 ·· 137

5.1 机液伺服系统 ·· 137

5.1.1 系统方框图 ·· 137

5.1.2 系统稳定性分析 ·· 138

5.1.3 机液伺服系统举例 ·· 140

5.2 电液伺服系统 ·· 146

5.2.1 电液位置伺服系统 ·· 146

5.2.2 电液速度控制系统 ·· 148

5.2.3 电液力控制系统 ·· 149

第 6 章 典型液压伺服系统举例 ······························ 155

6.1 液压缸速度控制系统 ·· 155

6.2 汽车转向助力装置 ·· 156

6.3 撒盐车电液伺服系统 ·· 156

6.4 水平连铸电液伺服系统 ······································ 157

6.5 跑偏控制伺服系统 ·· 159

6.6 液压压下伺服系统 ·· 161

6.7 卷取机恒张力控制系统 ······································ 165

第 7 章 比例电磁铁与电液比例阀 ···························· 169

7.1 比例电磁铁 ·· 169

7.1.1 电 – 机械转换元件的作用及形式 ························ 169

7.1.2 电磁铁的结构与工作原理 ·································· 170

7.1.3 比例电磁铁的特性 ·· 171

7.1.4 比例电磁铁的分类与应用 ·································· 174

7.1.5 比例电磁铁的设计 ·· 177

7.2 电液比例阀 ·· 178

7.2.1 概述 ·· 178

7.2.2 电液比例压力控制阀 ······································ 180

7.2.3 电液比例方向阀 ·· 188

7.2.4 电液比例流量控制阀 ······································ 192

7.2.5 压力补偿器 ·· 196

7.2.6 电液比例复合阀 ·· 199

第 **8** 章　电液比例容积控制 · 201

8.1　容积泵的基本控制方法 · 201

　8.1.1　流量适应控制 · 201

　8.1.2　压力适应控制 · 204

　8.1.3　功率适应控制 · 206

　8.1.4　恒功率控制 · 207

8.2　电液比例排量调节型变量泵和变量马达 · · · · · · · · · · · · · · 209

　8.2.1　位移直接反馈式比例排量调节 · · · · · · · · · · · · · · · · 210

　8.2.2　位移 – 力反馈式比例排量调节变量泵 · · · · · · · · · 212

　8.2.3　位移 – 电反馈型比例排量调节 · · · · · · · · · · · · · · · · 213

8.3　电液比例压力调节型变量泵 · 214

8.4　电液比例流量调节型变量泵 · 214

　8.4.1　稳流量调节控制原理 · 215

　8.4.2　电液比例流量调节型变量泵的特性 · · · · · · · · · · · · 216

　8.4.3　带流量适应的比例流量调节型变量泵 · · · · · · · · · · 217

8.5　电液比例压力和流量调节型变量泵 · · · · · · · · · · · · · · · · · · 218

　8.5.1　压力补偿型比例压力和流量调节型变量泵 · · · · · 218

　8.5.2　电反馈型比例压力和流量调节型变量泵 · · · · · · · · 220

8.6　二次静压调节技术 · 222

　8.6.1　二次静压调节技术的概述 · 222

　8.6.2　二次调节静液传动的工作原理 · · · · · · · · · · · · · · · · · 223

　8.6.3　二次调节系统的转速控制 · 224

　8.6.4　二次调节系统的转矩控制 · 225

　8.6.5　二次调节系统的功率控制 · 226

　8.6.6　二次调节静液传动系统的特点 · · · · · · · · · · · · · · · · · 228

　8.6.7　二次调节技术的主要应用 · 229

第 **9** 章　电液比例控制基本回路 · 233

9.1　比例压力控制回路 · 233

　9.1.1　比例溢流调压回路 · 233

　9.1.2　比例容积调压回路 · 235

　9.1.3　比例减压回路 · 235

　9.1.4　比例压力控制回路应用 · 237

9.2　电液比例速度控制回路 · 237

　9.2.1　比例节流流量控制回路 · 237

9.2.2 比例容积式流量控制回路 ············· 238

9.2.3 比例容积节流式流量控制回路 ········· 239

9.2.4 比例流量控制回路应用 ··············· 240

9.3 电液比例方向速度控制回路 ··············· 242

9.3.1 对称执行元件比例方向控制回路 ······· 242

9.3.2 非对称执行元件的比例方向控制回路 ··· 243

9.3.3 比例差动方向速度控制回路 ··········· 244

9.3.4 其他使用比例方向阀的实用回路 ······· 245

9.3.5 比例方向速度控制回路应用 ··········· 248

9.4 比例复合回路 ··························· 250

9.4.1 比例压力－流量复合阀调压调速回路 ··· 250

9.4.2 比例压力－流量调节型变量泵回路 ····· 251

9.5 应用于比例节流的压力补偿回路 ··········· 252

9.5.1 进口节流压力补偿回路 ··············· 252

9.5.2 出口节流压力补偿回路 ··············· 255

第 10 章 电液比例控制技术的工程应用 ··········· 257

10.1 电液比例控制技术在钢管水压试验机上的应用 ··· 257

10.2 电液比例控制技术在 CVT 中的应用 ········· 259

10.3 管拧机浮动抱钳夹紧装置电液比例控制系统 ··· 261

10.4 带钢对中装置电液比例控制系统 ··········· 263

10.5 矫直机比例控制系统 ··················· 264

10.6 飞机拦阻器电液比例控制系统 ············· 267

10.7 风力发电机的变桨距比例控制系统 ········· 268

第 11 章 液压伺服与比例控制系统的分析与设计 ····· 271

11.1 液压伺服与比例控制系统的设计流程与要求 ··· 271

11.1.1 设计流程 ························· 271

11.1.2 控制系统的设计要求 ··············· 271

11.2 液压伺服与比例控制系统的方案拟定 ······· 273

11.2.1 确定控制方案 ····················· 273

11.2.2 确定控制系统的控制方式 ··········· 273

11.2.3 确定控制系统的控制元件类型 ······· 273

11.2.4 确定控制系统的控制系统类型 ······· 273

11.2.5 确定控制系统的执行元件类型 ······· 274

11.2.6 确定控制系统的原理方框图 ········· 274

11.3　液压伺服与比例控制系统的静态设计 …………………………… 275

11.3.1　控制系统的供油压力的选择 ………………………………… 275

11.3.2　液压执行元件及控制阀规格的确定 ………………………… 276

11.3.3　反馈传感器、放大器等元件的选择 ………………………… 280

11.4　液压伺服与比例控制系统的动态设计 …………………………… 280

11.4.1　系统的组成元件及传递函数建立 …………………………… 280

11.4.2　系统的方框图 ………………………………………………… 283

11.4.3　系统的开环传递函数 ………………………………………… 284

11.5　液压伺服与比例控制系统的静、动态品质检验 ………………… 284

11.5.1　液压伺服与比例控制系统的稳定性 ………………………… 285

11.5.2　液压伺服与比例控制系统的误差 …………………………… 285

11.5.3　控制系统的校正 ……………………………………………… 286

11.6　液压伺服控制系统的液压能源选择 ……………………………… 287

11.6.1　伺服控制系统常用的液压油源 ……………………………… 288

11.6.2　液压能源与负载的匹配 ……………………………………… 289

11.6.3　阀控伺服系统液压能源的选择 ……………………………… 289

11.7　液压伺服与比例控制系统设计举例 ……………………………… 289

第 12 章　液压伺服与比例控制系统的仿真分析 …………………… 293

12.1　MATLAB 仿真工具软件简介 …………………………………… 293

12.2　闭环位置控制系统仿真实例 ……………………………………… 294

参考文献 ……………………………………………………………………… 307

索引 …………………………………………………………………………… 311

第1章 绪 论

液压伺服与比例控制是液压技术与自动控制技术相结合的工程实用技术,以自动控制技术为基础,综合运用电子、机械、液压与计算机等手段实现对相应物理量(参数)的自动控制。

液压技术的应用由来已久,早在公元 18 世纪就出现了应用于工业的水压机。在第一次世界大战前,就已经在舰船操纵系统中应用了液压伺服控制手段。20 世纪 60 年代后期,电液比例控制技术的出现又使液压技术的应用更为广泛。

液压伺服系统和比例控制系统是以伺服阀和比例阀为核心元件,按照指令信号驱动液压执行元件完成特定功能的液压控制系统。

传统的液压控制方式是开关型控制,这是迄今为止用得最多的一种控制方式。它通过电磁驱动或手动驱动来实现液压介质的通、断和方向控制,从而实现被控对象的机械化和自动化操作。但是这种方式无法实现对流量、压力连续、按比例地控制,同时控制的速度也比较低、精度差、换向时冲击比较大,因此在许多场合下的应用受到了限制。第二次世界大战期间,飞机、火炮等军事装备的控制系统要求快速响应、高精度等高性能,在这个背景下电液伺服控制得到了迅速发展。这种控制方式可根据输入信号(如电流)的大小连续、按比例地改变液流的流量、压力和方向,克服开关型控制的缺点,实现高性能的控制要求。

20 世纪 60 年代电液伺服控制日趋成熟,迅速向民用工业推广。但是,由于液压伺服系统元件的制造精度要求很高、成本昂贵等不利因素,限制了该技术更为广泛的普及应用。对于一般工业应用中对控制精度与响应速度等要求不是很高的系统,电液比例控制技术具有对油液污染不敏感、维护简单、成本低廉等优势,因此获得了越来越普遍的应用。

从广义上讲,凡是输出量,如压力、流量、位移、速度、加速度等,能随输入信号连续、按比例变化的控制系统,都称为比例控制系统。从这个意义上说,伺服控制也是一种比例控制。

　　但是通常所说的比例控制系统是特指介于开关控制和伺服控制之间的一种新型控制系统。与开关控制系统相比，它能实现连续、比例控制，并且控制精度高、反应速度快；与伺服控制系统相比，由于比例阀是在普通工业用阀的基础上改造而成的，因此加工精度不高，成本低廉，抗污染性能好。比例控制系统的控制精度、反应速度等虽然比伺服阀和伺服系统的差，但能满足大多数工业控制的要求，并且阀内压降小，能节省能耗，降低发热量。

　　比例控制主要用于开环系统，伺服控制主要用于闭环系统。伺服控制装置总是带有内反馈，任何检测到的误差都会引起系统状态的改变，而这种改变正是为了清除误差而进行的调整。

1.1　液压伺服与比例系统的组成与工作原理

1.1.1　液压伺服系统示例

　　液压伺服系统是以液压动力元件为驱动装置所组成的反馈控制系统。亦称随动系统，一般称控制系统。

　　1. 系统举例 1 ——液压磨切锯切割钢坯控制系统

　　图 1.1 为液压磨切锯的结构图。液压磨切锯是冶金工业一种广泛应用的重要切割设备。液压磨切锯中使用的液压伺服系统能够合理地控制进给速度，同时还及时补偿由磨削轮和钢坯之间在切削过程中所引起的转矩的变化，大大地提高了生产效率。使用液压伺服系统控制，使得磨削轮和钢坯传动带之间取得最佳配合，再配合 PID 控制，对磨切锯液压伺服系统的传递函数进行最优化，从而完成钢坯的精确切割。其控制系统方框图如图 1.2 所示。

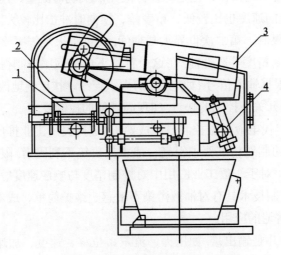

1. 钢坯板；2. 磨削轮；3. 驱动部件；4. 液压缸

图 1.1　液压磨切锯的结构图

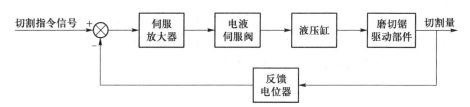

图 1.2 液压磨切锯切割控制系统方框图

2. 系统举例 2——阀板转角控制系统

图 1.3 所示为一阀板转角控制系统的电流伺服系统。在大口径流体管道 1 中，阀板 2 的转角 θ 变化会产生节流作用，从而起到调节流量的作用。阀板 2 的转动由液压缸 4 带动齿轮齿条 3 来实现。这个系统的输入量是电位器 5 的给定值。

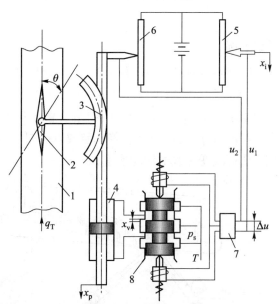

1. 流体管道；2. 阀板；3. 齿轮齿条；4. 液压缸；5. 给定电位器；
6. 反馈电位器；7. 放大器；8. 电液伺服阀

图 1.3 阀板转角控制系统的电液伺服系统

对应给定值 x_i，有一定的电压 u_1 输送给放大器 7，放大器 7 将电压信号转换为电流信号施加到伺服阀 8 的电磁线圈中，使阀芯产生相应的开口量 x_v。液压油经阀开口进入液压缸上腔，推动液压缸活塞杆下移。液压缸下腔的油液经伺服阀流回油箱。液压缸活塞杆向下移动，使齿轮齿条 3 带动阀板 2 产生偏转。同时，液压缸活塞杆也带动反馈电位器 6 的触点下移 x_p。当 x_p 所对应的电压 u_2 与 x_i 所对应的电压 u_1 相等时，两者之差为零。这时，放大器的输出电流亦为零，伺服阀关闭，液压缸带动的阀板停在相应的位置。

在控制系统中，将被控对象的输出信号反馈到系统输入端，并与给定值进行比较而形成偏差信号，从而产生对被控信号的控制作用。反馈信号与被控信号相反，即总是形成差值, 这种反馈称之为负反馈。用负反馈产生的偏差信号进行调节是反馈控制的基本特征。而图 1.3 所示的实例中, 电位器 6 就是反馈装置, 偏差信号就是给定信号电压与反馈信号电压在放大器输入端产生的 Δu 。该系统的方框图如图 1.4 所示。

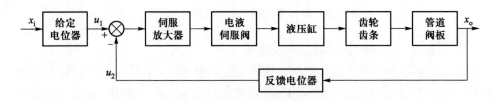

图 1.4　管道流量电液伺服系统方框图

1.1.2　液压比例系统示例

电液比例控制可以分为开环控制和闭环控制。当通过电液比例阀进行开环控制时, 如图 1.5 所示, 输入电压 u 经电子放大器放大后, 驱动比例电磁铁, 使之产生一个与驱动电流 I 成比例的力 F_d, 去推动液压控制阀, 液压控制阀输出一个强功率的液压信号 (压力 p 和流量 q), 使执行元件拖动负载以所期望的速度 v 运动。改变输入信号 u 的大小, 便可改变负载的运动速度。

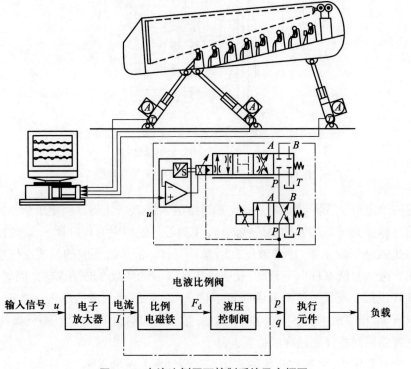

图 1.5　电液比例开环控制系统及方框图

若需提高控制性能, 可以采用闭环控制, 如图 1.6 所示。这时, 可在开环控制的基础上增加一个测量反馈元件, 不断测量系统的输出量 v, 并将它转换成一个与之成比例的电压 u_2, 反馈到系统的输入端, 同输入信号 u_1 比较, 形成偏差 e。

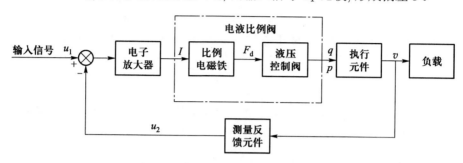

图 1.6　电液比例闭环控制系统方框图

此偏差信号 e 经放大、校正后, 加到电液比例阀上, 放大成强功率的液压能 p 和 q 去驱动执行元件, 以拖动负载朝着消除偏差的方向运动, 直到偏差 e 趋近于零为止。比较图 1.2 与图 1.6 可知, 电液比例控制系统同电液伺服系统相似, 只不过用电液比例阀取代了伺服系统中的电液伺服阀而已。

1.1.3　液压伺服与比例控制系统的组成

上述伺服与比例控制系统都是由输入元件、比较元件、电气放大器、液压伺服 (比例) 控制阀、执行元件、反馈元件 (闭环系统) 和控制对象这几部分组成的。

1. 输入元件

将指令信号引入系统的输入端的元件。该元件可以是机械的、电气的、液压的或者是其他的组合形式。

2. 比较元件

将反馈测量信号和输入信号相比较而得出偏差信号的元件。

3. 电气放大器

伺服阀与比例阀的电气放大器将控制系统的控制信号 (电流或电压) 转换成具有足够驱动能力 (功率) 的电力信号, 用来驱动电液伺服阀或比例阀完成控制动作。

4. 液压伺服 (比例) 阀

利用电气放大器输出的驱动电能, 通过液压放大作用, 转换成大功率的液压能量的元件。

5. 执行元件

将控制作用施加于控制对象实现控制目标的元件, 如液压缸和液压马达。

6. 反馈测量元件

在闭环控制系统中,用来测量系统的输出量并转换成反馈信号的元件。各种类型的传感器常用作反馈测量元件。

7. 控制对象

具有被控物理量的各类生产设备,如机器工作台、刀架等。

液压伺服与比例控制系统的组成与各元件的常见位置如图 1.7 所示。

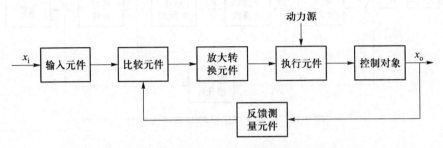

图 1.7　液压伺服与比例控制系统的组成框图

1.2　液压伺服与比例控制系统的分类

1. 按系统的物理结构分类

可分为机械液压伺服与比例控制系统、电气液压伺服与比例控制系统、气动液压伺服与比例控制系统。

2. 按控制元件的类型分类

可分为阀控式(节流式)控制系统、泵控式(容积式)控制系统。

3. 按被控物理量分类

可分为位置伺服与比例控制系统、速度伺服与比例控制系统、力伺服与比例控制系统、加速度伺服与比例控制系统及其他物理量的伺服与比例控制系统。

4. 按输入信号的变化规律分类

可分为定值控制系统、程序控制系统、伺服系统。

5. 按信号类型分类

可分为模拟信号控制系统、数字信号控制系统、混合控制系统。

1.3　液压伺服与比例控制系统的特点

1.3.1　液压伺服系统

从工作原理上讲,液压伺服系统的主要特点表现在以下方面:

1. 反馈系统

把输出量的一部分或全部按一定方式回送到输入端,并与输入信号比较,这就是反馈作用。在系统举例 2 中,反馈电压和给定电压是异号的,即反馈信号不断地抵消输入信号, 这就是负反馈。自动控制系统中大多数反馈是负反馈。

2. 靠偏差工作

要使执行元件输出一定的力和速度, 伺服阀必须有一定的开口量, 因此输入和输出之间必须有偏差信号。执行元件运动的结果试图消除这个误差, 但在伺服系统工作的任何时刻都不能完全消除这一偏差, 伺服系统正是依靠这一偏差信号进行工作的。

3. 放大系统

执行元件输出的力和功率远远大于输入信号的力和功率, 其输出的能量是液压能源供给的。

4. 跟踪系统

液压缸的输出量完全跟踪输入信号的变化。

从应用的角度来看, 液压伺服系统除具有其他液压传动所固有的一系列优点外, 还具有控制精度高、响应速度快等特点。

(1) 体积小, 质量小 (功率质量比大, 为普通电机的 10 倍), 适于大功率控制系统。

(2) 负载刚度大, 控制精度高; 开环速度刚度为电机的 5 倍, 而普通电机的位置刚度近乎为零。

(3) 响应快, 频宽大; 液压马达的启动时间为电机的十分之一, 高性能伺服阀的频宽可达上千赫兹。

(4) 适于机电液一体化。

但是, 伺服元件加工精度高, 因此价格较贵。液压伺服系统对油液的污染比较敏感, 因此可靠性易受到影响。在小功率系统中, 液压伺服控制不如电器控制灵活。

1.3.2 电液比例控制系统

电液比例阀是介于开关型的液压阀与伺服阀之间的一种液压元件。与电液伺服阀相比, 其优点是价廉、抗污染能力强。除了在控制精度及响应速度方面不如伺服阀外, 其他方面的性能和控制水平与伺服阀相当, 其动、静态性能足以满足大多数工业应用的要求。与传统的液压控制阀比较, 虽然价格较贵, 但由于其良好的控制水平而得到补偿。

电液比例控制的主要优点如下:

(1) 操作方便, 容易实现遥控。

(2) 自动化程度高, 容易实现编程控制。

(3) 工作平稳, 控制精度较高。

(4) 结构简单, 使用元件较少, 对污染不敏感。

(5) 系统的节能效果好。

主要缺点如下:

(1) 成本较高。

(2) 技术较复杂。

1.4　液压伺服与电液比例控制系统的发展与应用

液压伺服系统早在一战期间已应用于海军舰艇尾舵设备控制, 后来由于电力系统发展及其明显的优势, 动摇了液压控制的发展。到了第二次世界大战时期, 小伺服电机和滑阀的出现形成了液压伺服系统的雏形, 由于液压伺服系统具有高速性、高精度等特点, 其逐渐被应用到超声飞机、导弹、自动驾驶仪上, 这些应用更加促进了伺服系统发展。到 20 世纪 50 年代, 李诗颖和美国 Black 等人对滑阀进行了深入研究, 提出了电液伺服系统理论基础。从此液压伺服系统被广泛使用, 目前在军事领域中被应用到飞机的操纵系统、导弹的行动舵面、高射火炮的跟踪系统、坦克武器的稳定系统等方面, 在民用领域中被应用到机床、冶炼、锻铸、轧钢、车辆工程、矿山机械等方面。

比例技术的发展大致可以划分为以下三个阶段。

第一阶段: 1967 年比例复合阀的出现标志着液压比例技术的诞生。这一阶段, 主要是以比例型电 – 机变换器 (例如比例电磁铁、伺服电机、动圈式力矩马达等) 取代普通液压阀中的手动调节装置和普通电磁铁, 实现电液比例控制。

第二阶段: 从 1975 年到 1980 年, 比例技术进入发展的第二阶段, 比例器件普遍采用了各种内反馈回路, 同时研制了耐高压的比例电磁铁, 与之配套的比例放大器也日趋成熟, 在性能上有了较大提高。

第三阶段: 20 世纪 80 年代以来, 比例技术进入了飞速发展阶段, 设计原理进一步完善, 比例阀的性能如滞环减小、频宽大幅提高。比例技术同插装技术结合, 出现了二通、三通比例插装阀。现在有些比例阀已把传感器、测量放大器、控制放大器和阀结合在一起, 使得结构更紧凑, 性能进一步提高, 因此比例控制技术被迅速、广泛地应用于各种工业控制场合。

利用电液比例技术还出现了很多所谓整体闭环控制, 即全程电反馈的电液比例元件, 其中有各种比例阀、比例容积控制、恒功率控制、恒流量控制、恒压力控制动力源等。

第 2 章　控制理论基础

本章研究自动控制理论的基本原理及其在机械工程中的应用。高科技在机械工程中的应用,使机械制造和机械产品本身的自动化和智能化水平不断提高。现代机械工程要求机械工程师具有机械机构现代设计方法和制造方法的知识,同时也要具有机械工程自动控制的知识,并掌握自动控制理论的基本原理及其在现代机械工程中应用的技能。

2.1　数学模型

为了对伺服系统进行定量研究,应找出系统中各变量 (物理量) 之间的关系。不但要搞清楚其静态关系,还要知道其动态特性,即各物理量随时间变化的过程。描述这些变量之间关系的数学表达式称之为数学模型。

系统的数学模型以微分方程的形式表达输出与输入间的关系,通过解微分方程具体地看出系统输出随时间变化的规律。这是系统分析的一种方法,即系统的时域分析法。但在经典控制论中,频率法占有更重要的位置,它不仅是系统分析的重要方法,也是系统设计的重要手段。拉普拉斯变换是频率法的数学基础,利用拉普拉斯变换解微分方程可使求解过程大为简化。

建立系统的数学模型有两种方法。

(1) 分析法:依据系统本身所遵循的有关定律列写数学表达式 (方程),并在列写方程的过程中进行必要的简化,如线性化 (忽略一些次要的非线性因素) 或在工作点附近将非线性函数近似线性化。常用的简化手段是采用集中参数法,如将质量集中在质心、载荷为集中载荷等。

(2) 实验法:根据系统对某些典型输入信号的响应或其他实验数据建立数学模型。这种用实验数据建立数学模型的方法也称为系统辨识。

2.1.1 微分方程

伺服系统的动态行为可用各变量及其各阶导数所组成的微分方程来描述。当微分方程各阶导数为零时,则变成表示各变量间静态关系的代数方程。有了系统运动的微分方程就可知道系统各变量的静态行为和动态行为。该微分方程就是系统的数学模型。

通常,数学模型的表达方式是将含有输出量及其导数的项写在方程左侧,而把含有输入量及其导数的项写在方程右侧。

列写系统微分方程的目的就是要确定系统输入与输出的函数关系式。因此,列写方程的一般步骤是:

① 确定系统的输入和输出;

② 按照信息的传递顺序,从输入端开始,按物体的运动规律,如力学中的牛顿定律、电路中的基尔霍夫定律和能量守恒定律等,列写出系统中各环节的微分方程;

③ 消去所列微分方程组中的各个中间变量,获得描述系统输入和输出关系的微分方程;

④ 将所得的微分方程加以整理,把与输入有关的各项放在等号右侧,与输出有关的各项放在等号左侧,并按降幂排列。

例 1: 在图 2.1 所示的无源网络中,$u_i(t)$ 为输入电压,$u_o(t)$ 为输出电压,试建立其数学模型。

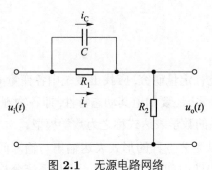

图 2.1　无源电路网络

解: 根据基尔霍夫定律和欧姆定律有

$$u_i - u_o = i_r R_1 \tag{2.1}$$

$$u_i - u_o = \frac{1}{C} \int i_C \mathrm{d}t \tag{2.2}$$

$$u_o = (i_r + i_C) R_2 \tag{2.3}$$

由式 (2.2) 得

$$i_C = (\dot{u}_i - \dot{u}_o) C \tag{2.4}$$

由式 (2.1) 得

$$i_r = \frac{u_i - u_o}{R_1} \tag{2.5}$$

将式 (2.4) 和式 (2.5) 代入式 (2.3), 整理后得到

$$CR_1R_2\dot{u}_o + (R_1 + R_2)u_o = CR_1R_2\dot{u}_i + R_2u_i \tag{2.6}$$

式 (2.6) 即为所求数学模型。

2.1.2 复数和复变函数

1. 复数的概念

复数 s 有一个实部 σ 和一个虚部 ω, 即 $s = \sigma + j\omega$, 其中 σ 和 ω 均为实数, $j = \sqrt{-1}$ 为虚数单位。两个复数相等是指, 必须且只需它们的实部和虚部分别相等。一个复数为零, 必须且只需它的实部和虚部同时为零。

2. 复数的表示法

任一复数 $s = \sigma + j\omega$ 与实数 σ、ω 是一一对应的关系, 故在平面直角坐标系中, σ 为横坐标 (实轴), $j\omega$ 为纵坐标 (虚轴)。实轴和虚轴所构成的平面称为复平面或 $[s]$ 平面。复数 $s = \sigma + j\omega$ 可在复平面 $[s]$ 中用点 (σ, ω) 表示, 如图 2.2a 所示。这样, 一个复数就对应于复平面上的一个点。

1) 复数的向量表示法

复数可以用从原点指向点 (σ, ω) 的向量表示, 如图 2.2b 所示。向量的长度称为复数 s 的模 $|s| = r = \sqrt{\sigma^2 + \omega^2}$。

向量与 σ 轴的夹角 θ 称为复数 s 的幅角, $\theta = \arctan(\omega/\sigma)$。

2) 复数的三角函数表示法与指数表示法

由图 2.2b 可见, $\sigma = r\cos\theta$, $\omega = r\sin\theta$。因此, 复数的三角函数表示法为

$$s = r(\cos\theta + j\sin\theta) \tag{2.7}$$

利用欧拉公式

$$e^{j\theta} = \cos\theta + j\sin\theta \tag{2.8}$$

故复数 s 可用指数形式表示为

$$s = re^{j\theta} \tag{2.9}$$

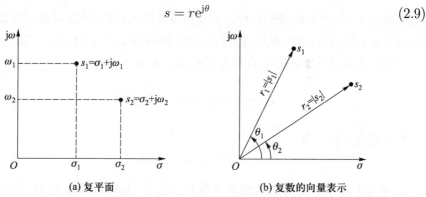

(a) 复平面　　　　(b) 复数的向量表示

图 2.2　复数的表示

3. 复变函数、极点与零点的概念

以复数 $s = \sigma + j\omega$ 为自变量构成的函数 $G(s)$ 称为复变函数,记为

$$G(s) = u + jv \tag{2.10}$$

其中, u、v 分别为复变函数的实部和虚部。通常,在线性控制系统中复变函数 $G(s)$ 是复数 s 的单值函数,即对应于 s 的一个给定值, $G(s)$ 就有一个唯一确定的值与之对应。

例 2: 当 $s = \sigma + j\omega$ 时,求复变函数 $G(s) = s^2 + 1$ 的实部 u 和虚部 v。

解:

$$\begin{aligned}
G(s) = s^2 + 1 &= (\sigma + j\omega)^2 + 1 \\
&= \sigma^2 + j(2\sigma\omega) - \omega^2 + 1 \\
&= (\sigma^2 - \omega^2 + 1) + j(2\sigma\omega)
\end{aligned}$$

则其实部为

$$u = \sigma^2 - \omega^2 + 1$$

虚部为

$$v = 2\sigma\omega$$

当复变函数表示成

$$G(s) = \frac{k\prod(s + z_i)}{\prod(s + p_j)}$$

分别考虑其分子和分母为零的情况,当取 $s = -z_i$ 时,使 $G(s) = 0$,则 $s = -z_i$ 称为 $G(s)$ 的零点;当取 $s = -p_j$ 时, $G(s)$ 趋于无穷大,则 $s = -p_j$ 称为 $G(s)$ 的极点。

2.1.3 拉普拉斯变换与传递函数

拉普拉斯变换又称拉氏变换。它是将时间域的原函数 $f(t)$ 变换成复变量 s 域的象函数 $F(s)$,将时间域的微分方程变换成 s 域的代数方程,再通过代数运算求出变量为 s 的代数方程解,最后通过拉氏反变换得到变量为 s 的原函数的解。

数学上将时域原函数 $f(t)$ 的拉氏变换定义为如下积分:

$$L[f(t)] = \int_0^\infty f(t)e^{-st}dt = F(s) \tag{2.11}$$

而拉氏逆变换则记为

$$L^{-1}[F(s)] = f(t) \tag{2.12}$$

实际应用中并不需要对原函数逐一作积分运算,与查对数表相似,查拉氏变换表 (表 2.1) 即可。

表 2.1　拉氏变换表 (部分)

	原函数 $f(t)$	拉氏变换函数 $F(s)$	原函数图形 $(t \geqslant 0)$
1	单位脉冲函数 $\delta(t) = \begin{cases} \infty(t=0) \\ 0(t \neq 0) \end{cases}$	1	①
2	单位阶跃函数 $u(t) = \begin{cases} 1(t>0) \\ 0(t \leqslant 0) \end{cases}$	$\dfrac{1}{s}$	②
3	t	$\dfrac{1}{s^2}$	③
4	t^n	$\dfrac{n!}{s^{n+1}}$	④
5	e^{-at}	$\dfrac{1}{s+a}$	⑤
6	$(1-e^{-at})$	$\dfrac{a}{s(s+a)}$	⑥
7	$\sin\omega t$	$\dfrac{\omega}{s^2+\omega^2}$	⑦
8	$\cos\omega t$	$\dfrac{s}{s^2+\omega^2}$	⑧
9	$e^{-at}\sin(\omega t + \theta)$	$\dfrac{\omega\cos\theta + (s+a)\sin\theta}{(s+a)^2+\omega^2}$	⑨
10	$e^{-at}\cos(\omega t + \theta)$	$\dfrac{(s+a)\cos\theta - \omega\sin\theta}{(s+a)^2+\omega^2}$	⑩
11	$e^{-at}\cos\omega t$	$\dfrac{s+a}{(s+a)^2+\omega^2}$	⑪
12	$\dfrac{1}{\omega}e^{-at}\sin\omega t$	$\dfrac{1}{(s+a)^2+\omega^2}$	⑫
13	$\dfrac{1}{\omega_n\sqrt{1-\zeta^2}}e^{-\zeta\omega_n t}\sin\omega_n\sqrt{1-\zeta^2}t$	$\dfrac{1}{s^2+2\zeta\omega_n s+\omega_n^2}$	⑬

拉氏变换在解微分方程过程中有如下几个性质或定理。

(1) 线性性质。设

$$L[f(t)] = F(s)$$

则有

$$L[Bf(t)] = BF(s) \tag{2.13}$$

式中, B 为任意常数。

(2) 叠加原理。设

$$L[f_1(t)] = F_1(s)$$

$$L[f_2(t)] = F_2(s)$$

则有

$$L[f_1(t) \pm f_2(t)] = F_1(s) \pm F_2(s) \tag{2.14}$$

(3) 微分定理。设

$$L[f(t)] = F(s)$$

则有

$$L\left[\frac{\mathrm{d}f(t)}{\mathrm{d}t}\right] = sF(s) - f(0)$$

$$L\left[\frac{\mathrm{d}^2 f(t)}{\mathrm{d}t^2}\right] = s^2 F(s) - sf(0) - \left.\frac{\mathrm{d}f}{\mathrm{d}t}\right|_{t=0}$$

$$L\left[\frac{\mathrm{d}^n f(t)}{\mathrm{d}t^n}\right] = s^n F(s) - s^{n-1} f(0) - s^{n-2}\frac{\mathrm{d}f(0)}{\mathrm{d}t} - \cdots - s\frac{\mathrm{d}^{n-2} f(0)}{\mathrm{d}t} - \frac{\mathrm{d}^{n-1} f(0)}{\mathrm{d}t} \tag{2.15}$$

(4) 积分定理。设

$$L[f(t)] = F(s)$$

则有

$$L\left[\int f(t)\mathrm{d}t\right] = \frac{F(s)}{s} + \frac{f^{-1}(0^+)}{s}$$

$$L\left[\int \cdots \int f(t)(\mathrm{d}t)^n\right] = \frac{F(s)}{s^n} + \frac{f^{-1}(0^+)}{s^n} + \frac{f^{-2}(0^+)}{s^{n-1}} + \cdots + \frac{f^{-n}(0^+)}{s} \tag{2.16}$$

(5) 终值定理。

$$\lim_{t \to \infty} f(t) = \lim_{s \to 0} sF(s) \tag{2.17}$$

这一性质极为重要, 可使得不作拉氏逆变换就能预料系统的稳态行为。

(6) 初值定理。

$$\lim_{t \to 0+} f(t) = \lim_{s \to \infty} sF(s) \tag{2.18}$$

微分方程表征了系统的动态特性, 它在经过拉氏变换后生成了代数方程, 仍然表征了系统的动态特性。

建立了系统或元件的数学模型之后, 就可对其求解, 得到输出量的变化规律, 以便对系统进行分析。但是, 微分方程, 尤其是复杂系统的高阶微分方程的求解非常复杂。如果对微分方程进行拉普拉斯变换, 即变成代数方程 (在复域), 将使方程的求解简化。传递函数就是在拉普拉斯变换的基础上产生的, 用它描述零初始条件的单输入单输出系统方便直观, 是对元件及系统进行分析、研究与综合的有力工具。可以根据传递函数在复平面上的形状直接判断系统的动态性能, 找出改善系统品质的方法。传递函数是经典控制理论的基础, 是极其重要的基本概念。

线性定常系统传递函数的定义为: 在零初始条件 (初始输入和输出及其各阶导数均为零) 下, 输出象函数 $X_o(s)$ 与输入象函数 $X_i(s)$ 之比, 用 $G(s)$ 表示, 即

$$G(s) = \frac{X_o(s)}{X_i(s)} \tag{2.19}$$

对单输入、单输出线性定常系统的数学模型一般式的两边取拉普拉斯变换, 并设输入 $x_i(t)$ 和输出 $x_o(t)$ 及其各阶导数的初始值均为零, 可得

$$(a_n s^n + a_{n-1} s^{n-1} + \cdots + a_1 s + a_0) X_o(s) = (b_m s^m + b_{m-1} s^{m-1} + \cdots + b_1 s + b_0) X_i(s)$$

则系统的传递函数为

$$G(s) = \frac{X_o(s)}{X_i(s)} = \frac{b_m s^m + b_{m-1} s^{m-1} + \cdots + b_1 s + b_0}{a_n s^n + a_{n-1} s^{n-1} + \cdots + a_1 s + a_0} \tag{2.20}$$

因此, 系统输出的拉普拉斯变换可写为

$$X_o(s) = G(s) X_i(s) \tag{2.21}$$

系统在时域中的输出为

$$x_o(t) = L^{-1}[G(s) X_i(s)] \tag{2.22}$$

由式 (2.21) 可以看出, 在复域内, 输入信号乘以传递函数 $G(s)$ 即为输出信号。可见, 传递函数代表系统对输入和输出的传递关系。传递函数的定义可以用图 2.3 直观地表示。传递函数是控制工程中非常重要的基本概念, 它是分析线性定常系统的有力工具, 具有以下特点:

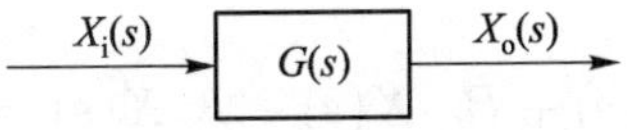

图 2.3　传递函数的定义

(1) 传递函数的分母是系统的特征多项式, 代表系统的固有特性; 分子代表输入与系统的关系, 而与输入量的形式及大小无关, 因此传递函数表达了系统本身的固有特性。

(2) 传递函数不说明被描述系统的具体物理结构, 不同的物理系统可能具有相同的传递函数。

(3) 传递函数比微分方程简单, 通过拉普拉斯变换将时域内复杂的微积分运算转化为简单的代数运算。

(4) 当系统输入典型信号时, 输出与输入有对应关系。特别地, 当输入是单位脉冲信号时, 传递函数就表示系统的输出函数。因此也可以把传递函数看成单位脉冲响应的象函数。

(5) 如果将传递函数进行代换 $s = \mathrm{j}\omega$, 可以直接得到系统的频率特性函数。

需要特别指出的是以下几点:

(1) 由于传递函数是经过拉普拉斯变换导出的, 而拉普拉斯变换是一种线性积分运算, 因此传递函数的概念仅适用于线性定常系统。

(2) 传递函数是在零初始条件下定义的, 因此传递函数原则上不能反映系统在非零初始条件下的运动规律。

(3) 一个传递函数只能表示一个输入对一个输出的关系, 因此只适用于单输入单输出系统的描述, 而且传递函数也无法反映系统内部中间变量的变化情况。

例 3: 图 2.4 所示为一个质量 – 弹性 – 阻尼系统, 该系统的力平衡微分方程为

$$m\frac{\mathrm{d}^2x}{\mathrm{d}t^2} + B_\mathrm{c}\frac{\mathrm{d}x}{\mathrm{d}t} + K_\mathrm{s}x = F$$

式中, m 为质量 (kg); x 为质量的位移 (m); B_c 为阻尼系数 (N·s/m); K_s 为弹簧刚度 (N/m)。

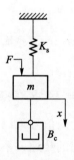

图 2.4　质量 – 弹性 – 阻尼系统

经拉氏变换得

$$ms^2X(s) + B_\mathrm{c}sX(s) + K_\mathrm{s}X(s) = F(s)$$

写成传递函数为

$$G(s) = \frac{X(s)}{F(s)} = \frac{1/K_\mathrm{s}}{\dfrac{m}{K_\mathrm{s}}s^2 + \dfrac{B_\mathrm{c}}{K_\mathrm{s}} + 1}$$

2.1.4　方框图及其等效变换

为了简化系统的描述, 进一步分析系统的性能并进行系统设计, 在自动控制理论中常用方框图表示系统的结构及工作原理。

如图 2.5a 所示, 图中的比较环节和前置放大器实际上由比较放大器一个元件完成, 为了更清楚地描述系统的原理将分别画出来。图中每一个方框代表系统中的一个元器件 (也称为一个环节), 也可以代表几个环节按一定的方式连接在一起的部件, 也可以用一个方框表示一个系统。在一个方框图中, 方框之间用有向线段连接, 表示环节之间信息的流通情况。

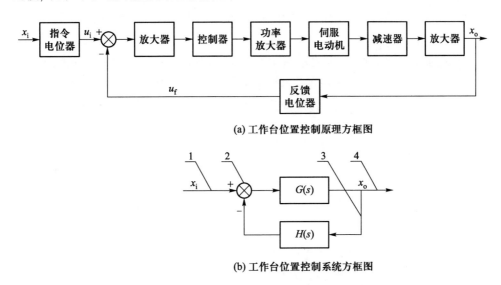

(a) 工作台位置控制原理方框图

(b) 工作台位置控制系统方框图

1. 输入信号; 2. 比较点; 3. 引出信号; 4. 输出信号

图 2.5 工作台位置控制

图 2.5a 所示是一种文字形式的方框图, 表示系统结构中各元件的功用、各元件之间的相互连接和信号传递线路。这种方框图又称作结构方框图。另一种方框图即"函数方框图", 就是将元件或环节的传递函数写在相应的方框中, 用箭头线将这些方框连接起来, 如图 2.5b 所示。图中指向方框图的箭头表示输入信号, 从方框图出来的箭头表示输出信号; 圆圈表示比较点, 亦称加减点, 它对两个以上信号根据其正、负进行代数运算。同一信号线上的各引出信号, 数值与性质完全相同。方框图输出信号的量纲, 等于输入信号的量纲与方框中传递函数量纲的乘积。

为了分析系统的动态特性, 需要对系统进行运算和变换, 求出总的传递函数。这种运算和变换就是将方框图化成一个等效的方框, 而方框中的数学表达式就是系统总的传递函数。方框图的变换应按等效原则进行。所谓等效, 就是对方框图的任一部分进行变换时, 变换前后输入输出之间总的数学关系保持不变, 即当不改变输入时, 引出线的信号保持不变。显然, 变换的实质相当于对所描述的系统的方程组进行消元, 求出系统输入与输出的总关系式。

1. 方框图的等效变换规则

方框图变换的方法是: 在可能的情况下, 利用环节串联、并联以及反馈的公式进行变换。不能直接利用这些公式时, 常需改变系统的分支点 (信号由此点分开) 和相加点 (对信号求和) 的位置, 这些变动必须保证变动前后的输入和输出不改变。图 2.6 说明了改变分支点和相加点位置的规则, 具体说明如下:

(1) 分支点移动。图 2.6a 表示分支点前移, 这时必须在分出的支路中串入一个方框, 所串入的方框必须与分支点前移时所越过的方框具有相同的传递函数, 以保证在输入信号保持不变的情况下, 两个通道的输出保持不变。图 2.6b 表示分支点后移, 这时在支路中串入的方框中的传递函数是分支点后移时所越过的方框中传递函数的倒数。

(2) 相加点移动。图 2.6c 表示相加点前移, 这时在前移支路中串入的方框必须具有与相加点未前移时所越过的方框相同的传递函数。图 2.6d 表示相加点后移, 这时在后移支路中串入方框的传递函数与未后移方框传递函数相同。

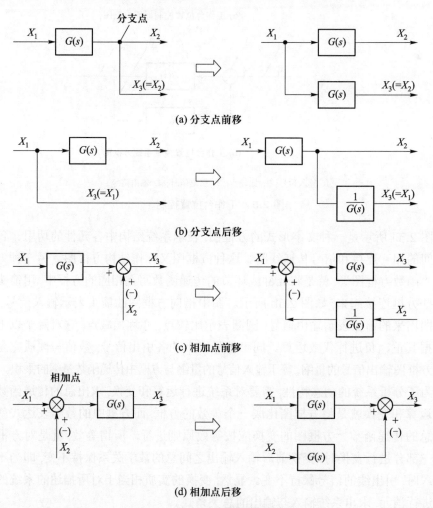

(a) 分支点前移

(b) 分支点后移

(c) 相加点前移

(d) 相加点后移

图 2.6　分支点和相加点的移动

2. 方框图的简化

方框图简化的基本运算法则为环节串联、并联和反馈计算。当系统中含有多回路形成回路交错和相套,不能直接采用基本运算法则时,可以通过分支点和相加点的前后移动,将回路交错和相套变换为没有交错和相套的简单回路,再应用基本运算法则进行简化。方框图变换法则见表 2.2 。

表 2.2 方框图变换法则

序号	原方块图	等效方块图
1		
2		
3		
4		
5		
6		
7		
8		
9		
10		
11		
12		
13		
14		

2.1.5 系统辨识

1. 系统辨识的定义和基本原理

实验和观测是人类了解客观世界的最根本手段。在科学研究和工程实践中,利用实验和观测所得到的信息,从中获得各种现象的规律性认识,或掌握所研究对象的特性,这种方式的含义即为"辨识"。关于系统辨识的定义,1962 年,Zadeh 是这样提出的:"系统辨识就是在输入和输出数据观测的基础上,在指定的一组模型类中,确定一个与所测系统等价的模型";1978 年,Ljung 也给出了一个定义:"辨识是按规定准则在一类模型中选择一个与数据拟合得最好的模型"。

"系统辨识"是研究如何利用系统试验或运行的、含有噪声的输入输出数据来建立被研究对象数学模型的一种理论和方法。系统辨识与控制理论相互联系较为密切,随着计算机技术的发展和对系统控制技术要求的提高,控制理论得到广泛的应用。但是,在控制理论的大多数应用场所,获得理想的使用效果与能获得被控对象精确的数学描述是密不可分的。然而,在很多情况下,被控对象的数学模型是不知道的,甚至涉及这个系统的工艺方面的工程师都无法用数学模型来描述它。有时系统正常运行期间的数学模型的参数会发生变化,使得依赖于这个模型运行的系统控制效果大打折扣,甚至使系统失控。

因此,在应用控制理论去实施系统控制时,其基础是要建立控制对象的数学描述 (即对象的数学模型),这是控制理论能否应用成功的关键因素之一。

研究表明,从外部对一个系统的认识,是通过其输入输出数据来实现的。既然数学模型是表述一个系统动态特性的一种描述方式,那么系统的动态特性的表现必然蕴含在它变化的输入输出数据中。所以,通过记录系统在正常运行时系统的输入输出数据,或者通过测量系统在人为输入作用下的输出响应,然后对这些数据进行适当的系统处理、数学计算和归纳整理,提取数据中蕴含的系统信息,从而建立被控对象的数学描述,这就是系统辨识。即系统辨识就是一种利用数学的方法从输入输出数据序列中提取对象数学模型的方法。下面用图 2.7 来说明系统辨识的原理。

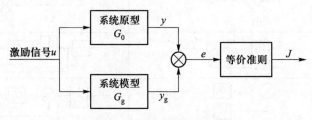

图 2.7 系统辨识的原理

图 2.7 中规定代价函数 (或称等价准则) 为 $J(y, y_g)$,它是误差 e 的函数,系统原型 G_0 和系统模型 G_g 在同一激励信号 u 的作用下,产生系统原型输出信号 y 和系统模型输出信号 y_g,二者误差为 e。经等价准则计算后,修正模型参数,然后再

反复进行, 直到误差满足代价函数最小为止, 其数学表述为

$$J(y, y_g) = f(e) \qquad (2.23)$$

式中, $f(e)$ 为准则函数表达式。而辨识的目的为: 找出一个模型 $G_g \in \Phi$, 而 Φ 为给定模型类。使

$$J(y, y_g) \rightarrow \min$$

则有

$$G_g = G_0 \qquad (2.24)$$

此时, 即称为系统被辨识。

这个定义明确了系统辨识过程中的三大要素: ① 输入输出数据 (u, y, y_g); ② 模型类 (G_g); ③ 等价准则 $[J(y, y_g)]$。模型的精度由 $J(y, y_g)$ 决定, 即由 e 来决定。其中, 数据是辨识的基础; 准则是辨识的优化目标; 模型类是寻找模型的范围。从上述可知, 辨识的实质就是从一组模型类中选择一个模型, 按照某种准则, 使之能最好地拟合所研究的实际过程的动态特性。

2. 系统辨识的基本方法

根据对系统的组成、结构和支配系统运动的机理的了解程度, 可以将建模方法分为如下三类:

(1) 机理建模。利用各个专业学科领域提出来的物质和能量的守恒性和连续性原理、组成系统的结构形式等建立描述系统的数学关系。这样的建模方法也称为"白箱问题"。如此建立的数学模型称为机理模型。

(2) 系统辨识 (实验建模)。理论上, 这是一种在没有任何可利用的验前信息 (即相关学科专业知识与相关数据) 的情况下, 应用所采集系统的输入和输出数据提取信息进行建模的方法。这是一种实验建模的方法, 也称为"黑箱问题"。这样建立的数学模型称为辨识模型, 也称为实验模型。

(3) 机理分析和系统辨识相结合的建模方法。这种建模方法适用于系统的运动机理不是完全未知的情况。这时, 可以利用系统的运动机理和运行经验确定出模型的结构 (如状态方程的维或差分方程的阶), 也可能分析出部分参数的大小或可能的取值范围, 再根据采集到的系统输入和输出的数据, 由系统辨识方法来估计和修正模型中的参数, 使其精确化。这样的建模方法也称为"灰箱问题"。

实际中应用的辨识方法, 严格地说, 对"黑箱问题"一般是无法解决的, 通常提到的系统辨识往往是指"灰箱问题"。

3. 系统辨识的基本内容

一般说来, 若建立某一系统的数学模型的目的已经十分明确, 同时对该系统已具备了一定的验前知识, 就可以进行辨识该系统的数学模型及其参数, 其内容如下:

(1) 确定和预测被辨识系统数学模型的类型。

(2) 给系统施加适当的试验信号, 并记录输入输出数据。

(3) 进行参数辨识, 以便在确定的模型中挑选最佳拟合统计数据的模型。

(4) 执行有效性检验, 根据最终的辨识目的, 审查所选的模型是否恰当地表示了该系统。

例 4: 一个工业炉加热过程, 若忽略其他因素不计, 其控制的主要目标是燃料流量 Q(输入) 与炉膛温度 T(输出) 之间的关系, 其工艺过程如图 2.8 所示。

图 2.8　加热炉加热工艺示意图

欲建立 T/Q 模型, 经观测得到一组输入输出数据, 记作 $\{Q(k), k = 1, 2, \cdots, l\}$ 和 $\{T(k), k = 1, 2, \cdots, l\}$, 式中 l 为数据长度。同时, 选定一组模型

$$T(k) + a_1 T(k-1) + \cdots + a_n T(k-n) =$$
$$b_1 Q(k-1) + b_2 Q(k-2) + \cdots + b_n Q(k-n) + e(k) \tag{2.25}$$

上式相当于表达了

$$T = \hat{T} + e(k)$$

在这个关系式中, T 表示量测温度, 可表示为

$$T = T(k) + a_1 T(k-1) + \cdots + a_n T(k-n) \tag{2.26}$$

$\hat{T}$ 表示估计 (计算) 温度, 可表示为

$$\hat{T} = b_1 Q(k-1) + b_2 Q(k-2) + \cdots + b_n Q(k-n) \tag{2.27}$$

而 $e(k)$ 表示干扰噪声 (量测误差)。

再选定一个等价准则

$$J = \sum_{k=1}^{l} e^2(k) = \sum_{k=1}^{l} (T - \hat{T})^2 = \sum_{k=1}^{l} [T(k) + a_1 T(k-1) + \cdots + a_n T(k-n) -$$
$$b_1 Q(k-1) - b_2 Q(k-2) - \cdots - b_n Q(k-n)]^2 \tag{2.28}$$

加热炉的燃料流量 Q 与炉膛温度 T 之间的关系的数学描述, 即 T/Q 的数学模型的辨识问题, 就是根据所观测的输入输出数据 $\{Q(k), k = 1, 2, \cdots, l\}$ 和

$\{T(k), k = 1, 2, \cdots, l\}$, 从模型类式 (2.25) 中寻找一个模型, 也就是确定式 (2.25) 的模型阶次 n 及未知参数 a_i, b_i, $i = 1, 2, \cdots, n$, 使准则 $J = \min$。

另外还有一点需要指出, 由于观测到的数据一般都含有噪声, 因此辨识建模实际上是一种实验统计的方法, 它所获得的模型只不过是与实际过程外特性等价的一种近似描述。

4. 系统辨识的应用与发展

系统辨识获得如此蓬勃发展的原因, 主要取决于 20 世纪 60 年代工程上广泛应用了各种自动控制系统, 这些系统包括最简单的继电控制系统及利用辅助变量的复杂的回路控制系统。在这一时期, 自动控制理论的发展达到了一个较高水平, 当时经典的控制概念受到新兴的现代控制理论的挑战。随后, 计算机技术的快速发展和成本的降低, 使得无论是使用计算机作为离线科学计算工具, 还是作为在线检测控制装置, 都开始得到广泛的应用。值得注意的问题是, 现代控制理论研究和应用是以被控对象的数学模型为前提的, 有时它要对被控对象所受到的噪声的特性有所了解。在现代控制理论的研究中, 往往要求系统的数学模型具备特定的形式, 以满足理论分析的需要。在获得这些模型的研究中, 却出现了如何确定被控对象的数学模型的各种困难, 理论和实际之间出现了相当大的距离, 这正是现代控制理论在许多领域中远没有得到充分应用的原因之一。尽管"理论"能够以非常精巧的方法提出一个控制问题的最优解, 但是要实现这个控制, 需要对被控系统的动态特性给予一个合适的数学描述。在这样的背景下, 系统辨识问题便愈来愈受到人们的重视, 它成为了在发展系统应用理论、认识实际对象特性并研究和控制实际对象工作中不可缺少的一个重要手段。

当然, 系统辨识理论和应用之所以得到发展的更主要原因还在于, 在科学技术的发展进程中, 各门学科的研究方法进一步趋向定量化, 人们在生产实践和科学实验中, 对所研究的较复杂的对象往往要求通过观测和计算来定量地判明其内在规律。为此必须建立所研究对象的数学模型, 从而进行分析、设计、预测、控制等决策。因此, 系统辨识对研究对象的定量描述的特点, 使得这门学科在自动控制学科之外也得到迅速发展。除前述的应用外, 其范围现在已大大超出建立这门学科的科学家的想象。如对产品需求量、新型工业的增长规律这类经济系统, 已经建立并继续要求建立其定量的描述模型; 其他如结构或机械的振动、地质分析、气象预报等也都涉及系统辨识的理论和方法, 而且这类需求还在不断扩大。

当前, 系统辨识理论已发展成为系统理论中的一个重要分支。系统辨识理论中, 对于单变量线性系统辨识的理论和方法, 目前已做了大量的研究, 也得到了许多理论和应用成果。但是, 对于多变量系统的辨识, 尤其是系统的结构辨识, 还处于不能令人满意的状态。系统辨识理论的发展, 一方面有赖于其他理论 (如系统结构理论、稳定性理论、模式识别、学习理论等) 的发展, 从而加深对系统内在性质的理解, 并提供新的估算方法; 另一方面, 又必须根据客观实际中提出的新问题 (如实验设计、准则函数的选取、模型的验证等), 在理论和实践统一的基础上加以解决, 从而充实理论并推动学科的发展。

2.2　典型环节

伺服系统是由若干个元件按一定形式耦合而成的。按各元件的传递函数的形式来说, 可分成几种典型环节。从数学分析的观点看, 任何一个复杂的系统都由有限的几个典型环节组成。

1. 比例放大环节

对于液压缸来说, 如果忽略油的泄漏和可压缩性, 如图 2.9 所示, 活塞速度 v 与输入流量 q 的关系为

$$q = vA_p \tag{2.29}$$

式中, v 为液压缸活塞的运动速度 (m/s); q 为进入液压缸的流量 (m^3/s); A_p 为液压缸活塞的工作面积 (m^2)。

经拉氏变换, 得传递函数为

$$G(s) = \frac{V(s)}{Q(s)} = \frac{1}{A_p} = K \tag{2.30}$$

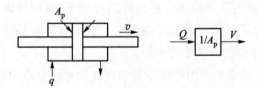

图 2.9　液压缸及其传递函数方框图

式 (2.30) 表明, 输入量经放大 K 倍后输出, K 称为该环节的放大系数或增益。由此可见, 传递函数为一常数的环节称为比例放大环节。

2. 积分环节

如图 2.10 所示, 液压缸在以流量 q 为输入、活塞位移 x 为输出时, 其关系式为

$$x(t) = \int \frac{q(t)}{A_p} \mathrm{d}t \tag{2.31}$$

经拉氏变换得

$$X(s) = \frac{1}{A_p s} Q(s) \tag{2.32}$$

传递函数则为

$$G(s) = \frac{X(s)}{Q(s)} = \frac{1/A_p}{s} = \frac{K}{s} \tag{2.33}$$

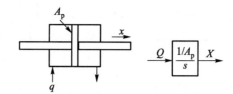

图 **2.10** 液压积分环节及其传递函数方框图

传递函数为 $G(s) = K/s$ 的环节称为积分环节, 它的输出量与输入量之间存在积分关系。以进入液压缸的流量为输入, 以活塞位移为输出时, 液压缸是一个积分环节。因此, 同一元件 (如液压缸) 以不同的物理量作为输入与输出, 则可以有不同的传递函数。

3. 惯性环节

以图 2.11 所示液压缸为例, 其运动方程式为

$$B_{\mathrm{c}}\frac{\mathrm{d}x}{\mathrm{d}t} + K_{\mathrm{s}}x = A_{\mathrm{p}}p \tag{2.34}$$

式中, p 为进油压力 (Pa); A_{p} 为液压缸工作面积 (m^2); x 为液压缸输出位移 (m); B_{c} 为阻尼系数 ($\mathrm{N \cdot s/m}$); K_{s} 为弹簧刚度 (N/m)。

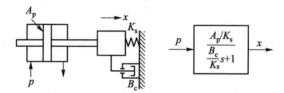

图 **2.11** 液压缸阻尼负载组成的惯性环节及其传递函数方框图

经拉氏变换后, 得其传递函数为

$$G(s) = \frac{X(s)}{P(s)} = \frac{A_{\mathrm{p}}}{B_{\mathrm{c}}s + K_{\mathrm{s}}} = \frac{A_{\mathrm{p}}/K_{\mathrm{s}}}{(B_{\mathrm{c}}/K_{\mathrm{s}})s + 1} = \frac{K}{\tau s + 1} \tag{2.35}$$

传递函数为 $G(s) = K/(\tau s + 1)$ 的环节称为惯性环节。

当输入函数 $f(t)$ 为单位阶跃函数时, 它的拉氏变换为 $F(s) = 1/s$, 从上述传递函数可立即求出输出 $X(s)$ 为

$$X(s) = G(s)F(s) = \frac{K}{1 + \tau s}\frac{1}{s} = K\frac{1/\tau}{s(s + 1/\tau)} \tag{2.36}$$

对 $X(s)$ 作拉氏逆变换, 便可求得输出量对于时间 t 的函数, 即微分方程的解

$$x(t) = K\left(1 - \mathrm{e}^{-\frac{t}{\tau}}\right) \tag{2.37}$$

上述解中, 当 $t \to \infty$ 时, $x(t)|_{t=\infty} = K$, 即其稳态解为 $x_1(t) = K$。方程的解应是稳态解与瞬态解之和, 所以瞬态解是 $x_2(t) = x(t) - K = -K\mathrm{e}^{-\frac{t}{\tau}}$。

当 $t = \tau$ 时, 由于 $e^{-1} = 0.368$, 故 $x(\tau) = K \times (1 - 0.368) = 0.632K$ 。因此时间常数 τ 是瞬态项减小到 37% 所需的时间 (或输出达到稳态值的 63% 所需的时间) 。 τ 越小, 则跟随 (响应) 得越快, 即其动态特性越好。同时, 由 $\dfrac{\mathrm{d}x(t)}{\mathrm{d}t}\bigg|_{t=0} = \dfrac{K}{\tau}$ 不难看出, 如果系统响应保持初始速率 (或曲线的初始斜率), 则当 $t = \tau$ 时输出即可达到稳态值。一般当 $t = 3\tau$ 时, $x(3\tau) = K(1 - e^{-3}) = 0.95K$, 即认为其接近稳态了。时间常数 τ 具有时间 t 的量纲 (T), 它表征了惯性环节引起的滞后, 是惯性环节的重要参数。图 2.12 为惯性环节对单位阶跃输入的响应曲线。

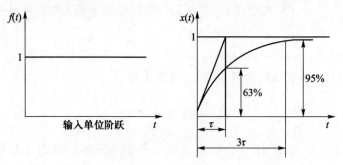

图 2.12　惯性环节对单位阶跃输入的响应曲线

4. 微分环节

微分环节的典型运动方程是 $x(t) = K\dfrac{\mathrm{d}f(t)}{\mathrm{d}t}$, 因此它的传递函数为

$$G(s) = \frac{X(s)}{F(s)} = Ks \tag{2.38}$$

以图 2.13 所示液压阻尼器为例, 分析该环节的特性。

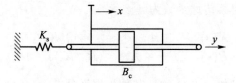

图 2.13　液压阻尼器

弹簧刚度为 K_s, 阻尼器阻尼系数为 B_c, 列出活塞的力平衡方程式

$$弹簧力 = K_s y$$

$$阻尼力 = B_c \frac{\mathrm{d}}{\mathrm{d}t}(x - y)$$

忽略运动体的惯性力, 则两力相等, 即

$$K_s y = B_c \frac{\mathrm{d}x}{\mathrm{d}t} - B_c \frac{\mathrm{d}y}{\mathrm{d}t}$$

$$\frac{B_c}{K_s}\frac{\mathrm{d}y}{\mathrm{d}t} + y = \frac{B_c}{K_s}\frac{\mathrm{d}x}{\mathrm{d}t}$$

经拉氏变换, 得出传递函数为

$$G(s) = \frac{Y(s)}{X(s)} = \frac{\dfrac{B_c}{K_s}s}{\dfrac{B_c}{K_s}s + 1} = \frac{\tau s}{\tau s + 1} \tag{2.39}$$

式中, $\tau = B_c/K_s$。当 τ 很小时, $\tau s + 1$ 项可近似为 1, 则 $G(s) \approx \tau s$。故当 τ 很小时, 阻尼器可视为理想的微分环节。

5. 振荡环节

如图 2.14 所示, 如果考虑油液的弹性、负载质量、阻尼等因素的话, 液压缸输入流量 q 与输出速度 v 之间传递函数为振荡环节。下面推导其传递函数。

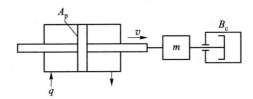

图 **2.14**　液压缸振荡环节

液压缸力平衡方程为

$$pA_p = m\frac{\mathrm{d}v}{\mathrm{d}t} + B_c v \tag{2.40}$$

式中, m 为负载质量 (kg); B_c 为阻尼系数 (N· s/m)。

液压缸流动连续性方程为

$$q = A_p v + \frac{V_t}{4\beta_e}\frac{\mathrm{d}p}{\mathrm{d}t} \tag{2.41}$$

式中, v 为液压缸输出速度 (m/s); q 为液压缸输入流量 (m³/s); p 为油液压力 (Pa); A_p 为液压缸工作面积 (m²); V_t 为液压缸总容积 (m³); β_e 为油液弹性模数 (Pa)。

式 (2.41) 中 $\dfrac{V_t}{4\beta_e}\dfrac{\mathrm{d}p}{\mathrm{d}t}$ 是考虑液压缸两腔油液的可压缩性得出的结果。

合并式 (2.40) 和式 (2.41) 并消去 p, 得

$$\frac{V_t m}{4\beta_e A_p}\frac{\mathrm{d}^2 v}{\mathrm{d}t^2} + \frac{V_t B_c}{4\beta_e A_p}\frac{\mathrm{d}v}{\mathrm{d}t} + A_p v = q \tag{2.42}$$

经拉氏变换, 得其传递函数为

$$G(s) = \frac{V(s)}{Q(s)} = \frac{1/A_p}{\dfrac{V_t m}{4\beta_e A_p^2}s^2 + \dfrac{V_t B_c}{4\beta_e A_p^2}s + 1} \tag{2.43}$$

上式可改写为以下形式:

$$G(s) = \frac{V(s)}{Q(s)} = \frac{K}{\frac{1}{\omega_n^2}s^2 + \frac{2\zeta}{\omega_n}s + 1} \tag{2.44}$$

式中, ω_n 为无阻尼固有 (自然) 频率, 即

$$\omega_n = \sqrt{\frac{4B_c A_p^2}{V_t m}} \tag{2.45}$$

ζ 为阻尼比, 即

$$\zeta = \frac{B_c}{4A_p}\sqrt{\frac{V_t}{\beta_e m}} \tag{2.46}$$

显然, 当输入是单位阶跃函数时, 振荡环节的输出函数是

$$X(s) = G(s)F(s) = \frac{K}{\frac{1}{\omega_n^2}s^2 + \frac{2\zeta}{\omega_n}s + 1}\frac{1}{s} = \frac{K\omega_n^2}{s(s^2 + 2\zeta\omega_n s + \omega_n^2)} \tag{2.47}$$

对上式作拉氏逆变换可求得输出的时间函数 (方程解) 为

$$x(t) = K\left[1 - \frac{1}{\sqrt{1-\zeta^2}}e^{-\zeta\omega_n t}\sin\left(\omega_n\sqrt{1-\zeta^2}t + \varphi\right)\right] \tag{2.48}$$

$$\varphi = \arccos\zeta \tag{2.49}$$

这一解说明, 振荡环节在 $t \to \infty$ 时, 即稳态解 $x_1(t) = K$, 而瞬态解为

$$x_2(t) = -\frac{1}{\sqrt{1-\zeta^2}}e^{-\zeta\omega_n t}\sin\left(\omega_n\sqrt{1-\zeta^2}t + \varphi\right) \tag{2.50}$$

瞬态解是一个以阻尼自然频率 $\omega_d = \omega_n\sqrt{1-\zeta^2}$ 作振荡的正弦波。但由于因子 $e^{-\zeta\omega_n t}$ 的存在, 随着时间振荡的振幅逐渐衰减。从物理角度来说, 这是由于系统中存在阻尼, 因此不断消耗能量, 最后使振荡衰减为零而到达稳态。图 2.15 是振荡环节对阶跃输入的响应曲线 (图中 x_{ss} 为稳态值)。由图 2.15 可见, ζ 越小越易产生振荡。$\zeta < 1$ 为欠阻尼情况, 其特征为响应快, 但在达到稳定值前有振荡产生, 即存在超调量。一般认为 $\zeta = 0.7$ 时超调量最大。当 $\zeta = 1$ 时, 称为临界阻尼, 此时不会产生振荡, 即无超调量。$\zeta > 1$ 时, 则为过阻尼, 其响应缓慢, 滞后很大。从式中也可看出, 无阻尼自然频率 ω_n 和阻尼比 ζ 是振荡环节的主要参数, 其瞬态响应情况 (品质) 取决于这两个参数。

通常也可以直接从振荡环节对于单位阶跃输入响应曲线来评价其过渡过程的品质。评价的指标是延迟时间 t_d、上升时间 t_r、峰值时间 t_p、最大超调量 M_p 和调整时间 t_s 等, 见图 2.16。它们的定义分别如下:

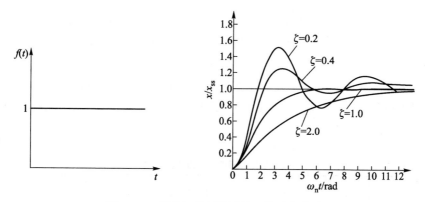

图 **2.15** 振荡环节对阶跃输入的响应曲线

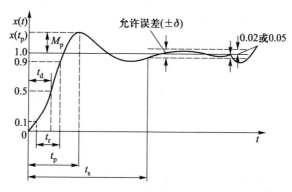

图 **2.16** 过渡过程品质

(1) 延迟时间 t_{d}: 输出达到稳态值的 0.5 所需的时间, $x(t_{\mathrm{d}}) = 0.5$ 。

(2) 上升时间 t_{r}: 输出从稳态值的 0.1 上升到稳态值的 0.9 所需要的时间。

(3) 峰值时间 t_{p}: 输出达到最大值所需时间。

(4) 最大超调量 M_{p}: 输出的最大值和稳态值之差与稳态值之比的百分数, 即

$$M_{\mathrm{p}} = \frac{x(t_{\mathrm{p}}) - x(\infty)}{x(\infty)} 100\%$$

(5) 调整时间 t_{s}: 输出 $x(t)$ 与稳态值之差达到允许误差 $\pm\delta$, 并一直保持在此允许误差范围内所需的时间, 也称过渡过程时间。它表征了系统达到稳态 (也即过渡过程结束) 所需的时间。 δ 一般取稳态值的 5%, 对要求较高的系统则为 2% 。如果取误差带 $\delta = \pm 5\%$, $\zeta = 0.8$, 则 $t_{\mathrm{s}} = 3.5/(\zeta\omega_{\mathrm{n}})$ 。

实际系统中, 人们希望调整时间 t_{s} 短, 超调量 M_{p} 小。从式中可以看到, 加大自然频率 ω_{n} 可减小 t_{s}, 同时 ω_{n} 的增加不会影响超调量, 这是比较理想的。如果减小阻尼比 ζ, M_{p} 却要增加, 这是所不希望的。

典型的振荡环节的物理模型中, 具有两种形式储藏能量的元件, 并包含消耗能量的阻尼、阻抗之类元件。人们所熟悉的弹簧 – 质量系统, 含有电阻、电容和电感的网络都是典型的振荡环节。而一些以高阶 (二阶以上) 微分方程来描述的系统

的过渡过程与二阶振荡环节的过渡过程曲线很相似。上述评价振荡环节对阶跃输入响应过渡过程品质的指标, 也往往用于评价高阶系统。

通常, 以一些典型的输入信号 (如脉冲、阶跃、斜坡、等加速度等信号) 输入系统, 研究从 $t = 0$ 开始到系统处于稳定状态的过程称为瞬态响应。它对分析控制系统的性能很有用。下面将一些典型环节对于阶跃 (或斜坡) 输入的瞬态响应归纳成表 2.3, 供参考。

表 2.3　典型环节的瞬态响应

名称	输入信号	传递函数	输出	实例	意义
比例环节	①	②	③	④ 输入 q　输出 v $K = 1/A_p$	输出与输入成比例
积分环节	⑤	⑥	⑦	⑧ 输入 q　输出 x $K = 1/A_p$	输出与输入对时间的积分成比例
惯性环节	⑨	⑩	⑪	⑫ 输入 p　输出 x $m = 0, K_s \neq 0, K_B \neq 0$ $\tau = \dfrac{K_B}{K_s}, K = \dfrac{A_p}{K_s}$	输出滞后于输入, 以时间常数 τ 来衡量其滞后程度
振荡环节	⑬	⑭	⑮	⑯ 输入 p_L(外力)　输出 x_v $\omega = \sqrt{\dfrac{K_B + K_s}{m_v}}$ $\zeta = \dfrac{K_B}{2}\sqrt{\dfrac{1}{(K_s + K_B)m_v}}$	在 $\zeta < 1$ 时欠阻尼输出有振荡; $\zeta = 1$ 临界阻尼无振荡 $\zeta > 1$ 过阻尼滞后很大
微分环节	⑰	⑱	⑲	⑳ 输入 p　输出 q	输出与输入对时间的微分成比例

传递函数栏:
② $F(s) \boxed{k} X(s)$
⑥ $F(s) \boxed{\dfrac{K}{s}} X(s)$
⑩ $F(s) \boxed{\dfrac{K}{1+\tau s}} X(s)$
⑭ $F(s) \rightarrow \boxed{\dfrac{K}{\dfrac{1}{\omega_n^2}s^2 + \dfrac{2}{\omega_n}\zeta s + 1}} \rightarrow X(s)$
⑱ $F(s) \boxed{Ks} X(s)$

2.3 稳定性

所谓自动控制系统的稳定性, 就是如果系统受到外界扰动, 当扰动消失后, 系统能以足够的精度恢复到稳定状态的性能。若系统承受扰动后不能再恢复初始平衡状态, 系统发生振荡, 这种系统称为不稳定系统。

带有反馈的系统容易出现不稳定问题。这种情况可由图 2.17 来说明。对于一个系统 $G(s)$ 给定一个正弦输入, 由于 $G(s)$ 的存在, 其输出与输入有相位差。输出和输入通过比较装置相减后再输入 $G(s)$。如果在一定频率下, 输出与输入在相位上差 180°, 如图 2.17a 所示。而此时输出的幅度大于或等于输入的幅度, 经过比较点后, 输入减去负反馈等于两者相加, 偏差幅值加大, 如图 2.17b 所示。

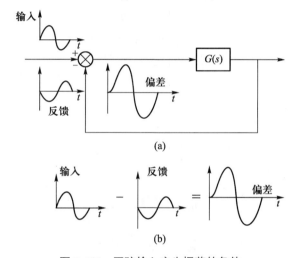

图 2.17　正弦输入产生振荡的条件

通过 $G(s)$ 后将使输出幅度进一步加大。这样反复下去, 输出幅度将不断加大, 系统输出为一发散的振荡。最后受到饱和因素的限制, 系统以一定频率、一定幅度振荡着。上面提到的输出输入相位差 180° 而输出幅度仍不小于输入幅度就是系统发散或系统不稳定的条件。

判断一个系统是否稳定, 可以通过劳斯判据进行判定。为了使用劳斯判据, 首先应求得系统的特征方程。

如果系统是稳定的, 在经过一定时间后, 它的瞬态解衰减为零。所以要判断一个系统是否稳定就要分析它的瞬态解。系统的瞬态解就是系统运动微分方程中齐次部分的解。将此齐次微分方程拉氏变换后就得到一个以 s 为变量的代数方程。齐次方程的解也即系统的瞬态解的一些特性完全由此代数方程的解来决定。这个代数方程就称为系统的特征方程。系统的特征方程也可由其传递函数得到, 其闭环传递函数

$$\phi(s) = \frac{G(s)}{1 + G(s)H(s)} \tag{2.51}$$

分母 $1 + G(s)H(s) = 0$ 就是系统的特征方程。

通常,可以将特征方程写成 s 的多项式,即

$$1 + G(s)H(s) = a_0 s^n + a_1 s^{n-1} + \cdots + a_{n-1}s + a_n = 0 \qquad (2.52)$$

要使式 (2.52) 中没有正实部的根,其必要条件是所有系数 a_0, a_1, $\cdots$, a_n 都大于零 (不能有一个系数小于或等于零)。但只有这一条件还不充分,还需将特征方程的系数排成两行,第一行由 $1, 3, 5, \cdots$ 项的系数组成,第二行由 $2, 4, 6, \cdots$ 项的系数组成,然后逐行计算,一直计算到 n 行为止。第 $n+1$ 行仅第一列有值,且等于特征方程中系数 a_n,系数排列呈如下三角形:

$$
\begin{array}{c|llll}
s^n & a_0 & a_2 & a_4 & a_6 & a_8 & \cdots \\
s^{n-1} & a_1 & a_3 & a_5 & a_7 & a_9 & \cdots \\
s^{n-2} & b_1 & b_2 & b_3 & b_4 & & \cdots \\
s^{n-3} & c_1 & c_2 & c_3 & & & \\
\vdots & d_1 & d_2 & & & & \\
& \vdots & & & & & \\
s_0 & a_n & & & & &
\end{array}
$$

其中

$$b_1 = \frac{a_1 a_2 - a_0 a_3}{a_1}$$

$$b_2 = \frac{a_1 a_4 - a_0 a_5}{a_1}$$

$$c_1 = \frac{b_1 a_3 - a_1 b_2}{b_1}$$

$$c_2 = \frac{b_1 a_5 - a_1 b_3}{b_1}$$

系统稳定的充分必要条件是:

(1) 系统的特征方程的各项系数全部为正值;

(2) 第 1 列,即 a_0、a_1、b_1、c_1、$d_1 \cdots$ 均为正时。

2.4 稳态误差

系统对输入信号的响应有稳态和瞬态两部分。如果系统是稳定的,当输入作用于系统足够长时间后,瞬态部分消失,系统进入稳态。一般情况下,稳态输出与输入信号有相同的函数形式,但在数值上与输入信号所希望的输出值不完全一致,存在着误差,这就是稳态误差。稳态误差是衡量控制系统性能的重要指标。

图 2.18 所示的典型反馈控制系统方框图中,$E(s)$ 是误差信号。定义稳态误差

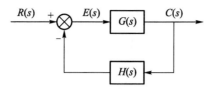

图 2.18 典型反馈控制系统的方框图

$$e_{ss} = \lim_{t \to \infty} e(t) = \lim_{s \to 0} sE(s) \tag{2.53}$$

已知

$$\phi(s) = \frac{C(s)}{R(s)} = \frac{G(s)}{1 + G(s)H(s)} \tag{2.54}$$

或

$$C(s) = \frac{R(s)G(s)}{1 + G(s)H(s)} \tag{2.55}$$

而

$$E(s)G(s) = C(s) \tag{2.56}$$

所以

$$E(s) = \frac{C(s)}{G(s)} = \frac{R(s)}{1 + G(s)H(s)} = \frac{R(s)}{1 + G_0(s)} \tag{2.57}$$

式中, $G_0(s) = G(s)H(s)$ 为开环传递函数。将式 (2.57) 代入式 (2.53), 得

$$e_{ss} = \lim_{s \to 0} sE(s) = \lim_{s \to 0} \frac{sR(s)}{1 + G_0(s)} \tag{2.58}$$

由此可见, 稳态误差决定于输入函数 $R(s)$ 和开环传递函数 $G_0(s)$。对于单位反馈系统, 即 $H(s) = 1$, $G_0(s) = G(s)$, 此时输出的希望值就是输入信号, $E(s)$ 表示了输出的希望值与实际输出值之差, 与一般所说的误差概念一致。而对于非单位反馈系统, $E(s)$ 只表示了输入信号与主反馈信号之差。这里不再研究二者的差别。

$G_0(s)$ 一般可写成二个多项式之比, 这里取因式分解后的形式, 即

$$G_0(s) = \frac{K(\tau_1 s + 1)(\tau_2 s + 1) \cdots (\tau_m s + 1)}{s^\gamma (T_1 s + 1)(T_2 s + 1) \cdots (T_{n-r} s + 1)} \tag{2.59}$$

式中, K 为系统开环增益; T、τ 为系统开环时各串联环节的时间常数; 一般 $m < n$。分母上 s 的幂次 γ 表示开环系统中所含积分环节的数目。γ 的数值被用来定义闭环系统的类型: $\gamma = 0$ 时称为 "0" 型系统, $\gamma = 1$ 时称为 "I" 型系统, $\gamma = 2$ 时称为 "II" 型系统等。由于系统稳定性的考虑, 实际系统中一般不超过二个积分环节, 即 $\gamma \leqslant 2$。

下面讨论各种典型输入下各型系统的稳态误差。

1) 幅值为 A 的阶跃输入

输入函数 $r(t) = Au(t)$, $u(t) = \begin{cases} 1, & t \geqslant 0 \\ 0, & t < 0 \end{cases}$, 其拉氏变换为

$$R(s) = \frac{A}{s} \tag{2.60}$$

则

$$e_{\text{ss}} = \lim_{s \to 0} \frac{sR(s)}{1 + G_0(s)} = \lim_{s \to 0} \frac{s\dfrac{A}{s}}{1 + G_0(s)} = \lim_{s \to 0} \frac{A}{1 + G_0(s)} \tag{2.61}$$

对于"0"型系统

$$G_0(s) = \frac{K(\tau_1 s + 1)(\tau_2 s + 1) \cdots (\tau_m s + 1)}{(T_1 s + 1)(T_2 s + 1) \cdots (T_n s + 1)} \tag{2.62}$$

故

$$\lim_{s \to 0} G_0(s) = \lim_{s \to 0} \frac{K(\tau_1 s + 1)(\tau_2 s + 1) \cdots (\tau_m s + 1)}{(T_1 s + 1)(T_2 s + 1) \cdots (T_n s + 1)} = K \tag{2.63}$$

$$e_{\text{ss}} = \lim_{s \to 0} \frac{A}{1 + G_0(s)} = \frac{A}{1 + K} \tag{2.64}$$

因此,"0"型系统对幅值为 A 的阶跃输入信号有一稳态误差 e_{ss}(图 2.19 所示)。其值与输入幅度和系统增益有关。显然,提高系统开环增益 K 就可以减少稳态误差,提高控制精度。

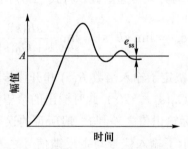

图 2.19 阶跃输入下"0"型系统的稳态误差 e_{ss}

对于"Ⅰ"型系统

$$G_0(s) = \frac{K(\tau_1 s + 1)(\tau_2 s + 1) \cdots (\tau_m s + 1)}{s(T_1 s + 1)(T_2 s + 1) \cdots (T_{n-1} s + 1)} \tag{2.65}$$

则

$$\lim_{s \to 0} G_0(s) = \frac{K}{0} = \infty \tag{2.66}$$

$$e_{\text{ss}} = \frac{A}{1 + \infty} = 0 \tag{2.67}$$

这说明,对阶跃输入信号"Ⅰ"型系统稳态时没有误差产生。

通过类似分析,不难推定,"Ⅱ"型以上系统对阶跃输入信号的稳态误差均为零。

2) 输入为斜坡函数

输入函数 $r(t) = At$(斜率为 A 的斜线), 则

$$e_{ss} = \lim_{s \to 0} \frac{sR(s)}{1 + G_0(s)} = \lim_{s \to 0} \frac{s\dfrac{A}{s^2}}{1 + G_0(s)}$$

$$= \lim_{s \to 0} \frac{A}{s + sG_0(s)} = A \lim_{s \to 0} \frac{1}{sG_0(s)} \tag{2.68}$$

对于 " 0 " 型系统

$$\lim_{s \to 0} \frac{1}{sG_0(s)H(s)} = \lim_{s \to 0} \frac{1}{s\dfrac{K(\tau_1 s + 1)(\tau_2 s + 1)}{(\tau_3 s + 1)(\tau_4 s + 1)}} = \infty \tag{2.69}$$

$$e_{ss} = A \lim_{s \to 0} \frac{1}{sG_0(s)H(s)} = A\infty = \infty \tag{2.70}$$

这说明, " 0 " 型系统跟随斜坡输入信号 $r(t) = At$ 时, 其误差随时间不断增大, 直至无穷大。因此 " 0 " 型系统不宜在斜坡输入下工作。

对于 " I " 系统

$$\lim_{s \to 0} \frac{1}{sG_0(s)} = \lim_{s \to 0} \frac{1}{s\dfrac{K(\tau_1 s + 1)(\tau_2 s + 1)\cdots(\tau_m s + 1)}{s(T_1 s + 1)(T_2 s + 1)\cdots(T_{n-1} s + 1)}} = \frac{1}{K} \tag{2.71}$$

因此

$$e_{ss} = A \lim_{s \to 0} \frac{1}{sG_0(s)} = \frac{A}{K} \tag{2.72}$$

上式说明, " I " 系统可以跟随斜坡输入信号, 但稳态误差 $e_{ss} = A/K$(图 2.20); 提高增益 K, 就可以提高系统的控制精度。

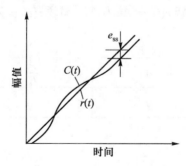

图 **2.20** 斜坡输入下 " I " 型系统的稳态误差 e_{ss}

对于 " II " 型系统

$$G_0(s) = \frac{K(\tau_1 s + 1)(\tau_2 s + 1)\cdots(\tau_m s + 1)}{s^2(T_1 s + 1)(T_2 s + 1)\cdots(T_{n-2} s + 1)} \tag{2.73}$$

$$\lim_{s \to 0} \frac{1}{sG_0(s)} = \lim_{s \to 0} \frac{s(T_1 s + 1)(T_2 s + 1) \cdots (T_{n-2} s + 1)}{K(\tau_1 s + 1)(\tau_2 s + 1) \cdots (\tau_m s + 1)} = 0 \tag{2.74}$$

$$e_{ss} = A \lim_{s \to 0} \frac{1}{sG_0(s)} = 0 \tag{2.75}$$

"Ⅱ"型系统可以跟随斜坡输入信号, 其稳态误差为零, 即没有误差。同样, 高于 "Ⅱ"型的系统对斜坡信号也可以跟随, 且稳态时无误差。

3) 抛物线输入信号 (等加速输入信号)

由于这一输入信号的拉氏变换是 $R(s) = A/s^3$。通过上述类似分析不难得出, "0"型、"Ⅰ"系统均无法跟随这种输入函数, 而"Ⅱ"型系统则可以跟随这类输入函数, 且其稳态误差 $e_{ss} = A/K$ (图 2.21)。

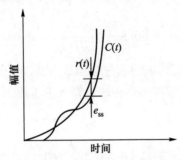

图 2.21 抛物线输入下"Ⅱ"型系统的稳态误差 e_{ss}

综上所述, 系统的稳态误差决定于系统的类型和输入函数的形式。现将其稳态误差归纳为表 2.4。

表 2.4 单位反馈系统的稳态误差

稳态误差 系统类型	输入函数形式		
	阶跃 $r(t) = Au(t)$	斜坡 $r(t) = At$	抛物线 $r(t) = \frac{1}{2}At^2$
0	$\dfrac{A}{1+K}$	∞	∞
Ⅰ	0	$\dfrac{A}{K}$	∞
Ⅱ	0	0	$\dfrac{A}{K}$

2.5 频率特性

系统或元件对正弦输入的稳态响应称为频率特性或频率响应。应用频率特性来分析系统的动态性能, 在控制理论中称作频率特性分析法或频率响应分析法。对于系统稳定性、品质分析以及系统的设计来说, 该方法是很有效的。

2.5.1 频率特性分析

频率响应分析法是以输入信号的频率为变量, 对系统的性能在频率域内进行研究的一种方法。

对于一个线性系统, 当输入是一个正弦函数时, 系统的稳态输出也是一个与输入角频率相同的正弦函数, 只是输出的幅值与相角不同于输入。若输入为

$$x(t) = x_0 \sin \omega t$$

则稳态输出为

$$y(t) = y_0 \sin (\omega t + \varphi)$$

式中, ω 为输入和输出正弦信号的角频率 (rad/s); x_0 为输入正弦信号的振幅; y_0 为输出正弦信号的振幅; φ 为输出对输入的相位滞后, 即相位差 (°) 。

如图 2.22 所示, $G(s)$ 表示一个线性系统, 其输出振幅 y_0 及输出对输入的相位差 φ 均是输入正弦函数角频率 ω 的函数。 ω 增大时, 输出振幅 y_0 减小, 而输出对输入的相位滞后 φ 增加。

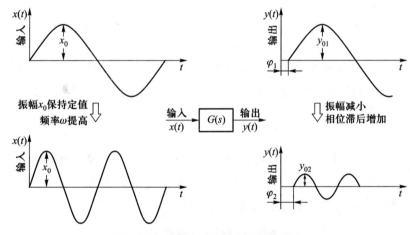

图 2.22　振幅、相位差和角频率关系

设有一系统, 其运动微分方程式为

$$a\frac{\mathrm{d}^2 y}{\mathrm{d}t^2} + b\frac{\mathrm{d}y}{\mathrm{d}t} + cy = x(t) \tag{2.76}$$

为了便于分析, 取其输入为一谐波函数

$$x(t) = x_0(\cos \omega t + \mathrm{j}\sin \omega t) = x_0 \mathrm{e}^{\mathrm{j}\omega t} \tag{2.77}$$

系统的稳态输出为

$$y(t) = y_0[\cos (\omega t + \varphi) + \mathrm{j}\sin (\omega t + \varphi)] = y_0 \mathrm{e}^{\mathrm{j}(\omega t + \varphi)} \tag{2.78}$$

将 $x(t)$ 、 $y(t)$ 的表达式代入运动微分方程, 可得

$$y(t)[a(\mathrm{j}\omega)^2 + b(\mathrm{j}\omega) + c] = x(t) \tag{2.79}$$

令

$$G(\mathrm{j}\omega) = \frac{y(t)}{x(t)} \tag{2.80}$$

则

$$G(\mathrm{j}\omega) = \frac{1}{a(\mathrm{j}\omega)^2 + b(\mathrm{j}\omega) + c} \tag{2.81}$$

式中, $G(\mathrm{j}\omega)$ 代表在谐波函数输入时输出的稳态响应与输入之比, 也说明系统对谐波输入的传递能力。它是输入频率 ω 的函数, 称其为系统 (或元件) 的频率特性 (或频率响应)。上述系统的传递函数为

$$G(s) = \frac{y(s)}{x(s)} = \frac{1}{as^2 + bs + c} \tag{2.82}$$

对比 $G(s)$ 与 $G(\mathrm{j}\omega)$ 的表达式, 不难看出, 只要令传递函数中的拉氏算子 $s = \mathrm{j}\omega$, 就可由传递函数 $G(s)$ 直接求得其频率特性 $G(\mathrm{j}\omega)$。这可应用于求取任何系统或元件的频率特性。频率特性是传递函数的一个特殊情况。由于传递函数决定于系统 (或元件) 本身的结构, 所以频率特性也只表示系统 (或元件) 本身的特性。

在已知系统 (或元件) 传递函数的情况下, 其频率特性极易求取。如果系统中某些元件很难从分析其物理规律来确切地列写其动态方程, 则其频率特性可用实验方法来求取。即对该元件输入不同频率的正弦波, 记录输出端的幅值和相位就得到这一元件的频率特性 (当然这一元件本身应该是稳定的)。这是频率响应法的一个优点。

闭环系统的频率特性一般可写成

$$\varPhi(\mathrm{j}\omega) = \frac{G(\mathrm{j}\omega)}{1 + G(\mathrm{j}\omega)H(\mathrm{j}\omega)} = \frac{b_0(\mathrm{j}\omega)^m + b_1(\mathrm{j}\omega)^{m-1} + \cdots + b_{m-1}(\mathrm{j}\omega) + b_m}{a_0(\mathrm{j}\omega)^n + a_1(\mathrm{j}\omega)^{n-1} + \cdots + a_{n-1}(\mathrm{j}\omega) + a_n} \tag{2.83}$$

这是一个复变函数, 将其实部和虚部分开, 则

$$\varPhi(\mathrm{j}\omega) = U(\mathrm{j}\omega) + \mathrm{j}V(\mathrm{j}\omega) \tag{2.84}$$

式中, $U(\mathrm{j}\omega)$ 为 $\varPhi(\mathrm{j}\omega)$ 的实部; $V(\mathrm{j}\omega)$ 为 $\varPhi(\mathrm{j}\omega)$ 的虚部。

直角坐标中横坐标表示实部, 纵坐标表示虚部, 则 $\varPhi(\mathrm{j}\omega)$ 在复平面上可用一矢量表示, 矢量端点为其坐标值, 如图 2.23 所示。矢量的模 $H(\omega)$ 就是输出和输入幅值之比 (称幅频特性), 矢量与实轴的夹角 $\varphi(\omega)$ 则是输出与输入的相位差 (称相频特性), 即

$$H(\omega) = |\varPhi(\mathrm{j}\omega)| = \sqrt{U^2(\omega) + V^2(\omega)} \tag{2.85}$$

$$\varphi(\omega) = \angle\varPhi(\mathrm{j}\omega) = \arctan\frac{V(\omega)}{U(\omega)} \tag{2.86}$$

由于

$$U(\omega) = H(\omega)\cos\varphi(\omega) \tag{2.87}$$

$$V(\omega) = H(\omega)\sin\varphi(\omega) \tag{2.88}$$

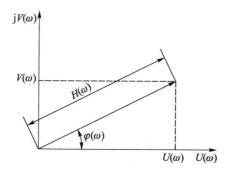

图 **2.23** 闭环系统频率特性 (矢量图)

所以

$$\begin{aligned}
\Phi(\mathrm{j}\omega) &= U(\omega) + \mathrm{j}V(\omega) \\
&= H(\omega)[\cos\varphi(\omega) + \mathrm{j}\sin\varphi(\omega)] \\
&= H(\omega)\mathrm{e}^{\mathrm{j}\varphi(\omega)}
\end{aligned} \tag{2.89}$$

当频率 ω 从 0 变到 ∞ 时, 矢量端点在复平面上描出一条轨迹, 它表示输出与输入幅值之比 H 和相角 φ 随着 ω 变化的情况, 所以称之为幅相频率特性。

对于稍为复杂的系统, 绘制其幅相频率特性时有一定的计算工作量。如果系统中元件有增减, 或元件参数有变化, 其幅相频率特性就需全部重新计算, 同时也不易看出系统中个别元件的参数对整个系统频率特性的影响。采用对数频率特性图 (伯德图) 就能在一定程度上克服上述缺点。

伯德图是分别用两个直角坐标图来表示幅频特性和相频特性。两图的横坐标均为频率 ω 的对数, 即按 $\lg\omega$ 的值分度 (但习惯上图上仍标其 ω 值)。例如: $\omega = 1$ 时 $\lg\omega = 0$, $\omega = 10$ 时 $\lg\omega = 1$, $\omega = 100$ 时 $\lg\omega = 2$ 等。按对数分度时, 频率每变化 10 倍 (称为一个十倍频程), 间隔距离等于一个单位长度; 频率每变化 1 倍 (称为一个倍频程), 间隔距离为 0.301(lg2) 个单位长度。由于采用了对数坐标, 因此使图中包含的频率范围大大扩展。表示幅频特性图中纵坐标是 $L = 20\lg H$, 即按 $20\lg H$ 的值等分刻度, 单位是 dB, 此图称为对数幅频特性, 用 $L(\omega)$ 来表示。表示相频特性图中纵坐标是 φ, 以 "度" 为单位等分刻度, 此图称为对数相频特性。伯德图一般画在半对数坐标纸上。

现以惯性环节为例说明伯德图的做法。已知惯性环节的传递函数是

$$G(s) = \frac{1}{\tau s + 1} \tag{2.90}$$

因此频率特性为

$$\begin{aligned}
G(\mathrm{j}\omega) &= \frac{1}{1 + \mathrm{j}\omega\tau} = \frac{1 - \mathrm{j}\omega\tau}{1 + \omega^2\tau^2} \\
&= \frac{1}{1 + \omega^2\tau^2} - \mathrm{j}\frac{\omega\tau}{1 + \omega^2\tau^2} \\
&= U(\omega) + \mathrm{j}V(\omega)
\end{aligned}$$

$$H(\omega) = |G(\mathrm{j}\omega)| = \sqrt{U^2(\omega) + V^2(\omega)}$$

$$= \frac{1}{1 + \omega^2\tau^2}\sqrt{1 + \omega^2\tau^2}$$

$$= \frac{1}{\sqrt{1 + \omega^2\tau^2}}$$

$$\varphi(\omega) = \arctan\frac{V(\omega)}{U(\omega)} = \arctan\frac{-\dfrac{\omega\tau}{1 + \omega^2\tau^2}}{\dfrac{1}{1 + \omega^2\tau^2}}$$

$$= \arctan(-\omega\tau)$$

对数幅频特性

$$L(\omega) = 20\lg H(\omega) = 20\lg\frac{1}{\sqrt{1 + \omega^2\tau^2}}$$

$$= -20\lg(1 + \omega^2\tau^2)^{1/2}$$

当 $\omega\tau \leqslant 1$, 即 $\omega \leqslant 1/\tau$ 时, $L(\omega) \approx -20 \times \lg 1 = 0$。因此低频段 $L(\omega)$ 可近似为一条与横轴重合的直线。在高频段, $\omega\tau \geqslant 1$, 即 $\omega \geqslant 1/\tau$, 则 $L(\omega) \approx -20\lg(\omega\tau)$。此时, 当 $\omega_1 = 1/\tau$ 时 $L(\omega_1) = -20\lg\dfrac{1}{\tau}\tau = 0$, 而在 $\omega_2 = 10\omega_1$ 时 $L(\omega_2) = -20\lg\dfrac{10}{\tau}\tau = -20$ dB。因此, 在高频段, 频率变化一个十倍频程 (用 dec 表示), $L(\omega)$ 下降 20 dB, 是一条斜率为 -20 dB/dec 的直线。由此, 可用上述两条直线组成的折线来近似地表示惯性环节的对数幅频特性。两段直线的交点在 $\omega = 1/\tau$ 处, 称为转角频率或交频率。实际上, $L(\omega) = -20\lg(1 + \omega^2\tau^2)^{1/2} = 0$, 故在 $\omega = 1/\tau$ 处 $L(\omega)$ 不是零, 而是在 $L(1/\tau) = -20 \times \lg\sqrt{2} = -3$ dB。严格讲, $L(\omega)$ 是一条光滑曲线, 以折线代替时在 $\omega = 1/\tau$ 处误差最大, 但也只有 3 dB。因此, 通常可先画近似折线后再加以修正, 有时也直接用近似折线来表示 (图 2.24)。

下面看一下对数相频特性

$$\varphi(\omega) = \arctan(-\omega\tau) \tag{2.91}$$

故 ω 从 $0 \to \infty$ 时, φ 从 $0° \to 90°$。而 $\omega = 1/\tau$ 时, $\varphi = -45°$。若 τ 变化, $\varphi(\omega)$ 曲线形状不变, 只要将 $-45°$ 对准 $\omega = 1/\tau$ 点平移曲线即可 (图 2.24)。

各典型环节的伯德图均可用上述方法测出, 详见表 2.5。而一个系统的传递函数往往是几个典型环节传递函数之积。由于乘积或商的对数均能转化为对数求和与求差, 因此知道了各个环节的伯德图后, 通过图上的加与减 (线性叠加) 就可获得整个系统的伯德图。这正是伯德图的优点。它使人们可以很方便地根据元件的频率特性画出系统的频率特性, 并能清楚地了解每个元件的影响。有了系统的伯德图就可以分析系统的性能了。

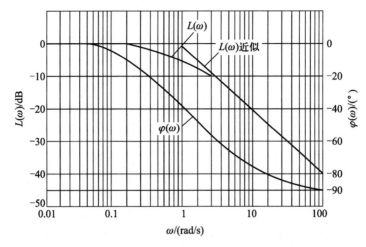

图 2.24 惯性环节对数频率特性 (伯德图)

表 2.5 典型环节频率特性

名称	运动微分方程	传递函数	频率特性	伯德图
比例环节	$y(t) = Kx(t)$	K	K	①
积分环节	$y(t) = \int_0^t x(t)\mathrm{d}t$ $\dfrac{\mathrm{d}y(t)}{\mathrm{d}t} = x(t)$	$\dfrac{1}{s}$	$\dfrac{1}{\mathrm{j}\omega}$	②
微分环节	$y(t) = \dfrac{\mathrm{d}x(t)}{\mathrm{d}t}$	s	$\mathrm{j}\omega$	③
惯性环节	$\tau\dfrac{\mathrm{d}y}{\mathrm{d}t} + y(t) = x(t)$	$\dfrac{1}{1+\tau s}$	$\dfrac{1}{1+\mathrm{j}\omega\tau}$	④
振荡环节	$\tau^2\dfrac{\mathrm{d}^2 y}{\mathrm{d}t^2} + 2\zeta\tau\dfrac{\mathrm{d}y}{\mathrm{d}t} + y = x(t)$	$\dfrac{1}{\tau^2 s^2 + 2\zeta\tau s + 1}$	$\dfrac{1}{\tau^2(\mathrm{j}\omega)^2 + 2\zeta\tau\mathrm{j}\omega + 1}$	⑤

2.5.2 对数幅相频率特性的稳定性判据

1. 开环系统是稳定的对数幅相频率特性稳定性判据

根据伯德图 (图 2.25) 可以得到稳定性判据。

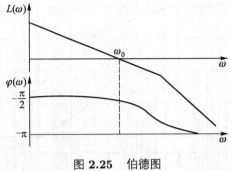

图 2.25   伯德图

当开环系统是稳定的 (即 $m = 0$), 则在 $L(\omega) \geqslant 0$ 的所有频率 ω 值下, 相角 $\varphi(\omega) \geqslant 0$ 不超过 $-\pi$ 线, 那么闭环系统是稳定的。

2. 对数幅相频率特性稳定性判据普遍情况

如果系统在开环状态下的特征方程式有 m 个根在复平面的右边, 它在闭环状态下稳定的充分必要条件是: 在所有 $L(\omega) \geqslant 0$ 的频率范围内, 相频特性曲线 $\varphi(\omega)$ 在 $-\pi$ 线上的正负穿越之差为 $m/2$。

如图 2.26a, 已知系统开环特征方程式有 2 个右根 (即 $m = 2$), 从图知正负穿越之差为 $1 - 2 = -1 \neq m/2$, 因 $m = 2$, 所以这个系统在闭环状态下是不稳定的。

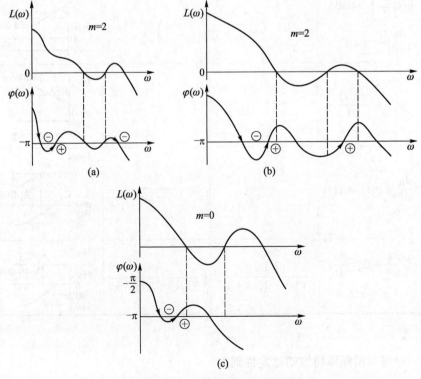

图 2.26   开环系统的几种伯德图

如图 2.26b, 已知系统开环特征方程式有 2 个右根 (即 $m = 2$), 从图知正负穿越之差为 $2 - 1 = 2/2$, 所以这个系统在闭环状态下是稳定的。

如图 2.26c, 这个系统开环特征方程式没有右根 (即 $m = 0$), 从图知正负穿越之差为 $1 - 1 = 0$, 所以这个系统在闭环状态下是稳定的。

例 5: 已知开环系统的传递函数

$$G(s) = \frac{100(1.25s + 1)^2}{s(5s + 1)^2(0.02s + 1)(0.005s + 1)} \tag{2.92}$$

确定闭环系统的稳定性。

先求各转角频率为: $\omega_1 = 1/5 = 0.2$; $\omega_2 = 1/1.25 = 0.8$; $\omega_3 = 1/0.02 = 50$; $\omega_4 = 1/0.005 = 200$ 。它们都标在图 2.27 的 ω 轴上。当 $\omega = 1$ 时, 低频渐近线的纵坐标值为 $20 \lg K = 20 \times \lg 100 = 40$ dB 。这样, 可以在图上得到 A 点。由于传递函数的分母中有一个积分环节, 所以低频渐近线的斜率为 -20 dB/dec, 这样, 通过 A 点可以绘出低频渐近线。低频渐近线在 $\omega < \omega_1$ 部分以实线绘出。在 ω_1 以后, 由于有两个惯性环节 $1/(5s + 1)^2$, 所以近似幅频特性的斜率应当改变-40 dB/dec, 即在 ω_1、ω_2 间, 开环系统的对数幅频特性的斜率变为 -60 dB/dec 。在 ω_2 以后, 由于有两个一阶微分环节 $(1.25s + 1)^2$, 所以幅频特性的斜率又改变了 $+40$ dB/dec, 变成了 -20 dB/dec 。一直到 ω_3, 这时又有惯性环节 $1/(0.02s + 1)$, 故幅频特性斜率又变为 -40 dB/dec 。在以 ω_4 后, 由于惯性环节 $1/(0.005s + 1)$, 开环系统对数幅频特性的斜率又改变 -20 dB/dec, 最后变为-60 dB/dec。

相频特性可根据各环节的相频特性叠加而得, 这里就不加叙述了。

从图 2.27 可知, 在 $L(\omega) \geqslant 0$ 的频率范围内, 相频特性 $\varphi(\omega)$ 并不和 $-\pi$ 线相交。而系统在开环状态下的特征方程式中根本没有右根, 所以系统在闭环状态下是稳定的。

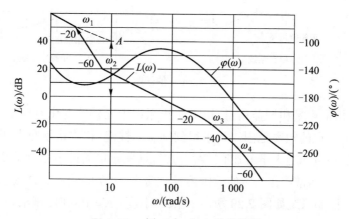

图 **2.27** 例 5 中 $G(s)$ 的伯德图

2.5.3 稳定性裕量

在设计控制系统时,要求系统是稳定的。此外,系统还必须具备适当的相对稳定性,即还需了解稳定系统的稳定程度。

1. 相位裕量

在增益交界频率上,使系统达到不稳定边缘所需要的附加相位滞后量,叫做相位裕量。所谓增益交界频率,是指开环频率特性的幅值 $|G(j\omega)|$ 等于 1 时的频率。相位裕量 γ 等于 180° 加相角 φ,即

$$\gamma = 180° + \varphi$$

式中, φ 是开环频率特性在增益交界频率上的相角。

2. 增益裕量

在相位等于 −180° 的频率上, $|G(j\omega)|$ 的倒数叫做增益裕量。开环频率特性的相角等于 −180° 时的频率 ω_1,定义为相位交界频率。根据相位交界频率,可求得增益裕量 K_g 为

$$K_g = \frac{1}{|G(j\omega)|}$$

以分贝 (dB) 表示时

$$20 \lg K_g = -20 \lg |G(j\omega)|$$

由图 2.28 所示伯德图可知,系统在伯德图中有正的增益裕量和相位裕量时,系统是稳定的,否则系统不稳定。

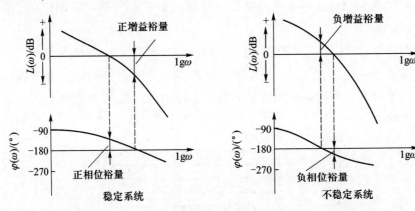

图 2.28　伯德图

适当的相位裕量和增益裕量,可以防止系统中元件的变化对稳定性造成的影响,且指出了一定的频率范围。为了得到满意的性能,相位裕量应当在 30° 和 60° 之间,而增益裕量应当大于 6 dB。对于具有这些裕量的最小相位系统,即使开环增益和元件的时间常数在一定的范围内发生变化,也能保证系统的稳定性。

例 6: 设控制系统如图 2.29 所示,当 $K=10$ 和 $K=100$ 时,试求系统的相位裕量和增益裕量。

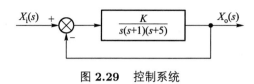

图 **2.29** 控制系统

由对数坐标图可以很容易地求出相位裕量和增益裕量。当 $K=10$ 时, 上述系统开环传递函数的对数坐标图如图 2.30a 所示。这时系统的相位裕量和增益裕量分别为: 相位裕量 $=21°$, 增益裕量 $=8\,\mathrm{dB}$ 。

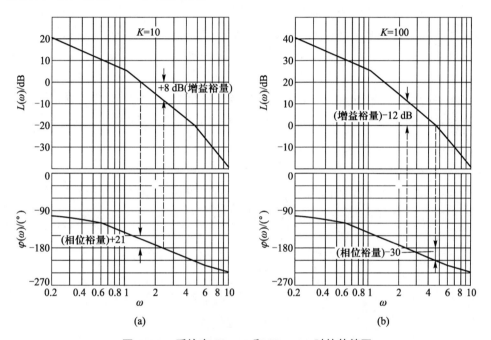

图 **2.30** 系统在 $K=10$ 和 $K=100$ 时的伯德图

因此, 系统在达到不稳定之前, 系统的增益可以增加 8 dB 。

当增益从 $K=10$ 增大到 $K=100$ 时,0 dB 轴线向下移动 20 dB, 如图 2.30b 所示。这时系统的相位裕量和增益裕量为: 相位裕量 $=-30°$, 增益裕量 $=-12\,\mathrm{dB}$ 。

因此, 系统在 $K=10$ 时是稳定的, 但在 $K=100$ 时则是不稳定的。

应当指出, 为了获得满意的系统性能, 必须将相位裕量增加到 $30° \sim 60°$ 。这可以通过减小增益 K 达到。但是减小 K 值是不希望的, 因为 K 值减小会造成大的斜坡输入误差。因此, 可以通过增加校正环节来改变开环频率特性曲线的形状。

2.6 控制系统性能校正

设计控制系统时首先根据实际生产的要求选择受控对象, 然后确定控制器, 完成测量、放大、比较、执行等任务。但实际生产会对系统各方面的性能提出要求。当把受控对象和控制器组合起来以后, 除了 K 可作适当调整外, 其他都有自身的静、动态特性——称为不可变部分; 之后是确定控制方式——开环控制、闭环控制、复合控制等; 最后是分析系统性能——时域、复域、频域均可。若满足要求, 皆大欢喜, 但概率很小, 一般不满足要求, 只能设法改进。因此引入附加装置——校正装置。

在控制系统设计中, 除了通过调整结构参数改善原有系统的性能外, 经常是通过引入校正装置的办法来改善系统的性能。这种对系统性能的改善, 就是对系统的校正 (或补偿)。所用的校正装置即控制系统中的控制器, 在控制理论中称为校正环节。引入校正环节将使系统的传递函数发生变化, 导致系统的零点和极点重新分布。适当地增加零点和极点, 可使系统满足规定的要求, 以实现对系统进行校正的目的。引入校正环节的实质就是改变系统的零点和极点分布, 或称改变系统的频率特性。

性能校正问题不像系统分析那样具有单一性和确定性, 也就是说, 能够全面满足性能指标的系统并不是唯一确定的。在工程实际中选择系统校正方案时, 既要考虑保证良好的控制性能, 又要照顾到工艺性、经济性, 以及使用寿命、体积、重量等因素, 以便从几种方案中选取最优方案。

按照校正装置在系统中的接法不同, 可以把校正分为串联校正和并联校正。

把校正装置 $G_c(s)$ 串联在系统的前向通道中, 称为串联校正, 如图 2.31 所示。

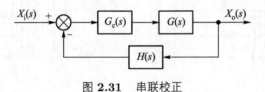

图 2.31　串联校正

按校正环节 $G_c(s)$ 的性质, 串联校正可分为: 增益调整、相位超前校正、相位滞后校正和相位滞后超前校正。

增益调整的实现比较简单, 但单凭调整增益往往不能很好地解决各指标间相互制约的矛盾, 所以还须附加其他校正装置。

并联校正包含反馈校正和顺馈校正。除了前面提到的全局反馈外, 也常采用局部反馈对系统进行校正, 如图 2.32a 所示。顺馈校正如图 2.32b 所示。

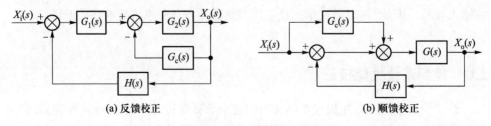

(a) 反馈校正　　　　　　　　　　　　　　　(b) 顺馈校正

图 2.32　并联校正

2.6.1 系统的性能指标

设计某一控制系统的目的是用来完成某一特定的任务。对整个控制系统的要求通常以性能指标来表示,这些性能指标包括控制精度、稳定裕度和响应速度三大方面。

从使用角度看,时域指标比较直观,对系统的要求常以时域指标的形式提出。常用的时域性能指标包括调整时间 t_s、最大超调量 M_p、峰值时间 t_p、上升时间 t_r 及稳态误差等。对于二阶系统,除了稳态误差以外的时域性能指标均与系统阻尼比 ζ 和谐振频率 ω_r 有关,所以有时也将系统阻尼比 ζ 和谐振频率 ω_r 作为性能指标对待。

常用频域指标有相位稳定裕度 γ、幅值稳定裕度 K_f、剪切频率 ω_c、谐振频率 ω_r 和谐振峰值 M_r 等。

性能指标通常由控制系统的用户提出。一个具体系统对性能指标的要求应有所侧重,如调速系统对平稳性和稳态精度要求严格,而跟踪系统则对快速性要求很高。

性能指标的提出要有根据,不能脱离实际。比如要求响应快,则必须有足够好的能量供给系统和能量转化系统,以保证运动部件具有较高的加速度,同时运动部件要能承受产生的惯性载荷和离心载荷等。较高的性能指标常需要较昂贵的元器件,应根据实际应用需要确定系统性能指标。实际上,系统的性能决定于系统的设计水平和工艺水平。

在控制系统设计中,常将时域性能指标和频域性能指标相互转化,下面给出它们的一些常用关系。

1) 相位裕量 γ 与阻尼比 ζ 的关系

相位稳定裕度是在开环传递函数 $H(s)G(s)$ 奈奎斯特图上定义的,即由系统的开环传递函数确定相位稳定裕度。对于单位负反馈系统,对应二阶系统标准闭环传递函数为

$$G_b(s) = \frac{\omega_n^2}{s^2 + 2\zeta\omega_n s + \omega_n^2} \tag{2.93}$$

开环传递函数为

$$G_k(s) = \frac{\omega_n^2}{s(s + 2\zeta\omega_n)} \tag{2.94}$$

开环频率特性为

$$G(j\omega) = \frac{\omega_n^2}{j\omega(j\omega + 2\zeta\omega_n)} \tag{2.95}$$

根据式 (2.95) 可求出相频特性

$$\varphi(\omega) = -\frac{\pi}{2} - \arctan\frac{\omega}{2\zeta\omega_n} \tag{2.96}$$

可由式

$$|G_\text{k}(\text{j}\omega_\text{c})| = \left| \frac{\omega_\text{n}^2}{\omega_\text{c}\sqrt{\omega_\text{c}^2 + (2\zeta\omega_\text{n})^2}} \right| = 1 \tag{2.97}$$

求出剪切频率为

$$\omega_\text{c} = \omega_\text{n}\sqrt{\sqrt{1 + 4\zeta^4} - 2\zeta^2} \tag{2.98}$$

将式 (2.96) 和式 (2.98) 代入相位稳定裕度的公式, 即得出两者间的关系

$$\gamma = \pi + \varphi(\omega_\text{c}) = \arctan\frac{2\zeta}{\sqrt{\sqrt{1 + 4\zeta^4} - 2\zeta^2}} \tag{2.99}$$

2) 谐振频率 ω_r、谐振峰值 M_r 与阻尼比 ζ 的关系

谐振频率

$$\begin{cases} \omega_\text{r} = 0, & \zeta > 0.707 \\ \omega_\text{r} \approx \omega_\text{n}, & \zeta \leqslant 0.707 \end{cases} \tag{2.100}$$

谐振峰值

$$\begin{cases} M_\text{r} = 1, & \zeta > 0.707 \\ M_\text{r} = \dfrac{1}{2\zeta\sqrt{1 - \zeta^2}}, & \zeta \leqslant 0.707 \end{cases} \tag{2.101}$$

3) 闭环带宽 ω_b 与阻尼比 ζ 的关系

$$\begin{cases} \omega_\text{b} = \omega_\text{n}, & \zeta > 0.707 \\ \omega_\text{b} = \sqrt{1 - 2\zeta^2 + \sqrt{4\zeta^4 - 4\zeta^2 + 2\omega_\text{n}}}, & \zeta \leqslant 0.707 \end{cases} \tag{2.102}$$

4) 剪切频率 ω_c 与闭环带宽 ω_b 的关系

由式 (2.98) 与式 (2.102) 可知

$$\omega_\text{b} = \omega_\text{c}\sqrt{\frac{1 - 2\zeta^2 + \sqrt{4\zeta^4 - 4\zeta^2 + 2}}{\sqrt{1 + 4\zeta^4} - 2\zeta^2}} \tag{2.103}$$

5) 高阶系统频域性能指标与时域性能指标之间的关系

高阶系统频域性能指标与时域性能指标之间没有精确的解析表达式, 但可采用如下经验公式进行估计:

$$M_\text{p} = 0.16 + 0.4(M_\text{r} - 1), \quad 1 \leqslant M_\text{r} \leqslant 1.8 \tag{2.104}$$

$$\omega_\text{c}t_\text{s} = k\pi \tag{2.105}$$

式中

$$k = 2 + 1.5(M_\text{r} - 1) + 2.5(M_\text{r} - 1)^2 \tag{2.106}$$

$$M_r = \frac{1}{\sin\gamma} \tag{2.107}$$

参考式 (2.103), 对于高阶系统取

$$\omega_b = 1.6\omega_c \tag{2.108}$$

2.6.2 系统闭环零点、极点的分布与系统性能的关系

系统的时域性能指标是根据一个二阶系统对单位阶跃输入的响应给出的。本节将通过系统对单位阶跃输入的响应, 讨论系统闭环零点、极点的分布与系统性能的关系。

1. 系统单位阶跃输入响应

闭环系统的传递函数可写为

$$G(s) = \frac{X_o(s)}{X_i(s)} = \frac{G(s)}{1 + G(s)H(S)} = a\frac{\prod_{i=1}^{m}(s - z_i)}{\prod_{j=1}^{n}(s - p_j)} \tag{2.109}$$

式中, $z_1, z_2, \cdots, z_m$; $p_1, p_2, \cdots, p_n$; a 分别为闭环系统的零点、极点和增益。

单位阶跃输入的复域响应为

$$X_o(s) = \frac{a}{s}\frac{\prod_{i=1}^{m}(s - z_i)}{\prod_{j=1}^{n}(s - p_j)} \tag{2.110}$$

经拉普拉斯逆变换, 得单位阶跃输入的时域响应为

$$x_o(t) = L^{-1}[X_o(s)] = A_0 + \sum_{j=1}^{n} A_j e^{p_j t} \tag{2.111}$$

式中, 系数 A_0、$A_j(j = 1, 2, \cdots, n)$ 分别为

$$A_0 = [X_o(s)s]_{s=0} \tag{2.112}$$

$$A_i = \frac{a\prod_{i=1}^{m}(p_j - z_i)}{p_j\prod_{\substack{i=1 \\ i \neq j}}^{n}(p_j - p_i)} \tag{2.113}$$

它们是用复变函数知识求出的, 对其导出过程有兴趣的读者可参阅有关书籍。

2. 闭环零点、极点的分布与系统性能的关系

根据系统的单位阶跃响应, 对系统闭环零点、极点的分布与系统性能的关系做如下定性讨论。

(1) 由式 (2.111) 可知, 为了使系统稳定, 所有闭环极点 p_j 都必须有负实部, 或者说它们必须都在 [s] 左半平面上。

(2) 如果要求系统快速性好, 那么应使阶跃响应式 (2.111) 中的每一个分量 $e^{p_j t}$ 都衰减得快, 为此所有闭环极点 p_j 都应在虚轴左侧远离虚轴的地方。

(3) 由二阶系统的分析可知, 如果系统特征根为共轭复数, 那么当共轭复数点在与负实轴成 $\pm 45°$ 线上时, 对应的阻尼比 ($\zeta = 0.707$) 为最佳阻尼比, 这时系统的平稳性与快速性都比较好; 超过 45° 线, 则阻尼较小, 振荡较大。所以, 若要求稳定性与快速性都比较好, 则闭环极点最好设置在 [s] 平面中与负实轴成 $\pm 45°$ 夹角附近。

(4) 远离虚轴的闭环极点对瞬态响应影响很小。在一般情况下, 若某一极点比其他极点远离虚轴 4 ~ 6 倍时, 则它对瞬态响应的影响可略去。

(5) 为了使动态过程尽快消失, 由式 (2.111) 可知, 必须使 A_j 小。又由式 (2.94) 可知, 应使其分母大, 分子小。为此, 闭环极点间的间距 ($p_j - p_i$) 要大, 零点要靠近极点 p_i。

由于零点的个数总少于极点的个数, 故零点靠近离虚轴近的极点才能使动态过程很快结束。因为离虚轴最近的极点所对应的分量 $A_i e^{p_i t}$ 衰减最慢, 所以如果能使某一零点靠近 p_j, 则系数 A_i 值很小, $A_i e^{p_j t}$ 可忽略不计, 从而对动态过程起决定作用的极点让位于离虚轴次近的极点, 使系统的快速性有所提高。如果一个零点和一个极点的距离小于它们到原点距离的 1/10, 则称它们为偶极子。可以在系统中串联一个环节, 以便加入适当的零点, 与对动态过程影响较大的不利极点构成一个偶极子, 从而抵消这个不利极点对系统的影响, 使系统的动态过程获得改善。

3. 利用主导极点估计系统性能指标

如前所述, 那些远离虚轴的极点和偶极子对系统的瞬态响应影响很小, 可忽略不计。而那些离虚轴近又不构成偶极子的零点和极点对系统的动态性能起主导作用, 称之为主导零点和主导极点。

由于主导极点在动态过程中起主导作用, 所以计算性能指标时, 在一定条件下, 可只考虑瞬态分量中主导极点所对应的分量, 将高阶系统近似化为一阶或二阶系统来计算系统的性能指标。

2.6.3 并联校正

校正环节与系统主通道并联的校正方法称为并联校正。按信号流动的方向, 并联校正分为反馈校正和顺馈校正。

1. 反馈校正

自动控制系统需要对系统控制量进行检测, 将检测到的输出量反馈回去与给定比较而形成闭环控制。除了采用这种整体的外环反馈, 还可以采用局部反馈的方法改善系统性能。所谓反馈校正, 是从系统某一环节的输出中取出信号, 经过反馈校正环节加到该环节前面某一环节的输入端, 与那里的输入信号叠加, 从而形成一个局部内回路, 如图 2.32a 所示。

在图 2.32a 中, $G_c(s)$ 为校正环节, $G_2(s)$ 常称为被包围环节。被包围环节常常是未校正系统中最需要改善性能的环节。反馈校正的目的就是用所形成的局部回路较好的性能来替换被包围环节较差的性能。常利用反馈校正实现如下目的。

1) 利用反馈校正取代某一环节

如图 2.32a 所示局部反馈回路中, 若环节 $G_2(s)$ 的性能是不希望的, 如存在非线性因素、结构参数易变、易受干扰等, 现引入局部反馈校正环节 $G_c(s)$, 拟用此局部回路消除环节 $G_2(s)$ 对系统的不良影响。此局部回路的频率特性为

$$G(j\omega) = \frac{G_2(j\omega)}{1 + G_c(j\omega)G_2(j\omega)} \tag{2.114}$$

如果在系统主要工作频率范围内, 能使得

$$|G_2(j\omega)G_c(j\omega)| \gg 1 \tag{2.115}$$

则式 (2.114) 可近似表示为

$$G(j\omega) \approx \frac{1}{G_c(j\omega)} \tag{2.116}$$

相当于局部回路的频率特性, 完全取决于校正环节的频率特性, 而与被包围环节 $G_2(j\omega)$ 无关。

2) 减小时间常数

时间常数大, 对系统的性能常产生不良影响, 利用反馈校正可减小时间常数。如图 2.33a 所示是对惯性环节接入比例反馈, 局部回路的传递函数为

$$G(s) = \frac{\dfrac{K}{Ts+1}}{1 + \dfrac{KK_H}{Ts+1}} = \frac{\dfrac{K}{1+KK_H}}{\dfrac{T}{1+KK_H}s+1} \tag{2.117}$$

结果仍然是惯性环节, 但时间常数由原来的 T 减少到 $T/(1 + KK_H)$。反馈系数 K_H 越大, 时间常数变得越小。

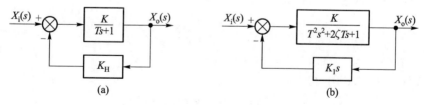

图 2.33　局部反馈回路

3) 对振荡环节接入速度反馈

对振荡环节接入速度反馈可以增大阻尼比, 这对小阻尼振荡环节减小谐振幅值有利。如图 2.33b 所示的局部回路传递函数为

$$G(s) = \frac{K}{T^2s^2 + (2\zeta T + KK_1)s + 1} \tag{2.118}$$

由上式可知, 校正的结果仍为振荡环节, 但阻尼比显著增大, 无阻尼固有频率未变。

2. 顺馈校正

在高精度控制系统中, 在保证系统稳定的同时, 还要减小甚至消除系统误差和干扰的影响。为此, 在反馈控制回路中加上顺馈装置, 组成一个复合校正系统, 如图 2.34 所示。顺馈校正是一种输入补偿的校正, 它不取决于系统的输出。下面以图 2.34 所示系统为例, 说明顺馈校正的方法和作用。

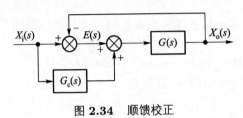

图 **2.34** 顺馈校正

由于此系统为单位负反馈系统, 系统的误差与偏差相同, 所以系统的误差可写为

$$E(s) = X_i(s) - X_o(s) \tag{2.119}$$

如图 2.34 所示, 系统的输出为

$$X_o(s) = \frac{[1 + G_c(s)]G(s)}{1 + G(s)} X_i(s) \tag{2.120}$$

将上式代入式 (2.119) 中, 得

$$E(s) = \frac{1 - G_c(s)G(s)}{1 + G(s)} X_i(s) \tag{2.121}$$

为使 $E(s) = 0$, 应使 $1 - G_c(s)G(s) = 0$, 即

$$G_c(s) = \frac{1}{G(s)} \tag{2.122}$$

将上式代入式 (2.120), 得

$$X_o(s) = X_i(s)$$

上式表明, 当顺馈校正环节 $G_c(s)$ 按式 (2.122) 设计时, 系统的输出量在任何时刻都可以完全无误地复现输入量, 具有理想的时间响应特性。这种顺馈校正, 实际上是在系统中增加一个输入信号 $G_c(s)X_i(s)$, 它产生的误差抵消了原输入量 $X_i(s)$ 所产生的误差。但在工程实际中, $G(s)$ 常较复杂, 故完全实现式 (2.122) 所表示的补偿较困难。

2.6.4　串联校正

最常见、最主要的串联校正就是在主通道上的比较环节后面的串联校正环节, 此校正环节称为控制器, 如图 2.31 所示。由图可见, 加入校正环节就改变了系统的开环传递函数和闭环传递函数, 由此就改变了系统的时域性能和频域性能。

$$G_{kh}(s) = G_c(s)G_{kq}(s) \tag{2.123}$$

本节讨论如何通过串联校正的方法满足系统对精度、快速性和稳定性的要求。这里, 系统精度以系统稳态精度表征; 快速性以系统开环剪切频率 ω_c 表征; 稳定性以相位稳定裕度 γ 和幅值稳定裕度 K_f 表征。系统的性能指标常以频域特征量给出, 以频域校正法为主要讨论内容。串联校正后的系统开环频率特性为

$$G_{kh}(j\omega) = G_c(j\omega)G_{kq}(j\omega) \tag{2.124}$$

式中, $G_{kq}(j\omega)$ 为校正前的系统开环频率特性; $G_{kh}(j\omega)$ 为校正后的开环频率特性; $G_c(j\omega)$ 为校正环节的频率特性。

伯德图以分贝 (dB) 为单位表示系统的幅频特性, 即对数幅频特性, 用式 (2.124) 表示的串联校正关系可写为

$$L(j\omega) = 20\lg|G_{kh}(j\omega)| = 20\lg|G_c(j\omega)| + 20\lg|G_{kq}(j\omega)| \tag{2.125}$$

显然, 在伯德图中, 由式 (2.124) 表示的乘法关系就变成了用式 (2.125) 表示的加法关系, 这给系统的校正带来了很大的方便, 所以在系统校正中常采用伯德图作为工具。

在机械工程自动控制系统中, 基本上都是相位最小系统。而伯德定理是关于最小相位系统伯德图与系统频率特性的关系, 对于系统性能校正很有用。伯德定理主要内容如下。

(1) 相位最小系统的幅频特性与相频特性关于频率一一对应。具体地说, 当给定整个频域上的精确对数幅频特性的斜率时, 对数相频特性就唯一确定; 当给定整个频域上的精确对数相频特性时, 对数幅频特性的斜率也唯一确定。

(2) 在某一频率上的相位移主要决定于同一频率上的对数幅频特性的斜率, 它们的对应关系是: $\pm 20n$ dB/dec 的斜率对应大约 $\pm n90^\circ$ 的相位移, 这里 $n = 0, 1, 2, \cdots$。例如, 如果在剪切频率 ω_c 上的系统开环幅频特性渐近线斜率为 -20 dB/dec, 则 ω_c 上的相位移大约为 -90°, 系统将具有较大的稳定裕度; 如果在剪切频率 ω_c 上的系统开环幅频特性渐近线斜率为 -40 dB/dec, 则 ω_c 上的相位移大约为 -180°, 系统将具有较小的稳定裕度, 或者不稳定。

为了使系统具有适当的稳定裕度, 在设计系统开环频率特性时应使: 幅频渐近线以 -20 dB/dec 的斜率穿越零分贝线; 此段渐近线的频率具有足够的宽度。为

此, 当 ω_{c} 右边有最近的转折频率 ω_2 时, 应使 $\omega_2 \geqslant 2\omega_{\mathrm{c}}$; 如果 ω_{c} 左边有转折频率 ω_1, 应让它与 ω_{c} 有足够的距离, 可取 $2\omega_1 \leqslant \omega_{\mathrm{c}}$。

一般来说, 开环频率特性的低频段表征闭环系统的稳态性能, 所以低频增益要足够大, 以保证稳态精度的要求; 中频段表征闭环系统的动态性能, 中频段对数幅频特性曲线应以 $-20 \ \mathrm{dB/dec}$ 的斜率穿越零分贝线, 并具有一定的宽度, 以保证足够的相位裕度和幅值裕度, 使系统具有良好的动态性能; 高频段表征系统的复杂性及噪声抑制性能, 高频增益应尽可能小, 以减小系统噪声影响。若系统原有高频段已符合要求, 则校正时可保持高频段不变, 以简化校正装置。

根据上述原则, 下面分别介绍相位超前、滞后、滞后 – 超前三种校正方式。

1) 相位超前校正

相位超前环节的相频特性是 $\angle G_{\mathrm{c}}(\mathrm{j}\omega) > 0$, 如果把它作为校正环节串联在主通道上, 能使系统的相位稳定裕度增大。如图 2.35a 所示的 RC 网络为一相位超前网络, 它的数学模型为

$$CR_1R_2\dot{u}_0 + (R_1 + R_2)u_0 = CR_1R_2 + R_2u_{\mathrm{i}}$$

将上式两边同时进行拉普拉斯变换就可得下式表示的传递函数:

$$G_{\mathrm{c}}(s) = \frac{U_{\mathrm{o}}(s)}{U_{\mathrm{i}}(s)} = \frac{R_2}{R_1 + R_2} \frac{R_1Cs + 1}{\dfrac{R_2}{R_1 + R_2}R_1Cs + 1} \tag{2.126}$$

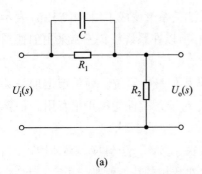
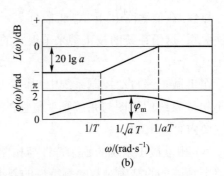

图 2.35　相位超前环节

设

$$R_1C = T, \qquad \frac{R_2}{R_1 + R_2} = a \tag{2.127}$$

则式 (2.126) 可写为

$$G_{\mathrm{c}}(s) = a\frac{Ts + 1}{aTs + 1} \tag{2.128}$$

根据式 (2.128) 就可以画出该环节的伯德图, 如图 2.35b 所示。实际上, 其幅频特性图只是它的对数幅频特性渐近线图。在研究系统校正问题时, 总是用系统的对数幅频特性渐近线图, 简称为幅频特性图。

由于 $a < 1$, 由图 2.35 所示的超前校正环节产生一个 a 倍的增益衰减。为了不影响系统稳态精度, 就必须将系统中放大器的放大倍数提高 a 倍。这样, 校正环节的传递函数为

$$G_c(s) = \frac{Ts + 1}{aTs + 1} \tag{2.129}$$

对应的频率特性为

$$G_c(j\omega) = \frac{1 + j\omega T}{1 + ja\omega T} = \frac{1 + a\omega^2 T^2 + j(1 - a)\omega T}{1 + a^2\omega^2 T^2} = \sqrt{\frac{1 + \omega^2 T^2}{1 + a^2\omega^2 T^2}} e^{j\varphi_c(\omega)} \tag{2.130}$$

显然, 此校正环节的相频特性为

$$\varphi_c(\omega) = \arctan\frac{(1 - a)\omega T}{1 + a\omega^2 T^2} > 0 \tag{2.131}$$

幅频特性为

$$|G_c(j\omega)| = \sqrt{\frac{1 + \omega^2 T^2}{1 + a^2\omega^2 T^2}} \tag{2.132}$$

对应的伯德图如图 2.36 所示。与图 2.35 相比, 幅频特性曲线向上平移 $|20 \lg a|$, 而相频曲线没有任何变化。这说明频率特性的增益不改变相频特性。

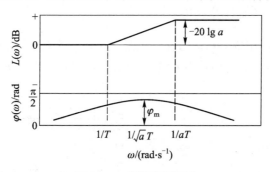

图 2.36 相位超前环节

为了充分发挥相位超前环节的相位超前作用, 应求出其最大相位超前量。将式 (2.131) 代入

$$\frac{\partial \varphi_c(\omega)}{\partial \omega} = 0 \tag{2.133}$$

利用公式

$$\frac{d[\arctan x(\omega)]}{d\omega} = \frac{1}{1 + [x(\omega)]^2} x'(\omega) \tag{2.134}$$

若

$$\omega_m = \frac{1}{\sqrt{a}T} \tag{2.135}$$

则由式 (2.134) 可得此环节能提供的最大相位超前量为

$$\varphi_{cm} = \arctan\frac{1 - a}{2\sqrt{a}} \tag{2.136}$$

2) 相位滞后校正

相位滞后环节的传递函数为

$$G_c(s) = \frac{Ts+1}{\beta Ts+1} \tag{2.137}$$

式中, $\beta > 1$。

如图 2.37a 所示的无源网络为一相位滞后环节, 图 2.37b 为其伯德图。

对于此环节, 有 $T = R_2C, \beta = (R_1 + R_2)/R_2 > 1$。滞后环节的频率特性为

$$G_c(j\omega) = \frac{1+j\omega T}{1+j\beta\omega T} = \frac{1+\beta\omega^2 T^2 + j\omega T(1-\beta)}{1+(\beta\omega T)^2}$$

$$\varphi_c(\omega) = \arctan\frac{\omega T(1-\beta)}{1+\beta\omega^2 T^2}$$

$$|G_c(j\omega)| = \sqrt{\frac{1+\omega^2 T^2}{1+(\beta\omega T)^2}}$$

校正后的频率特性为

$$G_{kh}(j\omega) = |G_k(j\omega)||G_c(j\omega)|e^{j[\varphi_k(\omega)+\varphi_c(\omega)]} \tag{2.138}$$

由图 2.37 可见, 相位滞后环节在高频段产生较大的衰减, 相位滞后作用较小。利用相位滞后环节的这一特性, 使校正后的系统具有较大的相位稳定裕度。

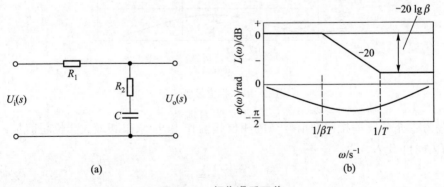

图 2.37 相位滞后环节

3) 相位滞后 – 超前校正

单纯地采用相位超前校正或相位滞后校正只能改善系统单方面的性能。如果要使系统同时具有较好的动态性能和稳定性, 应该采用滞后 – 超前校正。

如图 2.38a 所示的 RC 网络为一滞后 – 超前网络, 如图 2.38b 所示为其频率特性。其传递函数为

$$G_c(s) = \frac{X_o(s)}{X_i(s)} = \frac{(R_1C_1s+1)(R_2C_2s+1)}{(R_1C_1s+1)(R_2C_2s+1)+R_1C_2s} \tag{2.139}$$

可写成如下形式:

$$G_c(s) = \frac{\alpha T_1 s + 1}{T_1 s + 1} \frac{\dfrac{T_2}{\alpha} s + 1}{T_2 s + 1} \tag{2.140}$$

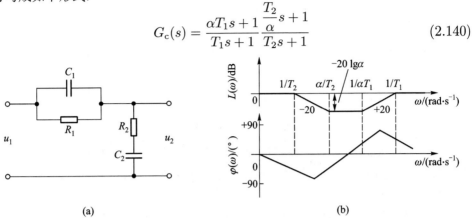

图 2.38 滞后 - 超前网络

设定 $\alpha > 1$, 则其中 $(\alpha T_1 s + 1)/(T_1 s + 1)$ 是前面讲过的相位超前环节的传递函数, $\left(\dfrac{T_2}{\alpha} s + 1\right)/(T_2 s + 1)$ 为相位滞后环节的传递函数。其中, $\alpha T_1 = R_1 C_1$, $T_1 = R_1 C_1 / \alpha$, $T_2 / \alpha = R_2 C_2$, $T_2 = \alpha R_2 C_2$, $T_2 > T_2 / \alpha > \alpha T_1 > T_1$。

由图 2.38 可见, 曲线的低频部分为负斜率、负相移, 起滞后校正作用; 高频部分为正斜率、正相移, 起超前校正作用。

2.6.5 控制器类型

在自动控制系统中, 给定信号与反馈信号比较所得的误差信号是最基本的控制信号。为了提高系统性能, 总是先让误差信号通过一个控制器进行某种控制运算, 从控制器输出的控制信号就可以更有效地控制系统, 使系统达到所要求的性能指标。

在实际模拟控制系统中的控制器常为有源校正装置, 它们是由电阻、电容与运算放大器构成的网络。由于运算放大器是有源的, 所以由它构成的校正装置常称为有源校正装置。在工业中常采用的控制器有比例控制器 (P)、比例积分控制器 (PI)、比例微分控制器 (PD) 和比例积分微分控制器 (PID), 它们都属于有源校正装置。

1. 比例控制器

比例控制器的作用是调节系统开环增益。在保证系统稳定性的情况下提高开环增益可以提高系统的稳态精度和快速性。

比例控制器的有源网络如图 2.39 所示。该网络的传递函数

$$G_c(s) = \frac{U_o(s)}{U_i(s)} = K_p \tag{2.141}$$

式中, $K_p = -R_2 / R_1$。

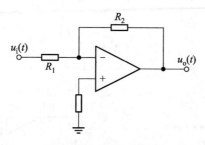

图 2.39   比例控制器

如图 2.39 所示的比例控制器的输出与输入变号, 此问题可以通过串联一个反向电路来解决。反向电路就是让图 2.39 中的两个电阻 R_1、R_2 的阻值相等的电路。

2. 比例积分控制器

比例积分控制器 (PI) 的网络如图 2.40 所示。其传递函数为

$$G_c(s) = K_p + \frac{1}{T_i s} = \frac{T_i K_p s + 1}{T_i s} \tag{2.142}$$

式中, $K_p = -R_2/R_1$; $T_i = -R_1 C$。

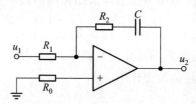

图 2.40   比例积分控制器

比例积分控制器中的积分控制可提高系统的稳态精度, 而其中的比例控制可对因积分控制减低了的快速性有所补偿, 可以较好地解决系统动、静态特性相互矛盾的问题。它相当于滞后校正。

3. 比例微分控制器

比例微分控制器 (PD) 的网络如图 2.41 所示。其传递函数为

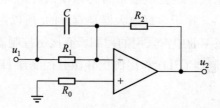

图 2.41   比例微分控制器

$$G_c(s) = K_p + T_d s \tag{2.143}$$

式中, $K_p = -R_2/R_1, T_d = -R_2 C_l$。

比例微分控制器中的微分控制与误差的变化率成正比, 它利用误差的变化趋势对误差起修正作用, 这样可提高系统的稳定性和快速性。但微分作用很容易放大高频噪声, 因此常配以高频噪声滤波环节。它相当于超前校正。

4. 比例积分微分控制器

比例积分微分控制器 (PID) 的网络如图 2.42 所示。其传递函数为

$$G_c(s) = K_p + \frac{1}{T_i s} + T_d s \qquad (2.144)$$

式中, $K_p = -(R_1 C_1 + R_2 C_2)/(R_1 C_2)$; $T_i = -R_1 C_2$; $T_d = -R_2 C_1$。

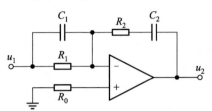

图 **2.42** 比例积分微分控制器

相比之下, 比例积分微分控制器的功能是最好的。其积分控制可提高系统的稳定性, 其微分控制可改善系统的快速性。若配以高频噪声滤波环节, 它相当于滞后 – 超前校正。工业中用集成运算放大器制成的 PID 控制器可方便地调整其参数 K_p、 T_i 及 T_d, 在调试系统时非常方便, 因而得到了广泛应用。

5. 有源相位超前控制器

用运算放大器可以组成相位超前网络, 线路图和对应的对数幅频特性如图 2.43 所示。由该网络的幅频特性图和传递函数都可见, 此网络具有增益 K_0, 这与相位超前校正时的情况一样, 即由无源网络构成的相位超前环节也存在增益。在这种情况下, 可以在设计时暂时不考虑增益, 然后用一个由运算放大器构成的比例环节来消除该增益的影响。

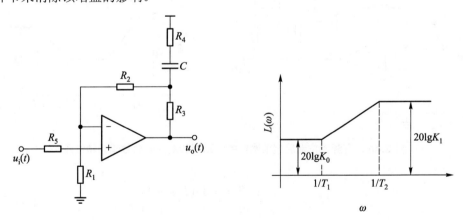

图 **2.43** 有源相位超前网络的线路图和对应的对数幅频特性图

其传递函数为

$$G_c(s) = -K_0 \frac{T_1 s + 1}{T_2 s + 1} \qquad (2.145)$$

式中, $K_0 = (R_1 + R_2 + R_3)/R_1$; $T_1 = (R_3 + R_4)C$; $T_2 = R_4 C$。

如果 $R_2 \gg R_3 \gg R_4$, 则 $K_1 = [R_3(R_1 + R_2)]/(R_1 R_4)$。

6. 有源相位滞后控制器

用运算放大器组成的相位滞后网络的线路图和对应的对数幅频特性如图 2.44 所示。其传递函数为

$$G_c(s) = -K_0 \frac{T_2 s + 1}{T_1 s + 1} \tag{2.146}$$

式中

$$K_0 = \frac{R_2 + R_3}{R_1}, T_1 = R_3 C, T_2 = \frac{R_2 R_3}{R_P + R_{\hat{x}}}C, K_1 = \frac{R_2}{R_1}$$

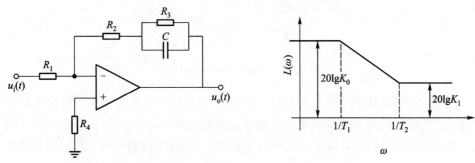

图 2.44　有源相位滞后网络的线路图和对应的对数幅频特性图

7. 有源相位滞后超前控制器

用运算放大器组成的相位滞后超前网络的线路图和对应的对数幅频特性如图 2.45 所示。其传递函数为

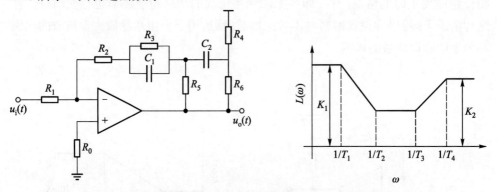

图 2.45　有源相位滞后超前网络的线路图和对应的对数幅频特性图

$$G_c(s) = -K_0 \frac{(T_2 s + 1)(T_3 s + 1)}{(T_1 s + 1)(T_4 s + 1)} \tag{2.147}$$

式中

$$K_0 = \frac{R_2 + R_3 + R_5}{R_1}, T_1 = R_3 C_1, T_2 = \frac{R_3(R_2 + R_5)}{R_2 + R_3 + R_5}, T_3 = R_5 C_2, T_4 = \frac{R_4 R_5 C_2}{R_4 + R_6}$$

$$R_2 \gg R_5 \gg R_6 > R_4, K_1 = 20 \lg K_0, K_2 = 20 \lg \frac{(R_2 + R_5)(R_4 + R_6)}{R_1 R_4}$$

第 3 章　电液伺服阀

　　电液伺服阀是电液伺服系统的核心控制元件。它能将微弱的电气输入信号放大并转换成大功率的液压能量输出,以实现对流量和压力的控制。它的输入一般是模拟量电控信号,输出液压能量随电控信号的大小及极性变化。电液伺服阀具有控制精度高和放大倍数大等优点,在液压控制系统中得到了广泛的应用。

　　在电液控制系统中,把电信号的各种优点 (如传递速度快,线路连接方便,适于远距离控制,易于测量、比较和校正等) 与液压系统强大的驱动优势 (如输出力大、惯性小、反应快、刚度大等) 结合到一起,由两者结合而成的电液伺服系统是一种控制灵活、精度高、快速性好、输出功率大的系统。

3.1　电液伺服阀的组成

　　电液伺服阀通常由电气 – 机械转换器 (力矩马达或力马达) 、液压放大器和反馈或平衡机构三部分组成,如图 3.1 所示。电气 – 机械转换器将电信号转换为第一级阀芯或挡板 (射流管) 的位移或角位移,液压放大器输出大功率的液压能实现对执行元件的液压伺服控制。伺服阀的输出级所采用的反馈或平衡机构是为使伺服阀的输出流量或输出压力获得与输入电控信号成比例的特性。平衡机构通常为圆柱螺旋弹簧或片弹簧等。为了实现对液压能的精确控制,在伺服阀内往往配置有反馈与平衡装置,对相应的控制量构成闭环控制。常见的反馈方式有力反馈、位置反馈、流量反馈和压力反馈等。

3.1.1　电气 – 机械转换器

　　电气 – 机械转换器是将电信号转换为机械 (角) 位移的元件,具有电流 – 力转换和力 – 位移转换两个作用,为液压控制部分提供机械输入量,即提供一定的摆角或位移,从而改变液压控制部分液流的流动状态,使控制部分输出的液压发生变化,

1. 电气接线端子; 2. 电气 – 机械转换器 (力矩马达); 3. 先导液压放大器 (喷嘴挡板阀);
4. 反馈杆; 5. 主液压放大器 (滑阀)

图 **3.1** 电液伺服阀的组成结构示意

从而驱动主液压放大器动作。伺服阀中的电气 – 机械转换器分为力矩马达 (输出摆角) 和力马达 (输出直线位移) 两种。

1. 力矩马达

力矩马达利用载流导体 (线圈) 所受磁场作用力, 通过弹性扭力元件把电流信号转换成机械摆角 (偏转角), 从而实现电气 – 机械信号的转换。如图 3.2 所示, 典型的力矩马达工作原理如下, 当控制电流输入控制线圈时, 衔铁中的磁通量发生变化, 使得衔铁组件在外磁场中的受力状态发生改变, 即衔铁组件所受的转矩发生变化, 该转矩与支撑衔铁组件的弹性扭力元件在达到新的平衡状态时, 衔铁组件的偏转角度就相应地产生了变化。衔铁组件的偏转角位移的大小与控制线圈中的输入电流大小相对应。

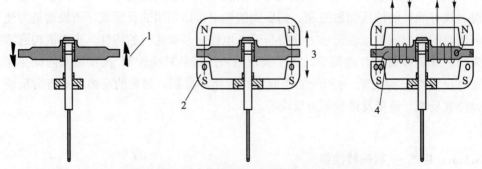

1. 衔铁所受转矩; 2. 永磁通量; 3. 永久磁铁吸引力; 4. 线圈磁通

图 **3.2** 力矩马达的工作原理示意图

通常, 力矩马达的输入电流为 10~30 mA, 输出转矩为 0.02~0.06 N·m。

2. 力马达

与力矩马达工作原理一样, 力马达 (见图 3.3) 也是利用电磁作用力实现电气 – 机械转换功能, 差别在于力马达的输出是直线往复位移。

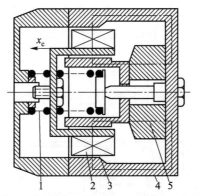

1. 弹簧; 2. 控制线圈; 3. 气隙; 4. 导磁体; 5. 永久磁铁

图 3.3　力马达结构示意图

通常, 力马达的输入电流为 150~300 mA, 输出力为 3~5 N 。

3.1.2　液压放大器

常见的液压放大器有滑阀式、喷嘴挡板式和射流管式三种形式。

1. 滑阀式

如图 3.4, 滑阀式液压放大器由永磁动圈式力马达、一对固定节流口、预开口双边滑阀式前置液压放大器和三通滑阀式功率级组成。 前置控制滑阀的两个预开

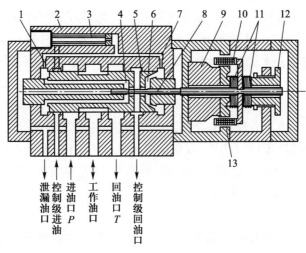

泄漏油口　控制级进油　进油口 P　工作油口　回油口 T　控制级回油口

1 、7. 固定节流口; 2. 阀体; 3. 滤芯; 4 、6. 可变节流口; 5. 主阀芯; 8. 先导阀芯;
9. 磁钢; 10. 线圈; 11. 弹簧; 12. 调零螺母; 13. 气隙

图 3.4　滑阀式伺服阀结构示意图

口节流控制边与两个固定节流口组成一个液压桥路。滑阀副的阀芯直接与力马达的动圈骨架相连, 在阀套内滑动。前置级的阀套又是功率级滑阀放大器的阀芯。

这种阀的优点是: 采用动圈式力马达, 结构简单, 功率放大系数较大, 滞环小和工作行程大; 固定节流口尺寸大, 不易被污物堵塞; 主滑阀两端控制油压作用面积大, 从而加大了驱动力, 使滑阀不易卡死, 工作可靠。

2. 喷嘴挡板式

如图 3.5, 无输入信号时, 衔铁所受磁力矩平衡, 处于中间位置, 喷嘴挡板阀两控制腔压力相同, 主阀芯所受液压力平衡处于中位, 各油口封闭。

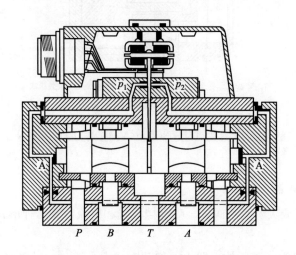

图 3.5　喷嘴挡板式伺服阀结构示意图

有输入信号时, 衔铁中出现磁通, 在磁场作用下受到力矩作用而偏转, 弹簧管随之产生变形, 挡板偏离中位 (如顺时针转动), 此时, 左喷嘴控制腔压力上升, 右喷嘴控制腔压力下降。从而主阀芯在压差作用下右移, 同时带动反馈杆进一步弯曲。当衔铁组件力矩平衡时, 处于平衡位置 $p_{1p}A = p_{2p}A$。当液压力与反馈杆对阀芯的反作用力及液流力平衡时, 主阀芯运动停止。该阀芯位移量与控制信号电流成比例。

这种伺服阀, 由于力反馈的存在, 使得力矩马达在其零点附近工作, 即衔铁偏转角 θ 很小, 故线性度好。此外, 改变反馈弹簧杆的刚度, 就能在相同输入电流时改变滑阀的位移。这种伺服阀结构紧凑, 外形尺寸小, 响应快。但喷嘴挡板的工作间隙较小, 对油液的清洁度要求较高。

3. 射流管式

图 3.6 中的先导液压放大器就是射流管式结构。该阀采用衔铁式力矩马达带动射流管, 两个接收孔直接和主阀两端面连接, 控制主阀运动。主阀位移由位移传感器检测。这种阀的最小通流尺寸 (射流管口尺寸) 比喷嘴挡板的工作间隙大 4~10 倍, 故对油液的清洁度要求较低。缺点是零位泄漏量大; 受油液黏度变

化影响大, 低温特性差; 力矩马达带动射流管, 负载惯量大, 响应速度低于喷嘴挡板阀。

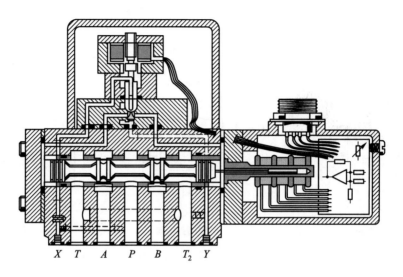

X T A P B T_2 Y

图 3.6 射流管式伺服阀结构示意图

3.2 电液伺服阀的分类

(1) 电液伺服阀按用途、性能和结构特征可分为通用型和专用型。

(2) 按输出量可分为流量控制伺服阀和压力控制伺服阀。

(3) 按液压放大级数可分为单级、双级和三级伺服阀。

(4) 按电气 – 机械转换后动作方式可分为力矩马达式 (输出转角) 和力马达式 (输出直线位移)。

(5) 按液压前置级的结构形式可分为单喷嘴挡板式、双喷嘴挡板式、四喷嘴挡板式、射流管式、偏转板射流式和滑阀式。

(6) 按反馈形式可分为位置反馈、负载流量反馈和负载压力反馈。

(7) 按输入信号形式可分为连续控制式和脉宽调制式。

3.3 伺服阀液压放大器的静特性分析

液压放大器是伺服阀的控制与工作部分, 其静态性能的分析是伺服阀设计与分析的基础。所谓的静态特性, 是指阀的输入信号一定时, 其主要工作参数 (流量、压力、阀位移) 之间的关系。

之所以叫做液压放大器, 是因为这种元件具有能量的放大作用。例如在滑阀式液压放大器中, 以阀芯的机械运动来控制液压能 (大小与方向)。阀的输入能量很小, 而输出的液压功率却很大, 故称为放大元件。液压放大器是将输入信号 (位移) 转换成液压流量 (压力) 输出的元件, 因此, 它还具有能量转换的作用。

如图 3.7, 按阀芯结构不同, 液压放大元件主要有以下三类:

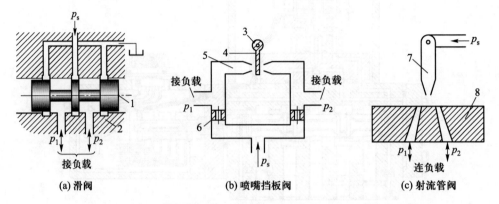

(a) 滑阀   (b) 喷嘴挡板阀   (c) 射流管阀

1. 阀芯; 2. 阀体; 3. 支轴; 4. 挡板; 5. 喷嘴; 6. 固定节流孔; 7. 射流管; 8. 接收器

图 3.7   液压控制阀

(1) 滑阀: 阀芯为多端圆柱体, 阀芯相对阀体作轴向运动。

(2) 喷嘴挡板阀: 挡板相对喷嘴移动。

(3) 射流管阀: 射流管相对接收孔摆动。

3.3.1   滑阀

1. 滑阀的结构类型及分类

1) 按通道数目分类

与普通液压阀一样, 根据伺服阀对外连接油口的数目多少, 可分为二通、三通、四通等。

2) 按工作边数目分类

所谓工作边是指在伺服阀中, 起流量控制作用的节流棱边。常见的有单边 (如图 3.8)、双边 (如图 3.4)、四边 (如图 3.7a) 等。

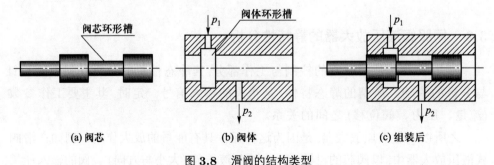

(a) 阀芯   (b) 阀体   (c) 组装后

图 3.8   滑阀的结构类型

3) 按阀芯台肩数目分类

根据阀芯上起节流密封与导向作用的台肩数量多少分类, 常见的有二台肩 (如图 3.8)、三台肩 (如图 3.8a)、四台肩 (如图 3.6) 等。

4) 按零位开口 (预开口) 形式分类

四边滑阀在初始平衡的状态下, 其开口有三种形式, 即正开口 (如图 3.9)、零开口 (如图 3.10) 和负开口 (如图 3.11)。具有零开口的滑阀, 其线性度最好; 负开口有较大的不灵敏区, 较少采用; 具有正开口的滑阀, 在正开口区间具有较大的流量变化率 (流量增益), 由于在零位工作将有一定的流量通过阀口流回油箱, 所以具有一定的功率损耗。

5) 按节流窗口形状分类

可分为矩形窗口 (如图 3.12)、圆形窗口 (如图 3.13) 以及其他形式的窗口。其中矩形窗口的过流面积与阀芯位移之间具有线性关系, 因此应用广泛。

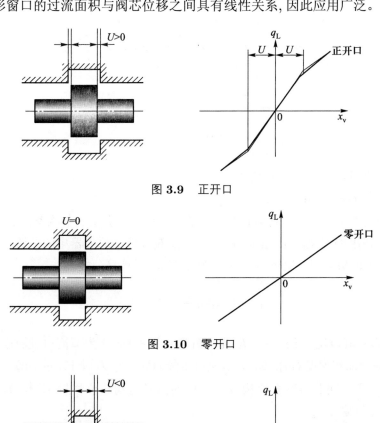

图 3.9　正开口

图 3.10　零开口

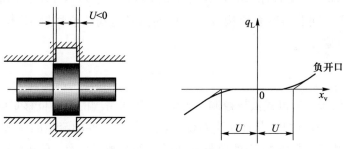

图 3.11　负开口

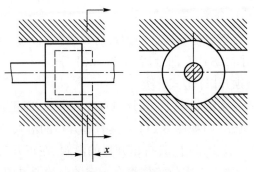

图 3.12　矩形窗口

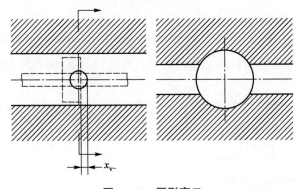

图 3.13　圆形窗口

2. 滑阀静态特性的一般分析

1) 滑阀静特性的线性化

滑阀式液压放大器是利用阀芯上的节流棱边与阀套上的节流窗口的配合而构成的节流作用来实现液压能的控制的。在滑阀式液压放大器中的节流口, 基本上都是薄壁节流口。根据流体力学中的节流口的流量计算公式

$$q = KA\Delta p = KWx_{\mathrm{v}}\Delta p$$

式中, q 为节流口流量 $(\mathrm{m^3/s})$; K 为节流口结构系数; A 为节流口过流面积 $(\mathrm{m^2})$; W 为节流口面积梯度 (m); Δp 为节流口压降 (Pa); x_{v} 为阀开口量 (m)。

可见, 通过阀芯与阀套所构成节流口的流量是阀芯位移量 x_{v} 与节流口压降 Δp 的二元函数

$$q = f(x_{\mathrm{v}}, \Delta p) \tag{3.1}$$

在采用滑阀的节流式液压控制系统中, 利用对滑阀的阀芯位移量的控制, 改变受控节流口的通流面积, 从而实现对输入液压执行元件的流量的调节。不考虑液体泄漏等的影响, 式 (3.1) 中的流量 q 即是滑阀与执行元件 (负载) 之间的液体流量, 该流量定义为负载流量。负载流量用符号 q_{L} 表示。

滑阀输出至执行元件的有效压力降 (即执行元件两个受控油腔的压差) 取决于执行元件所驱动的负载, 该压降定义为负载压力, 用符号 p_L 表示。如果执行元件两个受控油腔的压力分别记作 p_1 与 p_2, 则负载压力 $p_L = p_1 - p_2$。

式 (3.1) 的节流口压降 Δp 的量值与负载压力是相互对应的。当液压介质经过节流口输入执行元件时, 该节流口的压降 Δp 是油源压力 p_s 与执行元件进油腔的压力 p_1 或 p_2 之差; 当液压介质是由执行元件经滑阀上的节流口流回油箱时, 节流口的压降 Δp 是执行元件回油腔的压力 p_1 或 p_2 与油箱压力 p_T 之差。而油源压力 p_s 与油箱的压力 p_T 在液压控制系统的过程分析中均被视为恒定值, 所以节流口的压降 Δp 仅由执行元件的两个油腔的压力决定。当负载压力发生变化时, 执行元件的两个受控油腔的压力按相应规律 (由系统的具体结构决定) 同时产生变化, 因此也可采用负载压力 p_L 值来分析滑阀节流口压降的影响。式 (3.1) 可改写为

$$q_L = f(x_v, p_L) \tag{3.2}$$

一般而言, 滑阀的负载流量表达式 (3.2) 是非线性的。为了便于分析, 对其进行线性化处理, 即在所研究的工作点 $q_L = q_{L_1}$ 附近作一阶级数展开, 忽略高次项

$$\Delta q_L = q_L - q_{L_1} = \left.\frac{\partial q_L}{\partial x_v}\right|_1 \Delta x_v + \left.\frac{\partial q_L}{\partial p_L}\right|_1 \Delta p_L \tag{3.3}$$

2) 阀系数

由式 (3.3) 可见, 滑阀的负载流量的变化与阀芯位移的变化量和负载压力的变化量均有关, 式中的偏导数反映了各变量对负载流量的影响程度。对于节流式液压放大器而言, 影响其性能的主要参数有如下三项, 统称为阀的系数。

(1) 流量增益 $K_q = \left|\dfrac{\partial q_L}{\partial x_v}\right| = \dfrac{\partial q_L}{\partial x_v}$, 单位阀芯位移所产生的负载流量增量 $(\mathrm{m}^3 \cdot \mathrm{s}^{-1}/\mathrm{m})$。

(2) 流量压力系数 $K_c = \left|\dfrac{\partial q_L}{\partial p_L}\right| = -\dfrac{\partial q_L}{\partial p_L}$, 单位负载压力变化所引起的负载流量增量 $(\mathrm{m}^3 \cdot \mathrm{s}^{-1}/\mathrm{Pa})$。

(3) 压力增益 (压力灵敏度) $K_p = \left|\dfrac{\partial p_L}{\partial x_v}\right| = \dfrac{\partial p_L}{\partial x_v}$, 单位阀芯位移导致的负载压力增量 (Pa/m)。

三个阀系数之间的关系为

$$K_q = K_c K_p \tag{3.4}$$

3) 负载流量线性化方程

采用阀系数的形式, 式 (3.3) 可写成

$$\Delta q_L = K_q \Delta x_v - K_c \Delta p_L \tag{3.5}$$

4) 阀系数对控制系统性能的影响

(1) 流量增益 K_q 对控制系统性能的影响。流量增益直接影响系统的开环增益，因而对系统的稳定性、响应特性与稳态误差有直接影响。

(2) 压力增益 K_p。表示阀控执行元件组合驱动大惯量或大摩擦力负载的能力。

(3) 流量压力系数 K_c。由流量压力系数的定义可知，K_c 实际上是单位负载压力升高所引起的通过节流口的负载流量的衰减值。在负载压力变化 Δp_L 相同的条件下，K_c 越大，通过节流口的流量就越小，执行元件的运动速度越低。流量压力系数体现了执行元件的速度衰减与负载力之间的关系，即由于节流特性所产生的阻尼效应。流量压力系数 K_c 会影响液压控制系统的阻尼比，同时也会影响系统的速度刚度。

(4) 零位阀系数。在对滑阀负载流量表达式作线性化处理时，是针对特定的工作点在有限邻域内进行的。在不同的工作点上，阀系数的量值是不同的。在伺服阀通过执行元件对被控制对象进行调整时，往往都是处在小偏差状态，即在零位附近。在零位工作点处的阀系数叫做零位阀系数，分别记作 K_{q0}、K_{p0}、K_{c0}。

滑阀在零位工作时，其流量压力系数 K_{c0} 很小，系统阻尼低。而此时的流量增益 K_{q0} 最大，即系统增益最大，故此时系统的稳定性最差。如果在此工作点处，系统可以稳定地工作，则在其他工作点处均可稳定工作。因此，零位阀系数对于液压控制系统的设计与分析具有非常重要的意义。

3. 滑阀压力 – 流量方程的一般形式

滑阀的稳态特性可由对滑阀的压力 – 流量方程的一般形式进行分析得出。所谓静态特性是指在稳态情况下，负载流量 q_L、负载压力 p_L 及阀位移 x_v 之间的关系。

假设条件如下：

(1) 油源压力 p_s 恒定不变，滑阀回油口的压力 (即油箱内压力) 保持为零；

(2) 忽略管线及阀腔内压力损失，执行元件两个控制腔相同；

(3) 液体不可压缩；

(4) 各节流口完全一致。

如图 3.14 所示，不计执行元件中液体体积损失，对于两个环形沉割槽中的液流，可写出其流量连续性方程

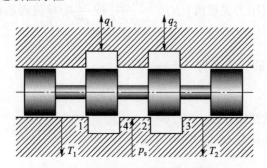

图 3.14　滑阀压力 – 流量方程用图

$$q_1 = q_{T4} - q_{T1} = q_2 = q_{T2} - q_{T3}$$

式中, q_1 、 q_2 为进 (出) 执行元件的液体流量 (m^3/s); q_{T1} 、 q_{T2} 、 q_{T3} 、 q_{T4} 为流经节流口 1 、 2 、 3 、 4 的流量 (m^3/s) 。从而

$$q_L = q_1 = q_2 = q_{T4} - q_{T1}$$

对于薄壁节流口

$$q_L = C_d A_{T4} \sqrt{\frac{2}{\rho}(p_s - p_1)} - C_d A_{T1} \sqrt{\frac{2}{\rho} p_1}$$

式中, C_d 为流量系数, $C_d = 0.61 \sim 0.62$; A_{T1}、A_{T4} 为阀节流口 1 、4 的过流面积 (m^2) 。

因为

$$p_L = p_1 - p_2$$

而 $p_s = p_1 + p_2$(对于匹配、对称的阀; 匹配: 同时工作的节流口过流面积一致; 对称: 阀芯等值反向工作时, 对应的节流口过流面积一致) 。

所以

$$p_1 = \frac{p_s + p_L}{2}$$

$$p_2 = \frac{p_s - p_L}{2}$$

$$q_L = C_d A_{T4} \sqrt{\frac{2}{\rho}\left[p_s - \frac{1}{2}(p_s + p_L)\right]} - C_d A_{T1} \sqrt{\frac{2}{\rho}\frac{1}{2}(p_s + p_L)}$$

$$= C_d w (U + x_v) \sqrt{\frac{1}{\rho}(p_s - p_L)} - C_d w (U - x_v) \sqrt{\frac{1}{\rho}(p_s + p_L)} \quad (3.6)$$

4. 零开口四边阀的静态特性

1) 理想零开口四边滑阀的静态特性

(1) 理想零开口四边滑阀: 几何形状理想; 各工作棱边直角 (与轴线垂直); 阀芯与阀套之间无间隙。

(2) 压力 − 流量关系方程

假设条件: 无泄漏, 控制窗口满足匹配、对称的要求。

如图 3.15 所示, 有

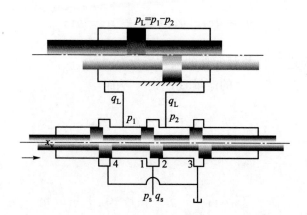

图 3.15　理想零开口四边滑阀静态特性分析用图

$$q_L = q_1 = C_d A_1 \sqrt{\frac{2}{\rho}(p_s - p_1)}$$

$$q_L = q_2 = C_d A_3 \sqrt{\frac{2}{\rho}p_2}$$

对于各节流口匹配的四边滑阀, 有

$$A_1 = A_3$$

则

$$\sqrt{\frac{2}{\rho}(p_s - p_1)} = \sqrt{\frac{2}{\rho}p_2}$$

即

$$p_s - p_1 = p_2$$

$$p_s = p_1 + p_2$$

考虑到

$$p_L = p_1 - p_2$$

故有

$$p_1 = \frac{p_s + p_L}{2}$$

$$p_2 = \frac{p_s - p_L}{2}$$

而

$$A_1 = A_3 = w x_v$$

式中, w 为面积梯度 (即单位阀芯位移所引起的节流口过流面积的增量), 对于全周开口阀, $w = \pi d$ (d 为阀芯直径) 。

$$q_L = C_d w x_v \sqrt{\frac{1}{\rho}(p_s - p_L)} \tag{3.7}$$

当 $x_v < 0$ 时 (阀芯反向移动时), 有

$$q_L = q_2 = C_d A_2 \sqrt{\frac{2}{\rho}(p_s - p_2)} = C_d w x_v \sqrt{\frac{1}{\rho}(p_s + p_L)}$$

$$q_L = q_4 = C_d A_4 \sqrt{\frac{2}{\rho}p_1} = C_d w x_v \sqrt{\frac{1}{\rho}(p_s + p_L)}$$

统一表达式为

$$q_L = C_d w x_v \sqrt{\frac{1}{\rho}\left(p_s - \frac{x_v}{|x_v|}p_L\right)} \tag{3.8}$$

量纲一化方程, 取

$$q_{Lmax} = C_d w x_{vmax} \sqrt{\frac{p_s}{\rho}}$$

$$\frac{q_L}{q_{Lmax}} = \frac{x_v}{x_{vmax}} \sqrt{1 - \frac{x_v}{|x_v|}\frac{p_L}{p_s}} \tag{3.9}$$

其压力 – 流量特性曲线如图 3.16 所示。

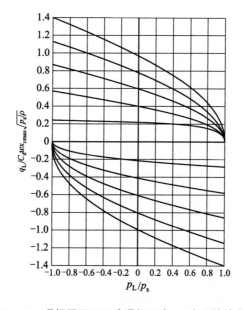

图 3.16 理想零开口四边滑阀压力 – 流量特性曲线

对于第一象限内, 负载流量与负载压力之间呈抛物线关系, 随 p_L 的增大, 负载流量减小, 当 $p_L = p_s$ 时, $q_L = 0$ 。此时, 油源压力 $p_s = p_1$, $p_2 = 0$, 即各节流口均无压降。对于定量系统, 液压泵的全部流量经溢流阀溢流; 对于变量泵供油的系统, 液压泵输出流量为零, 伺服阀输出功率为零。当 $p_L = 0$ 时 (空载), 伺服阀通过全部流量。

对于第二象限内, $p_L < 0$(负载荷), 液压缸被外载荷拖动, 运动速度更快, 而 x_v 不变, 此时 $p_1 < 0$, 液压缸经过阀口从油源抽吸油液, 属于特殊工作情况。

第三、四象限的情况与上述相同。

(3) 理想零开口四边阀的阀系数如下:

$$K_q = \frac{\partial q_L}{\partial x_v} = C_d w \sqrt{(p_s - p_L)/\rho}$$

$$K_c = -\frac{\partial q_L}{\partial p_L} = \frac{C_d w x_v \sqrt{(p_s - p_L)/\rho}}{2(p_s - p_L)}$$

$$K_p = \frac{K_q}{K_c} = \frac{2(p_s - p_L)}{x_v}$$

由零位条件 $(x_v = 0, q_L = 0, p_L = 0)$,可得零位阀系数如下:

$$K_{q0} = C_d w \sqrt{\frac{p_s}{\rho}}$$

$$K_{c0} = 0$$

$$K_{p0} = \infty$$

2) 实际零开口四边滑阀的静态特性

与理想零开口四边滑阀不同,实际零开口四边滑阀由于实际工作的需要,阀芯与阀套之间要求存在一定的径向间隙,同时加工制造中的各种误差均会对阀的性能产生影响。这就使得实际零开口四边滑阀的静态特性与前文分析结果不尽相同,尤其是零区特性差异较大。

(1) 零位阀系数。由流体力学知,无限平面,高为 b,宽为 $\pi d(w)$,且 $w \gg b$ 的矩形锐边节流口,流动为层流状态,该缝隙流量 $q = \frac{\pi b^2 w}{32\mu}\Delta p$,对于零开口四边阀,当阀芯位置处于零位时,节流口压差 $p_s/2$,各节流口流量 $q_s/2$,总泄漏流量 $q_c = \frac{\pi r_c^2 w}{32\mu}p_s = q_s$。

由压力 – 流量关系式

$$q_L = C_d A_1 \sqrt{\frac{p_s - p_L}{\rho}} - C_d A_2 \sqrt{\frac{p_s + p_L}{\rho}}$$

及

$$q_s = C_d A_1 \sqrt{\frac{p_s - p_L}{\rho}} + C_d A_2 \sqrt{\frac{p_s + p_L}{\rho}}$$

可得

$$\frac{\partial q_L}{\partial p_L} = -\left[\frac{C_d A_1}{2\sqrt{\rho(p_s - p_L)}} + \frac{C_d A_2}{2\sqrt{\rho(p_s + p_L)}}\right]$$

$$\frac{\partial q_s}{\partial p_s} = \frac{C_d A_1}{2\sqrt{\rho(p_s - p_L)}} + \frac{C_d A_2}{2\sqrt{\rho(p_s + p_L)}}$$

$$\frac{\partial q_s}{\partial p_s} = -\frac{\partial q_L}{\partial p_L} = K_c \tag{3.10}$$

从而

$$K_{c0} = \frac{\pi r_c^2 w}{32\mu}$$

$$K_{p0} = \frac{K_{q0}}{K_{c0}} = \frac{32\mu C_d \sqrt{p_s/\rho}}{\pi r_c^2} \tag{3.11}$$

(2) 压力特性曲线。保持油源压力不变, 改变阀芯位移量, 通过测量负载压力 p_L, 可得到压力特性曲线, 如图 3.17 。设曲线在原点的斜率就是被测阀的零位压力增益。

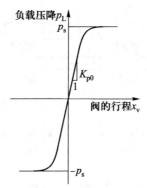

关闭负载通道后的压力增益曲线

图 3.17　实际零开口四边滑阀压力特性曲线

(3) 泄漏流量曲线。保持油源压力不变, 改变阀芯位移量, 通过测量泄漏流量 q_c, 可得实际零开口四边滑阀的泄漏流量曲线, 见图 3.18 。该曲线可衡量阀的零位能耗。

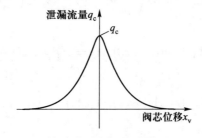

关闭负载通道的泄漏曲线

图 3.18　实际零开口四边滑阀泄漏流量曲线

(4) 中位泄漏流量曲线。固定阀芯处于中间位置不动, 测量 p_s 与 q_c 的关系, 即可得到中位泄露流量曲线, 见图 3.19 。该曲线可用于判断阀的加工装配质量, 以及判断阀芯与阀套的磨损程度 (新旧程度)。

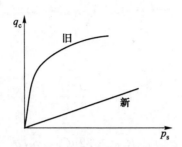

图 **3.19**　零开口四边滑阀中位泄漏流量曲线

5. 正开口四边滑阀的静态特性

正开口四边滑阀结构如图 3.20 所示。

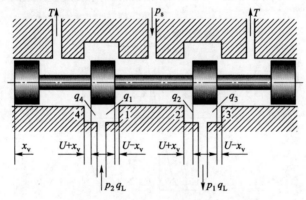

图 **3.20**　正开口四边滑阀静态特性用图

1) 压力 – 流量关系方程

$$q_{\mathrm{L}} = q_1 - q_4 = C_{\mathrm{d}} A_1 \sqrt{\frac{2}{\rho}(p_{\mathrm{s}} - p_2)} - C_{\mathrm{d}} A_4 \sqrt{\frac{2}{\rho}(p_2 - 0)} \tag{3.12}$$

$$q_{\mathrm{L}} = q_3 - q_2 = C_{\mathrm{d}} A_3 \sqrt{\frac{2}{\rho}(p_1 - 0)} - C_{\mathrm{d}} A_2 \sqrt{\frac{2}{\rho}(p_{\mathrm{s}} - p_1)} \tag{3.13}$$

因阀匹配, 有

$$A_1 = A_3 = w(U + x_{\mathrm{v}}), A_2 = A_4 = w(U - x_{\mathrm{v}})$$

又因阀对称, 有

$$A_1(x_{\mathrm{v}}) = A_2(-x_{\mathrm{v}}), A_3(x_{\mathrm{v}}) = A_4(-x_{\mathrm{v}})$$

由式 (3.12) 或式 (3.13) 得

$$q_{\mathrm{L}} = C_{\mathrm{d}} w(U + x_{\mathrm{v}}) \sqrt{\frac{1}{\rho}(p_{\mathrm{s}} - p_{\mathrm{L}})} - C_{\mathrm{d}} w(U - x_{\mathrm{v}}) \sqrt{\frac{1}{\rho}(p_{\mathrm{s}} + p_{\mathrm{L}})} \tag{3.14}$$

量纲一化处理, 即除以 $C_{\mathrm{d}} w U \sqrt{p_{\mathrm{s}}/\rho}$ (单边零位泄漏量), 得

$$\frac{q_{\mathrm{L}}}{C_{\mathrm{d}} w U \sqrt{p_{\mathrm{s}}/\rho}} = \left(1 + \frac{x_{\mathrm{v}}}{U}\right) \sqrt{\left(1 - \frac{p_{\mathrm{L}}}{p_{\mathrm{s}}}\right)} - \left(1 - \frac{x_{\mathrm{v}}}{U}\right) \sqrt{\left(1 + \frac{p_{\mathrm{L}}}{p_{\mathrm{s}}}\right)} \tag{3.15}$$

2) 压力 – 流量曲线

由图 3.21 可见, 该阀的线性度比较好, 此曲线的工作区间分析与零开口四边阀类似。

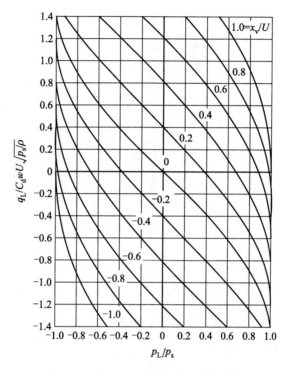

图 **3.21** 正开口四边滑阀静态特性曲线

3) 零位阀系数

零位条件: $x_v = 0, q_L = 0, p_L = 0$ 。则有

$$K_{q0} = 2C_d w \sqrt{\frac{p_s}{\rho}}$$

$$K_{c0} = \frac{C_d w U \sqrt{p_s/\rho}}{p_s}$$

$$K_{p0} = \frac{2p_s}{U}$$

4) 零位泄漏流量

$$q_c = q_1 + q_2 = 2C_d w U \sqrt{\frac{p_s}{\rho}} \tag{3.16}$$

可见, 此类阀零位能耗较大。

6. 双边滑阀的静态特性

1) 双边阀控缸的工作原理

对于图 3.22 所示的正开口双边阀控缸系统, 来自液压源的液压介质经节流口 1 与 2 的联合作用建立起控制压力 p_c。当液压缸活塞处于受力平衡状态时 $p_c A_c = p_s A_r$。

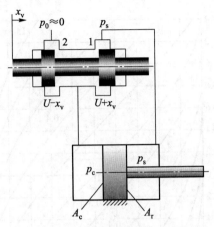

图 3.22　双边阀控缸的工作原理

当控制阀芯在输入信号的作用下向右移动时, 控制腔压力 p_c 增加, 破坏了原有平衡状态, 推动液压缸活塞右移; 反之, 液压缸活塞左移。一般情况下, 取 $A_c = 2A_r$, 则液压缸活塞力平衡时, 有 $p_c = \dfrac{1}{2} p_s$。

2) 零开口双边阀静态特性

(1) 压力 – 流量关系方程。

$$q_L = q_1 = C_d w x_v \sqrt{\frac{2}{\rho}(p_s - p_c)}, x_v \geqslant 0(\text{阀芯右移}), \text{T口封闭} \tag{3.17}$$

$$q_L = q_2 = C_d w x_v \sqrt{\frac{2}{\rho}p_c}, x_v \leqslant 0(\text{阀芯左移}), \text{T口通流} \tag{3.18}$$

写成量纲一的形式如下:

$$\frac{q_L}{C_d w x_{v\text{max}} \sqrt{2p_s/\rho}} = \frac{x_v}{x_{v\text{max}}} \sqrt{\left(1 - \frac{p_c}{p_s}\right)}, x_v \geqslant 0 \tag{3.19}$$

$$\frac{q_L}{C_d w x_{v\text{max}} \sqrt{2p_s/\rho}} = \frac{x_v}{x_{v\text{max}}} \sqrt{\frac{p_c}{p_s}}, x_v \leqslant 0 \tag{3.20}$$

(2) 零位阀系数。

零位条件: $x_v = 0, q_L = 0, p_{c0} = p_s/2$。则有

$$K_{q0} = C_d W \sqrt{p_s/\rho}$$

$$K_{c0} = \frac{C_d W x_v \sqrt{2(p_s - p_c)/\rho}}{2(p_s - p_c)} = 0$$

$$K_{p0} = \infty$$

3) 正开口双边阀静态特性

(1) 压力 – 流量关系方程。

$$q_L = q_1 - q_2 = C_d W(U + x_v)\sqrt{\frac{2}{\rho}(p_s - p_c)} - C_d W(U - x_v)\sqrt{\frac{2}{\rho}p_c} \qquad (3.21)$$

量纲一的形式如下:

$$\frac{q_L}{C_d W U \sqrt{2p_s/\rho}} = \left(1 + \frac{x_v}{U}\right)\sqrt{\left(1 - \frac{p_c}{p_s}\right)} - \left(1 - \frac{x_v}{U}\right)\sqrt{\frac{p_c}{p_s}} \qquad (3.22)$$

(2) 零位阀系数。

零位条件: $x_v = 0, q_L = 0, p_{c0} = p_s/2$。则有

$$K_{q0} = 2C_d W\sqrt{p_s/\rho}$$

$$K_{c0} = \frac{2C_d W U\sqrt{p_s/\rho}}{p_s}$$

$$K_{p0} = \frac{p_s}{U}$$

(3) 零位泄漏流量。

$$q_c = C_d W U\sqrt{\frac{2}{\rho}(p_s - p_c)} = C_d W U\sqrt{p_s/\rho} \qquad (3.23)$$

7. 滑阀受力分析

滑阀工作过程中, 在输入驱动力的作用下实现对节流口大小的控制。所输入的驱动力需要平衡阀芯上的各种轴向力, 包括阀芯轴向运动的惯性力、由于液压介质所产生的黏性摩擦力、由于液压介质流动状态变化所产生的液流力以及其他作用力 (如作用在阀芯上的弹性力等)。阀芯在运动过程中所受的径向作用力如液压卡紧力等可通过合理的设计减小或消除, 在此不作讨论。

1) 稳态液流力

所谓的稳态液流力是指在阀芯位移量一定时, 由于液流在阀腔内流动时流动方向发生改变, 导致液流动量发生变化, 从而在阀芯上形成轴向作用力。稳态液流力的大小与流速及流速的变化情况有关 (成正比), 故与阀芯、阀套间的开口量成正比。

由动量方程知

$$\vec{F}_s = \rho q(\vec{v}_2 - \vec{v}_1)$$

式中, $\vec{F}_s$ 为由于动量变化所产生的稳态液流力 (N); ρ 为介质的密度 (kg/m³); q 为液体介质的流量 (m³/s); $\vec{v}_2$ 为出口处的液流速度矢量 (m/s); $\vec{v}_1$ 为入口处的液流速度矢量 (m/s)。

下面分析其轴向分量 (由于结构的对称性, 阀芯上的径向力合力为零) 即稳态液流力。

(1) 大小。稳态液流力的轴向分量为

$$
\begin{aligned}
F_\mathrm{s} &= \rho q v_2 \cos\theta - 0 \\
&= \rho C_\mathrm{d} W x_\mathrm{v} \sqrt{\frac{2}{\rho}(p_1 - p_2)} \frac{C_\mathrm{d} W x_\mathrm{v}}{C_\mathrm{c} W x_\mathrm{v}} \sqrt{\frac{2}{\rho}(p_1 - p_2)} \cos\theta \\
&= C_\mathrm{d} C_\mathrm{v} W x_\mathrm{v} 2(p_1 - p_2) \cos\theta
\end{aligned} \tag{3.24}
$$

式中, C_c 为断面收缩系数, $C_\mathrm{c} = C_\mathrm{d}/C_\mathrm{v}$; C_v 为流速系数, $C_\mathrm{v}=0.95\sim0.98$; $C_\mathrm{d}=0.61\sim0.62$, $\theta = 69°$。

在节流口压降 $p_1 - p_2 = \Delta p$ 不变时, 将上述系数代入计算可得

$$
F_\mathrm{s} = 0.43 W \Delta p x_\mathrm{v} = k_\mathrm{f} x_\mathrm{v} \tag{3.25}
$$

当阀芯与阀套间存在径向间隙 C_r 时

$$
F_\mathrm{s} = 2 C_\mathrm{d} C_\mathrm{v} W \Delta p \sqrt{x_\mathrm{v}^2 + C_\mathrm{r}^2} \cos\theta \tag{3.26}
$$

(2) 方向。如图 3.23a 所示, 入口处的液流在轴向的分速度为零, 而出口的液流具有向右的速度分量, 即动量增量方向向右, 说明液流受阀芯台肩端面向右的冲量作用 (作用力向右)。根据牛顿第三定律, 液流对阀芯的反作用力向左, 使开启的节流口趋于关闭。对于如图 3.23b 的情况, 阀芯所受的稳态液流力仍然向左, 依然使开启的节流口趋于关闭。所以, 稳态液流力的方向总是指向阀口关闭的方向, 对系统的稳定工作有益。

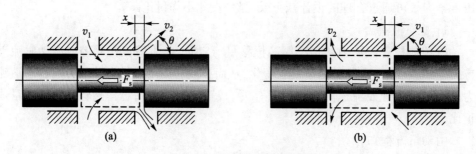

图 3.23 滑阀的稳态液流力

(3) 作用点。环形腔内与液体接触的台肩端面, 合力作用于轴线上。

(4) 零开口四边滑阀稳态液流力 (如图 3.24)。

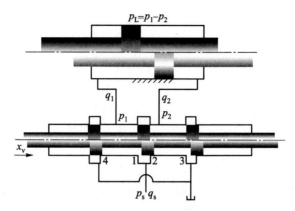

图 3.24　零开口四边滑阀的稳态液流力

两节流窗口匹配, 故二力数值相同, 方向亦相同, 有

$$F_s = F_{s1} + F_{s3} = 4C_d C_v W x_v \Delta p \cos\theta \tag{3.27}$$

各节流窗口压差为

$$\Delta p_1 = p_s - p_1 = p_s - \frac{1}{2}(p_s + p_L) = \frac{1}{2}(p_s - p_L)$$

$$\Delta p_3 = p_2 - 0 = \frac{1}{2}(p_s - p_L)$$

则

$$F_s = 2C_d C_v W x_v (p_s - p_L) \cos\theta \tag{3.28}$$

可见, 空载 ($p_L = 0$) 时, 稳态液流力最大 $F_s = F_{smax}$; 当 $p_s = p_L$ 时, $F_s = 0$(因为此时 $q = 0$)。

(5) 正开口四边滑阀稳态液流力 (如图 3.25)。

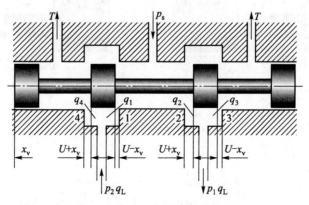

图 3.25　正开口四边滑阀的稳态液流力

各节流窗口稳态液流力方向为:$1^{\#} \rightarrow 2^{\#} \leftarrow 3^{\#} \rightarrow 4^{\#} \leftarrow$。

$$
\begin{aligned}
F_{\mathrm{s}} &= F_{\mathrm{s}1} + F_{\mathrm{s}3} - F_{\mathrm{s}2} - F_{\mathrm{s}4} \\
&= 0.43W[(U + x_{\mathrm{v}})(p_{\mathrm{s}} - p_1) + (U + x_{\mathrm{v}})(p_2 - 0) - (U - x_{\mathrm{v}})(p_{\mathrm{s}} - p_2) \\
&\quad - (U - x_{\mathrm{v}})(p_1 - 0)] \\
&= 0.43W[(U + x_{\mathrm{v}})(p_{\mathrm{s}} - p_1 + p_2) - (U - x_{\mathrm{v}})(p_{\mathrm{s}} - p_2 + p_1)] \\
&= 0.43W[(U + x_{\mathrm{v}})(p_{\mathrm{s}} - p_{\mathrm{L}}) - (U - x_{\mathrm{v}})(p_{\mathrm{s}} + p_{\mathrm{L}})] \\
&= 0.43W(Up_{\mathrm{s}} - Up_{\mathrm{L}} + x_{\mathrm{v}}p_{\mathrm{s}} - x_{\mathrm{v}}p_{\mathrm{L}} - Up_{\mathrm{s}} - Up_{\mathrm{L}} + x_{\mathrm{v}}p_{\mathrm{s}} + x_{\mathrm{v}}p_{\mathrm{L}}) \\
&= 0.43W(-2Up_{\mathrm{L}} + 2x_{\mathrm{v}}p_{\mathrm{s}}) \\
&= 0.86W(p_{\mathrm{s}}x_{\mathrm{v}} - p_{\mathrm{L}}U) \tag{3.29}
\end{aligned}
$$

正开口阀的刚度低。此时稳态液流力趋向关闭有流量的阀口,对系统稳定工作有益。

稳态液流力一般都很大,它是阀芯运动阻力中的主要部分。下面通过一个数值举例说明。一个全周开口、直径为 1.2×10^{-2} m 的阀芯,在供油压力为 140×10^5 Pa 时,空载液动力刚度 $K_{\mathrm{f}} = 2.27 \times 10^5$ N/m,如果阀芯最大位移为 5×10^{-4} m 时,空载稳态液流力为 $F_{\mathrm{s}0} = 114$ N,其值是相当大的。在电液伺服阀中,由于受力矩马达输出力矩的限制,稳态液流力限制了单级伺服阀的输出功率,实用的解决办法是使用两级伺服阀,利用第一级阀提供一个足够大的力去驱动第二级阀。

2) 瞬态液流力

如图 3.26,阀芯在动态过程中,由于流经阀腔的流量在随时变化,而阀套与阀芯轴径所构成的环形通流面积不变,从而导致该环形腔中流速发生改变,即液流存在加速度 (阀芯受来自阀腔的作用力),该力的反作用力作用于阀芯,此即瞬态液流力。瞬态液流力的大小与阀芯运动速度成正比。

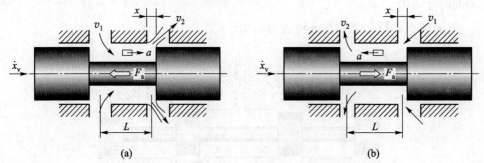

图 3.26 滑阀的瞬态液流力

(1) 大小。

$$
F_{\mathrm{a}} = ma = \rho V \frac{\mathrm{d}v}{\mathrm{d}t} = \rho A_{\mathrm{v}} L \frac{\mathrm{d}\left(\dfrac{q}{A_{\mathrm{v}}}\right)}{\mathrm{d}t} = \rho L \frac{\mathrm{d}q}{\mathrm{d}t} \tag{3.30}
$$

式中, A_v 为环形腔有效通流面积 (m^2); L 为液流被加速段长度 (m)。

因为

$$q = C_d W x_v \sqrt{2(p_1 - p_2)/\rho}$$

得

$$\frac{\mathrm{d}q}{\mathrm{d}t} = C_d W \sqrt{2(p_1 - p_2)/\rho} \frac{\mathrm{d}x_v}{\mathrm{d}t}$$

所以

$$F_a = C_d W L \sqrt{2\rho(p_1 - p_2)} \frac{\mathrm{d}x_v}{\mathrm{d}t} = B_f \frac{\mathrm{d}x_v}{\mathrm{d}t}$$

式中, B_f 为瞬态液流力阻尼系数 $[(N \cdot s)/m]$。

可见, 当 $p_1 - p_2$ 不变时, 瞬态液流力的大小与阀芯的运动速度成正比, 具有阻尼力的特点。

(2) 方向。与液流加速度方向相反。

意义: 瞬态液流力对阀芯的运动产生一种类似阻尼的作用。若 F_a 与阀芯运动方向相反, 为正阻尼, 相应的 L 称为正阻尼长度; 若 F_a 与阀芯运动方向相同, 则为负阻尼, 相应的 L 称为负阻尼长度。可见, 该瞬态液流力对系统的稳定性有影响, 正阻尼长记作 L_2, 负阻尼长记作 L_1, 如图 3.27 所示。

当 $L_2 > L_1$ 时, $B_f > 0$, 是正阻尼; 当 $L_2 > L_1$ 时, $B_f < 0$, 是负阻尼。负阻尼对阀工作的稳定性不利, 为保证阀的稳定性, 应保证 $L_2 \geqslant L_1$。瞬态液流力的数值一般很小, 因此不可能利用它来作阻尼源。

(3) 作用点。作用点位于阀芯轴线。

(4) 零开口四边滑阀瞬态液流力。

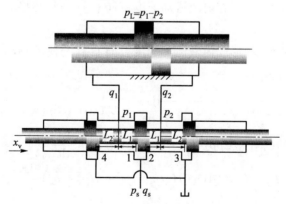

图 3.27 零开口四边滑阀瞬态液流力

如图 3.27 所示, 在阀芯向右移动过程中的某个瞬间:

$1^\#$ 节流口开大, 环形腔内液流加速度方向 $(\leftarrow)$ 与阀芯移动方向相反, 为负阻尼;

$3^\#$ 节流口开大, 环形腔内液流加速度方向 $(\rightarrow)$ 与阀芯移动方向相同, 为正阻尼。

L_1 为负阻尼长度, L_2 为正阻尼长度。有

$$
\begin{aligned}
F_a &= L_2 C_d W \sqrt{2\rho(p_2 - 0)} \frac{\mathrm{d}x_v}{\mathrm{d}t} - L_1 C_d W \sqrt{2\rho(p_s - p_1)} \frac{\mathrm{d}x_v}{\mathrm{d}t} \\
&= (L_2 - L_1) C_d W \sqrt{\rho(p_s - p_L)} \frac{\mathrm{d}x_v}{\mathrm{d}t}
\end{aligned}
\tag{3.31}
$$

在设计伺服阀时应保证 $L_2 \geqslant L_1$。

(5) 正开口四边滑阀瞬态液流力。

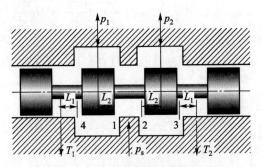

图 3.28　正开口四边滑阀瞬态液流力

如图 3.28 所示, 在阀芯向左移动过程中的某个瞬间:

1# 节流口开大, 环形腔内液流加速度方向 (←) 与阀芯移动方向相同, 为正阻尼, 阻尼长度记为 L_2;

2# 节流口关小, 环形腔内液流加速度方向 (←) 与阀芯移动方向相同, 为正阻尼, 阻尼长度记为 L_2;

3# 节流口开大, 环形腔内液流加速度方向 (→) 与阀芯移动方向相反, 为负阻尼, 阻尼长度记为 L_1;

4# 节流口关小, 环形腔内液流加速度方向 (→) 与阀芯移动方向相反, 为负阻尼, 阻尼长度记为 L_1。

$$
\begin{aligned}
F_a &= L_2 C_d W \sqrt{2\rho(p_s - p_1)} \frac{\mathrm{d}x_v}{\mathrm{d}t} + L_2 C_d W \sqrt{2\rho(p_s - p_2)} \frac{\mathrm{d}x_v}{\mathrm{d}t} - \\
&\quad L_1 C_d W \sqrt{2\rho p_2} \frac{\mathrm{d}x_v}{\mathrm{d}t} - L_1 C_d W \sqrt{2\rho p_1} \frac{\mathrm{d}x_v}{\mathrm{d}t} \\
&= (L_2 - L_1) C_d W \sqrt{\rho} \left(\sqrt{p_s - p_L} + \sqrt{p_s + p_L} \right) \frac{\mathrm{d}x_v}{\mathrm{d}t}
\end{aligned}
\tag{3.32}
$$

3) 滑阀总轴向力

$$
F_t = m \frac{\mathrm{d}^2 x_v}{\mathrm{d}t^2} + (B_v + B_f) \frac{\mathrm{d}x_v}{\mathrm{d}t} + (K_{vs} + K_f) x_v
\tag{3.33}
$$

式中, F_t 为作用在阀芯上的总轴向力 (N); m 为总质量 (kg); x_v 为阀芯开口量 (m); B_v 为作用在阀芯上黏性阻尼系数 $[(\mathrm{N} \cdot \mathrm{s})/\mathrm{m}]$; K_{vs} 为作用在阀芯上的弹簧刚度 (N/m); K_f 为空载液动力刚度 (N/m)。

在实际计算中, 还必须考虑阀的驱动装置 (如力矩马达) 运动部分的质量、阻尼和弹簧刚度等的影响, 并对质量、阻尼和弹簧刚度作相应的折算。在许多情况下, 阀芯驱动装置的上述系数可能比阀本身的系数还要大。另外, 驱动装置还必须有足够大的驱动力储备, 这样才有能力切除可能滞留在节流窗口处的脏物颗粒。

单边滑阀和双边滑阀一般多用于机液伺服系统中, 操纵阀芯运动的机械力比较大, 完全能够驱动阀芯运动。有关这些阀的驱动力不再讨论。

8. 滑阀的输出功率及效率

在液压伺服系统中, 滑阀经常作为功率放大元件使用, 其输出功率决定了液压执行元件的最大功率, 其效率的高低直接影响到液压系统的工作效率。由于在工作过程中负载不断地变化, 液压能的输出也在改变, 其效率也随之变化, 因此需对此进行分析。

1) 滑阀输出功率最大时的负载压力 p_L (如图 3.29)

$$P = p_L q_L = p_L C_d W x_v \sqrt{\frac{p_s - p_L}{\rho}}, \quad \text{零开口四边阀} \tag{3.34}$$

由式 (3.34) 可见: 当 $p_L = 0$ 时, $P = 0$; 当 $p_L = p_s$ 时, $P = 0$。

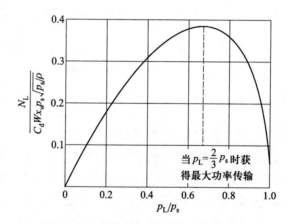

图 3.29 负载功率随负载压力变化曲线

由介值定理知, 在 $p_L = 0 \sim p_s$ 时, 输出功率有极大值, 由

$$\frac{\partial P}{\partial p_L} = 0$$

解得

$$p_L = \frac{2}{3} p_s \tag{3.35}$$

2) 不同形式油源条件下滑阀的效率 (以零开口四边滑阀为例)

(1) 变量泵。由

$$q_s = q_L$$

可得

$$\eta = \frac{p_{\mathrm{L}} q_{\mathrm{L}}}{p_{\mathrm{s}} q_{\mathrm{s}}} = \frac{p_{\mathrm{L}}}{p_{\mathrm{s}}} = \frac{2}{3}$$

(2) 定量泵。

$$\eta = \frac{p_{\mathrm{L}}}{q_{\mathrm{L}}}$$

$$= \frac{p_{\mathrm{L}} C_{\mathrm{d}} W x_{\mathrm{vmax}} \sqrt{(p_{\mathrm{s}} - p_{\mathrm{L}})/\rho}}{p_{\mathrm{s}} C_{\mathrm{d}} W x_{\mathrm{vmax}} \sqrt{p_{\mathrm{s}}/\rho}}$$

$$= \frac{p_{\mathrm{L}} \sqrt{p_{\mathrm{s}} - p_{\mathrm{L}}}}{p_{\mathrm{s}} \sqrt{p_{\mathrm{s}}}}$$

$$= \frac{\frac{2}{3} p_{\mathrm{s}} \sqrt{\frac{1}{3} p_{\mathrm{s}}}}{p_{\mathrm{s}} \sqrt{p_{\mathrm{s}}}}$$

$$= \frac{2\sqrt{3}}{9} = 0.384\,9$$

上述分析结果表明, 在 $p_{\mathrm{L}} = \dfrac{2}{3} p_{\mathrm{s}}$ 时, 整个液压伺服系统的效率最高, 同时阀的输出功率也最大, 故通常取 $p_{\mathrm{L}} = \dfrac{2}{3} p_{\mathrm{s}}$ 作为阀的设计负载压力。限制 p_{L} 值的另一个原因是在 $p_{\mathrm{L}} \leqslant p_{\mathrm{s}}$ 的范围内, 阀的流量增益和流量 – 压力系数的变化不大。流量增益降低和流量 – 压力系数增大会影响系统的性能。

9. 滑阀的设计

1) 结构形式

(1) 工作边数目。常见结构有四边、双边、单边等形式。四边滑阀有四个可控的节流口, 控制性能最好; 双边滑阀有两个可控的节流口, 控制性能居中; 单边滑阀只有一个可控的节流口, 控制性能最差。为了保证工作边开口的准确性, 四边滑阀需保证三个轴向配合尺寸, 双边滑阀需保证一个轴向配合尺寸, 单边滑阀没有轴向配合尺寸。因此, 四边滑阀结构工艺复杂、成本高, 单边滑阀比较容易加工、成本低。

(2) 台肩数目。常见结构有二台肩、三台肩和四台肩等形式。二通阀一般采用两个台肩, 三通阀和四通阀可由两个或两个以上的阀芯台肩组成。二台肩四通阀结构简单、阀芯长度短, 但阀芯轴向移动时导向性差; 阀芯上的台肩容易被阀套槽卡住, 更不能做成全周开口的阀; 由于阀芯两端回油流道中流动阻力不同, 阀芯两端面所受液压力不等, 使阀芯处于不平衡状态, 阀采用液压或气动操纵有困难。三台肩和四台肩的四通阀导向性和密封性好, 是常用的结构形式。

(3) 开口形式。阀的预开口形式对其性能, 特别是零位附近 (零区) 特性有很大的影响。常见的开口形式有正开口、负开口与零开口三种。零开口阀具有线性流量增益, 性能比较好, 应用最广泛, 但加工困难。负开口阀的流量增益具有死区, 所以一

般将 p_L 限制在 $\dfrac{2}{3}p_s$ 的范围内, 这会引起稳态误差, 因此很少采用。正开口阀在开口区内的流量增益变化大, 压力灵敏度低, 零位泄漏量大, 一般适用于要求有一个连续的液流以使油液维持合适温度的场合, 某些正开口阀也可用于恒流系统。

(4) 节流口形状。有矩形、圆形、三角形等多种。矩形窗口又可分为全周开口和非全周开口两种。矩形开口的阀, 其开口面积与阀芯位移成比例, 可以获得线性的流量增益 (零开口阀), 用得最多。圆形窗口工艺性好, 但流量增益是非线性的, 只用在要求不高的场合。

2) 主要尺寸

根据负载的工作要求可以确定阀的额定流量和供油压力。通常阀的额定流量是指阀的最大空载流量, 即

$$q_e = q_{0m} = C_d A_{vmax}\sqrt{\frac{p_s}{\rho}} \tag{3.36}$$

阀的最大开口面积为

$$A_{vmax} = \frac{q_{0m}}{C_d\sqrt{p_s/\rho}} \tag{3.37}$$

在供油压力 p_s 一定时, 阀的规格也可以用最大开口面积 A_{vmax} 表示。对矩形阀口, $A_{vmax}=Wx_{vmax}$ 。在 A_{vmax} 一定时, 可以有 W 和 x_{vmax} 的不同组合, 而 W 和 x_{vmax} 对阀的参数和性能都有影响, 如何正确选择它们的大小是十分重要的。关于面积梯度与阀芯位移的确定, 可根据具体的应用情况进行处理。

(1) 面积梯度 W 。

在供油压力 p_s 一定时, 面积梯度 W 的大小决定了阀的零位流量增益, 故 W 的值影响着液压伺服系统的稳定性等。一般地说, 阀的流量增益必须与系统中其他元件的增益相配合, 以得到所需要的开环增益。阀的流量增益确定后, W 的数值也就确定了。

在机液伺服系统中, 改变 W 是调整系统开环增益的主要方法, 有时是唯一的方法 (单位反馈系统), 因此 W 的确定十分重要。

而在电液伺服系统中, 调整电子放大器的增益可以很方便地改变回路增益, 所以阀的流量增益或面积梯度的确定就不十分重要, 而阀芯的最大位移 x_{vmax} 往往要受电磁操纵元件的输出位移的限制, 所以 x_{vmax} 的选择显得更为重要。

(2) 阀芯最大位移 x_{vmax} 。

通常希望适当降低 W 以增加 x_{vmax} 值。这样可以提高阀的抗污染能力, 减少堵塞现象; 同时可以避免在小开口时因堵塞而造成的流量增益下降; 可以降低阀芯轴向尺寸加工公差的要求。但是 x_{vmax} 较大时, 要受电磁操纵元件的输出位移和输出力的限制。在机液伺服系统中, 由于操纵机构的输出力和输出位移较大, 可以有较大的 x_{vmax} 值。

$$A_{vmax} = Wx_{vmax} \tag{3.38}$$

考虑到 W 与 K_{q0} 的关系及适当增加 x_{vmax} 可改善伺服阀的工艺性、提高抗污染能力、防止出现流量饱和等问题, 通常选取

$$x_{vmax} < \frac{0.147d^2}{W}$$

(3) 阀芯直径 d。

为了保证阀芯有足够的刚度, 应使阀芯颈部直径 d_r 不小于 $\frac{1}{2}d$。另外, 为了确保节流窗口为可控的节流口, 以避免流量饱和现象, 阀腔通道内的流速不应过大。为此应使阀腔通道的面积为控制窗口最大面积的 4 倍以上, 即

$$\frac{\pi}{4}(d^2 - d_r^2) > 4Wx_{vmax} \qquad (3.39)$$

将 $d_r = \frac{1}{2}d$ 代入上式, 经整理后得

$$\frac{3\pi}{64}d^2 > Wx_{vmax}$$

对于全周开口的阀, $W = \pi d$, 代入上式得

$$\frac{W}{x_{vmax}} > 67 \qquad (3.40)$$

这是全周开口的滑阀不产生流量饱和的条件。若此条件不满足, 则不能采用全周开口的阀, 应加大阀芯直径 d, 然后采用非全周开口的滑阀结构。通常是在阀套上对称地开两个或四个矩形窗口。

滑阀其他一些尺寸, 如阀芯长度 L、凸肩宽度 b、阻尼长度 $L_1 + L_2$(见图 3.27) 等与阀芯直径 d 之间有一定的经验比例关系。例如 $L=(4\sim7)d$; 阻尼长度 $L_1 + L_2 \approx 2d$; 两端密封凸肩宽度约为 $0.7d$ 左右; 中间凸肩宽度可小于 $0.7d$, 因为它不起密封作用。

3.3.2 喷嘴挡板阀

3.3.2.1 单喷嘴挡板阀

滑阀式放大元件有一些固有的缺点, 如: 由于阀芯质量较大导致惯量大, 阀芯的固有频率较低; 阀芯与阀套间不可避免地存在摩擦力; 制造工艺复杂等。相对而言, 喷嘴挡板阀以其可动件惯量小、响应快等特点在液压放大元件中往往用于对响应特性要求较高的场合。

1. 工作原理

如图 3.30 所示, 由于 $q_2 > 0$, 所以 $p_c < p_s$。而 p_c 的高低取决于 q_1 的流量值的大小。当阀板处于零位时, $p_c A_c = p_s A_r$。若把挡板上移, 因为喷嘴处的过流面积减小, 所以 p_c 升高, 从而驱动活塞向上运动; 反之, 活塞向下运动。

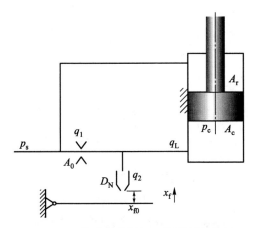

图 **3.30** 单喷嘴挡板阀工作原理示意图

2. 切断负载时的特性

力流量特性是反映位移 x_f、负载流量 q_L 及控制压力 p_c 三者之间关系的。如果喷嘴挡板阀没有流量输出,即 $q_L = 0$,挡板位移的变化只引起压力 p_c 的变化,则压力和位移的函数关系就是切断负载时的特性,亦称压力特性。

此时,$q_L = 0$,因此

$$q_1 = q_2$$

$$q_1 = C_{d0}A_0\sqrt{\frac{2(p_s - p_c)}{\rho}}$$

$$q_2 = C_{df}A_f\sqrt{\frac{2p_c}{\rho}}$$

从而

$$\frac{C_{df}A_f}{C_{d0}A_0} = \frac{\sqrt{2(p_s - p_c)/\rho}}{\sqrt{2p_c/\rho}} = \sqrt{\frac{p_s}{p_c} - 1} \tag{3.41}$$

所以

$$\frac{p_c}{p_s} = \frac{1}{1 + \left(\dfrac{C_{df}A_f}{C_{d0}A_0}\right)^2} \tag{3.42}$$

上式称为切断负载时的特性方程,其曲线如图 3.31。

式 (3.42) 中

$$\frac{C_{df}A_f}{C_{d0}A_0} = \frac{C_{df}\pi D_N(x_{f0} - x_f)}{C_{d0}A_0} = a$$

压力灵敏度为

$$\frac{\mathrm{d}p_c}{\mathrm{d}x} = -\frac{\mathrm{d}p_c}{\mathrm{d}x_f} = -\frac{\mathrm{d}}{\mathrm{d}x_f}\left(\frac{p_s}{1 + a^2}\right)$$

$$= -\frac{p_s}{x_{f0} - x_f}\frac{2a^2}{(2 + a^2)^2}, x \text{ 为喷嘴与挡板之间的间隙} \tag{3.43}$$

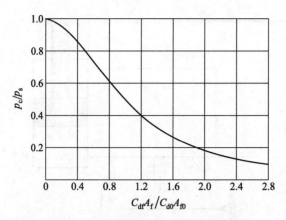

图 **3.31**　单喷嘴挡板阀切断负载时的特性

式中,

$$\frac{\mathrm{d}a}{\mathrm{d}x_\mathrm{f}} = -\frac{C_\mathrm{df}\pi D_\mathrm{N}}{C_\mathrm{d0}A_0} = -\frac{a}{x_\mathrm{f0} - x_\mathrm{f}}$$

求极值, 有

$$\frac{\mathrm{d}}{\mathrm{d}a}\left(\frac{\mathrm{d}p_\mathrm{c}}{\mathrm{d}x}\right) = -\frac{p_\mathrm{s}}{x_\mathrm{f0} - x_\mathrm{f}}\frac{4a(1 - a^2)}{(1 + a^2)^3} = 0 \tag{3.44}$$

得

$$a = 0(x_\mathrm{f0} - x_\mathrm{f} = 0, \text{喷嘴被堵死}) \text{ 或 } a = 1$$

取 $a = 1$, 则 $\dfrac{p_\mathrm{c}}{p_\mathrm{s}} = \dfrac{1}{1 + a^2} = \dfrac{1}{2}$, 即 $p_\mathrm{c} = \dfrac{1}{2}p_\mathrm{s}$ 时喷嘴挡板阀的压力增益最大, 且此时控制压力 p_c 的调节范围最大。由此, 被控缸的面积比取 1:2, 即采用差动缸。

零位时, $\dfrac{C_\mathrm{df}A_\mathrm{f0}}{C_\mathrm{d0}A_0} = \dfrac{C_\mathrm{df}\pi D_\mathrm{N}x_\mathrm{f0}}{C_\mathrm{d0}A_0} = 1$。令 $x_\mathrm{f} = 0$ 时的压力为零位压力 p_c0, 从控制的观点出发, 工作范围总应在零位左右, 所以希望零位附近的压力值对称于零位压力 p_c0。

由图 3.31 可见, 当 $\dfrac{C_\mathrm{df}A_\mathrm{f0}}{C_\mathrm{d0}A_0} = \dfrac{C_\mathrm{df}\pi D_\mathrm{N}x_\mathrm{f0}}{C_\mathrm{d0}A_0} = 1$ 时, 零位两侧比较对称, 线性也较好。因此设计喷嘴挡板阀时取其为设计准则。

3. 压力 – 流量关系方程

$$\begin{aligned}
q_\mathrm{L} &= q_1 - q_2 \\
&= C_\mathrm{d0}A_0\sqrt{2(p_\mathrm{s} - p_\mathrm{c})/\rho} - C_\mathrm{df}A_\mathrm{f}\sqrt{2p_\mathrm{c}/\rho} \\
q_\mathrm{Lmax} &= q_\mathrm{L}\big|_{p_\mathrm{c}=0} = C_\mathrm{d0}A_0\sqrt{2p_\mathrm{s}/\rho}
\end{aligned} \tag{3.45}$$

量纲一化方程, 则

$$\frac{q_\mathrm{L}}{q_\mathrm{Lmax}} = \frac{C_\mathrm{d0}A_0\sqrt{2(p_\mathrm{s} - p_\mathrm{c})/\rho} - C_\mathrm{df}A_\mathrm{f}\sqrt{2p_\mathrm{c}/\rho}}{C_\mathrm{d0}A_0\sqrt{2p_\mathrm{s}/\rho}}$$

$$= \sqrt{1 - \frac{p_c}{p_s}} - \frac{C_{df}\pi D_N (x_{f0} - x_f)}{C_{d0}A_0}\sqrt{\frac{p_c}{p_s}}$$

$$= \sqrt{1 - \frac{p_c}{p_s}} - \frac{C_{df}\pi D_N x_{f0}\left(1 - \dfrac{x_f}{x_{f0}}\right)}{C_{d0}A_0}\sqrt{\frac{p_c}{p_s}}$$

$$= \sqrt{1 - \frac{p_c}{p_s}} - \left(1 - \frac{x_f}{x_{f0}}\right)\sqrt{\frac{p_c}{p_s}} \tag{3.46}$$

其曲线如图 3.32 。

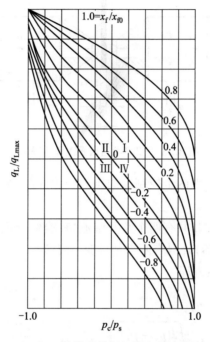

图 **3.32** 单喷嘴挡板阀静态特性曲线

4. 零位阀系数

零位条件: $x_{f0} = 0$, $q_L = 0$, $p_c = \dfrac{1}{2}p_s$ 。则

$$K_{q0} = \left.\frac{\partial q_L}{\partial x_f}\right|_0 = C_{df}\pi D_N \sqrt{\frac{p_s}{\rho}} \tag{3.47}$$

$$K_{c0} = -\left.\frac{\partial q_L}{\partial p_c}\right|_0 = \frac{2C_{df}\pi D_N x_{f0}}{\sqrt{\rho p_s}} \tag{3.48}$$

$$K_{p0} = \frac{p_s}{2x_{f0}} \tag{3.49}$$

5. 零位泄漏流量

$$p_c = \frac{1}{2}p_s$$

$$q_c = q_2 = C_{df}\pi D_N x_{f0}\sqrt{\frac{p_s}{\rho}} \tag{3.50}$$

3.3.2.2 双喷嘴挡板阀

1. 工作原理

图 3.33 为双喷嘴挡板阀工作原理图, 它由两个完全一样的单喷嘴阀共用一个挡板, 安装成完全对称的形式。当挡板正好位于两喷嘴间的中心位置时, 挡板与两个喷嘴口的距离都是 x_0, 这时两喷嘴控制腔的压力 p_1 及 p_2 相等, 称为零位压力, 可写成 $p_{10} = p_{20}$。

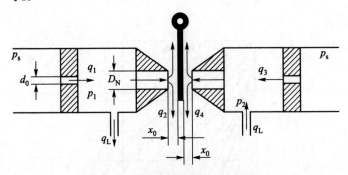

图 3.33 双喷嘴挡板阀工作原理图

当挡板偏离零位后, 则两个控制腔的压力一边升高, 另一边降低, 就有负载压力 p_L 输出, $p_L = p_1 - p_2$。

双喷嘴阀就是四通阀, 共有四个常开节流口, 类似于正开口四通阀。不过, 它有两个节流口为固定节流口, 只有两个是可变节流口。

2. 压力 – 流量关系方程

$$q_L = q_1 - q_2$$

$$= C_{d0}A_0\sqrt{\frac{2(p_s - p_1)}{\rho}} - C_{df}\pi D_N\left(x_{f0} - x_f\right)\sqrt{\frac{2p_1}{\rho}} \tag{3.51}$$

$$q_L = q_4 - q_3$$

$$= C_{df}\pi D_N\left(x_{f0} + x_f\right)\sqrt{\frac{2p_2}{\rho}} - C_{d0}A_0\sqrt{\frac{2(p_s - p_2)}{\rho}} \tag{3.52}$$

量纲一化方程

$$\frac{q_L}{C_{d0}A_0\sqrt{p_s/\rho}} = \sqrt{2\left(1 - \frac{p_1}{p_s}\right)} - \frac{C_{df}\pi D_N x_{f0}}{C_{d0}A_0}\left(1 - \frac{x_f}{x_{f0}}\right)\sqrt{\frac{2p_1}{p_s}} \tag{3.53}$$

$$\frac{q_L}{C_{d0}A_0\sqrt{p_s/\rho}} = \frac{C_{df}\pi D_N x_{f0}}{C_{d0}A_0}\left(1 + \frac{x_f}{x_{f0}}\right)\sqrt{\frac{2p_2}{p_s}} - \sqrt{2\left(1 - \frac{p_2}{p_s}\right)} \tag{3.54}$$

由

$$\frac{C_{df}\pi D_N x_{f0}}{C_{d0}A_0} = 1$$

可得

$$\frac{q_L}{C_{d0}A_0\sqrt{p_s/\rho}} = \sqrt{2\left(1 - \frac{p_1}{p_s}\right)} - \left(1 - \frac{x_f}{x_{f0}}\right)\sqrt{\frac{2p_1}{p_s}} \tag{3.55}$$

$$\frac{q_L}{C_{d0}A_0\sqrt{p_s/\rho}} = \left(1 + \frac{x_f}{x_{f0}}\right)\sqrt{\frac{2p_2}{p_s}} - \sqrt{2\left(1 - \frac{p_2}{p_s}\right)} \tag{3.56}$$

$$p_L = p_1 - p_2$$

特性曲线如图 3.34 所示。

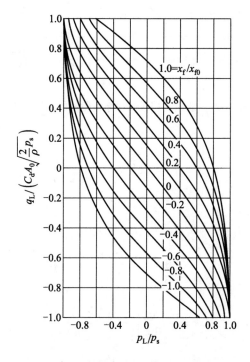

图 **3.34** 双喷嘴挡板阀静态特性曲线

由图 3.34 可见，线性是相当好的，与正开口四通阀的特性类似。

3. 切断负载时的特性

$$\frac{p_1}{p_s} = \frac{1}{1 + \left(\dfrac{C_{df}A_f}{C_{d0}A_0}\right)^2} = \frac{1}{1 + \left[\dfrac{C_{df}\pi D_N\left(x_{f0} - x_f\right)}{C_{d0}A_0}\right]^2} = \frac{1}{1 + \left(1 - \dfrac{x_f}{x_{f0}}\right)^2} \tag{3.57}$$

$$\frac{p_2}{p_s} = \frac{1}{1 + \left(1 + \dfrac{x_f}{x_{f0}}\right)^2} \tag{3.58}$$

所以

$$\frac{p_L}{p_s} = \frac{1}{1 + \left(1 - \dfrac{x_f}{x_{f0}}\right)^2} - \frac{1}{1 + \left(1 + \dfrac{x_f}{x_{f0}}\right)^2} \tag{3.59}$$

特性曲线如图 3.35 所示。

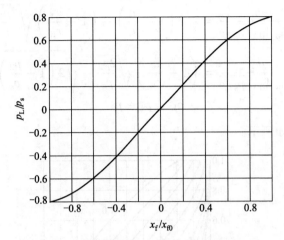

图 **3.35** 双喷嘴挡板阀切断负载时的特性曲线

4. 零位泄漏流量

$$q_{\mathrm{c}} = q_2 = 2C_{\mathrm{df}}\pi D_{\mathrm{N}} x_{\mathrm{f0}}\sqrt{\frac{p_{\mathrm{s}}}{\rho}} \tag{3.60}$$

5. 零位阀系数

零位条件: $x_{\mathrm{f0}} = 0$, $q_{\mathrm{L}} = 0$, $p_{\mathrm{c}} = \dfrac{1}{2}p_{\mathrm{s}}$。则

$$K_{\mathrm{q0}} = \left.\frac{\partial q_{\mathrm{L}}}{\partial x_{\mathrm{f}}}\right|_0 = C_{\mathrm{df}}\pi D_{\mathrm{N}}\sqrt{\frac{p_{\mathrm{s}}}{\rho}} \tag{3.61}$$

$$K_{\mathrm{c0}} = -\left.\frac{\partial q_{\mathrm{L}}}{\partial p_{\mathrm{c}}}\right|_0 = \frac{C_{\mathrm{df}}\pi D_{\mathrm{N}} x_{\mathrm{f0}}}{\sqrt{\rho p_{\mathrm{s}}}} \tag{3.62}$$

$$K_{\mathrm{p0}} = \frac{p_{\mathrm{s}}}{x_{\mathrm{f0}}} \tag{3.63}$$

比较双喷嘴挡板阀与单喷嘴挡板阀的三个阀系数可知,它们的流量增益是相同的,而双喷嘴的压力增益比单喷嘴的高一倍。从图 3.34 中也可看出,双喷嘴挡板阀的两个控制口的压力均被控制,故压力灵敏度高。

3.3.2.3　喷嘴挡板阀受力分析

1. 单喷嘴挡板阀

假设: ① 喷嘴端部为锐边; ② 挡板偏转角度很小 ($x_{\mathrm{f0}} = 25 \sim 125\ \mu\mathrm{m}$)。

图 3.36 为一个单喷嘴挡板阀喷嘴出口处的局部结构。当控制腔中的液体流到喷嘴口部的 Ⅱ – Ⅱ 断面时,挡板上的静压力为 p_{N}、流速为 v_{N}; 当液体流到喷口与挡板间的间隙中时,流向急转 90° 进入回油腔,回油腔压力 $p_{\mathrm{T}} \approx 0$。由于喷嘴口是尖锐的,作用于挡板上的静压力为 p_{N}; 流体转向 90°, 轴向动量 mv_{N} 全部转化为力。

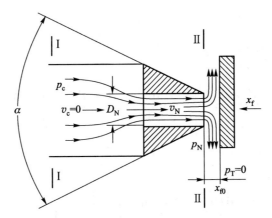

图 **3.36** 单喷嘴挡板阀的液流力

挡板受作用力由静压力与动量变化作用力构成, 即

$$F_1 = p_N A_N + \rho q_N v_N \tag{3.64}$$

首先求解 p_N。

取 I、II 两缓变流断面, 列伯努利方程

$$\frac{p_c}{\rho g} + \frac{v_c^2}{2g} = \frac{p_N}{\rho g} + \frac{v_N^2}{2g}$$

与喷嘴处的流速相比, 喷嘴上游流动通道的流速小很多, 故可忽略左端第二项, 从而有

$$p_N = p_c - \frac{1}{2}\rho v_N^2$$

$$F_1 = \left(p_c - \frac{1}{2}\rho v_N^2\right) A_N + \rho v_N^2 A_N = \left(p_c + \frac{1}{2}\rho v_N^2\right) A_N$$

$$v_N = \frac{q_N}{A_N} = \frac{1}{A_N} C_{df} \pi D_N (x_{f0} - x_f) \sqrt{\frac{2p_c}{\rho}}$$

所以

$$F_1 = p_c \left[1 + \frac{1}{2}\rho \frac{1}{A_N^2} C_{df}^2 \pi^2 D_N^2 (x_{f0} - x_f)^2 \frac{2}{\rho}\right] A_N$$

$$= p_c \left[1 + \frac{16 C_{df}^2 (x_{f0} - x_f)^2}{D_N^2}\right] A_N \tag{3.65}$$

例 1: 已知: 喷嘴挡板阀的流量系数 $C_{df} = 0.64$, 喷嘴与挡板的初始间隙 $x_{f0} = 50 \ \mu m$, 挡板位移量 $x_f = 20 \ \mu m$, 喷嘴直径 $D_N = 0.8 \ mm$, 计算当供油压力 $p_s = 6 \ MPa$ 时, 挡板所受的液流力 F_1。

解: 由式 (3.65)

$$F_{\mathrm{l}} = p_{\mathrm{c}} \left[1 + \frac{16 C_{\mathrm{df}}^2 (x_{\mathrm{f0}} - x_{\mathrm{f}})^2}{D_{\mathrm{N}}^2} \right] A_{\mathrm{N}}$$

$$= 3 \times 10^6 \left[1 + \frac{16 \times 0.64^2 (50 \times 10^{-6} - 20 \times 10^{-6})^2}{(0.8 \times 10^{-3})^2} \right] \times \frac{\pi}{4} \times (0.8 \times 10^{-3})^2 \ \mathrm{N}$$

$$= 1.52 \ \mathrm{N}$$

液流力弹簧刚度为

$$\frac{\mathrm{d}F_{\mathrm{l}}}{\mathrm{d}x_{\mathrm{f}}} = -\frac{2 \times 16 C_{\mathrm{df}}^2 (x_{\mathrm{f0}} - x_{\mathrm{f}})}{D_{\mathrm{N}}^2} A_{\mathrm{N}} p_{\mathrm{c}}$$

$$= -\frac{32 C_{\mathrm{df}}^2 (x_{\mathrm{f0}} - x_{\mathrm{f}})}{D_{\mathrm{N}}^2} \frac{\pi}{4} D_{\mathrm{N}}^2 p_{\mathrm{c}}$$

$$= -8\pi C_{\mathrm{df}}^2 (x_{\mathrm{f0}} - x_{\mathrm{f}}) p_{\mathrm{c}}$$

零位刚度

$$\left. \frac{\mathrm{d}F_{\mathrm{l}}}{\mathrm{d}x_{\mathrm{f}}} \right|_0 = -4\pi C_{\mathrm{df}}^2 x_{\mathrm{f0}} p_{\mathrm{s}}, \quad \left(x_{\mathrm{f}} = 0, \quad p_{\mathrm{c}} = \frac{1}{2} p_{\mathrm{s}} \right)$$

为负刚度, 不利于阀的稳定工作。

2. 双喷嘴挡板阀

$$F_1 = p_1 \left[1 + \frac{16 C_{\mathrm{df}}^2 (x_{\mathrm{f0}} - x_{\mathrm{f}})^2}{D_{\mathrm{N}}^2} \right] A_{\mathrm{N}}$$

$$F_2 = p_2 \left[1 + \frac{16 C_{\mathrm{df}}^2 (x_{\mathrm{f0}} + x_{\mathrm{f}})^2}{D_{\mathrm{N}}^2} \right] A_{\mathrm{N}}$$

其合力为

$$F = F_1 - F_2$$

$$= (p_1 - p_2) A_{\mathrm{N}} + 4\pi C_{\mathrm{df}}^2 (x_{\mathrm{f0}} - x_{\mathrm{f}})^2 p_1 - 4\pi C_{\mathrm{df}}^2 (x_{\mathrm{f0}} + x_{\mathrm{f}})^2 p_2$$

$$= p_{\mathrm{L}} A_{\mathrm{N}} + 4\pi C_{\mathrm{df}}^2 x_{\mathrm{f0}}^2 p_1 + 4\pi C_{\mathrm{df}}^2 x_{\mathrm{f}}^2 p_1 - 8\pi C_{\mathrm{df}}^2 x_{\mathrm{f0}} x_{\mathrm{f}} p_1 -$$

$$\quad 4\pi C_{\mathrm{df}}^2 x_{\mathrm{f0}}^2 p_2 - 4\pi C_{\mathrm{df}}^2 x_{\mathrm{f}}^2 p_2 - 8\pi C_{\mathrm{df}}^2 x_{\mathrm{f0}} x_{\mathrm{f}} p_2$$

$$= p_{\mathrm{L}} A_{\mathrm{N}} + 4\pi C_{\mathrm{df}}^2 x_{\mathrm{f0}}^2 p_{\mathrm{L}} + 4\pi C_{\mathrm{df}}^2 x_{\mathrm{f}}^2 p_{\mathrm{L}} - 8\pi C_{\mathrm{df}}^2 x_{\mathrm{f0}} x_{\mathrm{f}} p_{\mathrm{s}} \tag{3.66}$$

例 2: 双喷嘴挡板阀 $p_{\mathrm{L}} = 4 \ \mathrm{MPa}$, $D_{\mathrm{N}} = 0.8 \ \mathrm{mm}$, $x_{\mathrm{f0}} = 50 \ \mu\mathrm{m}$, $C_{\mathrm{df}} = 0.64$ 时, 计算 $p_{\mathrm{L}} A_{\mathrm{N}}$ 和 $4\pi C_{\mathrm{df}}^2 x_{\mathrm{f0}}^2 p_{\mathrm{L}}$ 的数值。

解:

$$p_{\mathrm{L}} A_{\mathrm{N}} = 4 \times 10^6 \times \frac{\pi}{4} \times \left(0.8 \times 10^{-3} \right)^2 \ \mathrm{N} = 2.01 \ \mathrm{N}$$

$$4\pi C_{\mathrm{df}}^2 x_{\mathrm{f0}}^2 p_{\mathrm{L}} = 4 \times \pi \times 0.64^2 \times \left(50 \times 10^{-6} \right)^2 \times 4 \times 10^6 \ \mathrm{N} = 0.052 \ \mathrm{N}$$

喷嘴挡板阀设计时

$$x_{f0} < \frac{D_N}{16}, \text{即} x_{f0}^2 < \frac{D_N^2}{256}, A_N = \frac{\pi}{4} D_N^2$$

所以

$$4\pi C_{df}^2 x_{f0}^2 < 4\pi C_{df}^2 \frac{D_N^2}{256} = \frac{\pi}{64} C_{df}^2 D_N^2 = \frac{0.64^2}{64} \pi D_N^2 = 0.025\ 6 \times \frac{\pi}{4} D_N^2 = 0.025\ 6 A_N$$

而 $x_f \ll x_{f0}$, 液流力合力计算式中相对于第一项而言, 第二、三项所占比例很小, 可忽略。简化后的液流力计算式为

$$F = F_1 - F_2 = p_L A_N - 8\pi C_{df}^2 x_{f0} x_f p_s \tag{3.67}$$

其液流力弹簧刚度

$$\frac{\mathrm{d}F}{\mathrm{d}x_f} = -8\pi C_{df}^2 x_{f0} p_s$$

为单喷嘴挡板阀的两倍。

挡板驱动力矩为

$$T_d = J_d \frac{\mathrm{d}^2\theta}{\mathrm{d}t^2} + K_a\theta + Fr \tag{3.68}$$

因为挡板偏转角 θ 很小, 所以可用 $\theta \approx \tan\theta = x_f/r$ 代入式 (3.68), 有

$$\frac{\mathrm{d}\theta}{\mathrm{d}t} = \frac{1}{r}\frac{\mathrm{d}x_f}{\mathrm{d}t}, \quad \frac{\mathrm{d}^2\theta}{\mathrm{d}t^2} = \frac{1}{r}\frac{\mathrm{d}^2x_f}{\mathrm{d}t^2}$$

从而

$$\begin{aligned} T_d &= \frac{J_a}{r}\frac{\mathrm{d}^2x_f}{\mathrm{d}t^2} + \frac{K_a}{r}x_f + p_L A_N r - 8\pi C_{df}^2 x_{f0} x_f p_s r \\ &= \frac{J_a}{r}\frac{\mathrm{d}^2x_f}{\mathrm{d}t^2} + p_L A_N r + \left(\frac{K_a}{r^2} - 8\pi C_{df}^2 x_{f0} p_s\right) x_f r \end{aligned} \tag{3.69}$$

3.3.2.4　喷嘴挡板阀的设计

喷嘴挡板阀的设计实质上就是设计喷嘴结构, 即选择固定节流口、喷嘴口、零位间隙 x_{f0} 以及零位压力 p_{c0} 等。

喷嘴挡板阀一般只作前置放大器, 它总是和后一级的功率放大器装在一起, 而且这两个放大元件总是共用同一能源。因此, 当功率放大元件 (通常是滑阀) 的油源压力选定后, 喷嘴阀的油源压力 p_s 也就选定了。

1. 喷嘴直径 D_N

如果已知喷嘴挡板阀的流量增益 K_{q0}, 可根据流量增益计算式求出相应的 D_N 值, 即

$$D_N = \frac{K_{q0}}{\pi C_{df}\sqrt{p_s/\rho}} \tag{3.70}$$

2. 零位间隙 x_{f0}

可控节流口可防止出现流量饱和现象, 一般原则为

$$A_{可变节流口} \leqslant \frac{1}{4} A_{喷嘴}$$

即

$$x_{f0} \leqslant \frac{D_N}{16} \tag{3.71}$$

3. 固定节流口孔径 D_0

如果挡板与喷嘴间的零位间隙取为 x_{f0}, 则根据

$$\frac{C_{df} \pi D_N x_{f0}}{\frac{\pi}{4} C_{d0} D_0^2} = 1$$

可得固定节流口直径 D_0 与喷嘴孔径 D_N 的关系为

$$D_0 = 2 \left(\frac{C_{df}}{C_{d0}} D_N x_{f0} \right)^{\frac{1}{2}} \tag{3.72}$$

取

$$\frac{C_{df}}{C_{d0}} = 0.8, \quad x_{f0} = \frac{1}{16} D_N$$

则

$$D_0 = 0.44 D_N \tag{3.73}$$

3.3.3 射流管阀

1. 工作原理

图 3.37 是射流管阀的工作原理图, 主要由射流管 1 和接收器 2 组成。射流管可以绕支承中心 3 摆动。接收器上有两个圆形的接收孔, 两个接收孔分别与液压缸的两腔相连。来自液压源的恒压力、恒流量的液流通过支承中心引入射流管, 经射流管喷嘴向接收器喷射。液压能通过射流管的喷嘴转换为液流的动能, 液流被接收孔接收后, 又将动能转换为压力能。

无信号输入时, 射流管由对中弹簧保持在两个接收孔的中间位置, 两个接收孔所接收的射流动能相同, 因此两个接收孔的恢复压力也相等, 液压缸活塞不动。当有输入信号时, 射流管偏离中间位置, 两个接收孔所接收的射流动能不再相等, 其中一个增加而另一个减小, 因此两个接收孔的恢复压力不等, 其压差使液压缸活塞运动。从射流管喷出射流有淹没射流和非淹没射流两种情况。非淹没射流是射流经空气到达接收器表面, 射流在穿过空气时将冲击气体并分裂成含气的雾状射流。淹没射流是射流经同密度的液体到达接收器表面, 不会出现雾状分裂现象, 也不会有空气进入运动的液体中去, 所以淹没射流具有最佳的流动条件。因此, 在射流管阀中一般都采用淹没射流。

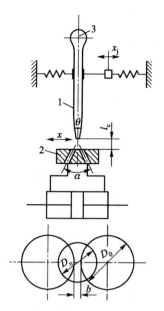

1. 射流管; 2. 接收器; 3. 支承中心

图 3.37　射流管阀的工作原理图

无论是淹没射流还是非淹没射流, 一般都是紊流。射流质点除有轴向运动外还有横向流动。射流与其周围介质的接触表面有能量交换, 有些介质分子会吸附进射流而随射流一起运动。这样, 使射流质量增加而速度下降, 介质分子掺杂进射流的现象是从射流表面开始逐渐向中心渗透的。如图 3.38 所示, 射流刚离开喷口时, 射流中有一个速度等于喷口速度的等速核心, 等速核心区随喷射距离的增加而减小。根据圆形喷嘴紊流淹没射流理论可以计算出, 当射流距离 $l_0 \geqslant 4.19D_n$, 等速核心区消失。为了充分利用射流的动能, 一般使喷嘴端面与接收器之间的距离 $l_c \leqslant l_0$。

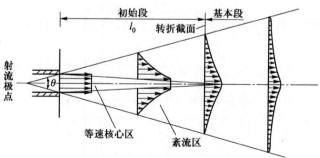

图 3.38　淹没射流的速度变化

2. 射流管阀的静态特性

射流管阀的流动情况比较复杂, 目前还难以准确地进行理论分析计算, 性能也难以预测, 其静态特性主要靠实验得到。

1) 压力特性

切断负载, 即 $q_L = 0$ 时, 两个接收孔的恢复压力之差 (负载压力) 与射流管端面位移之间的关系称为压力特性。实验曲线如图 3.39 所示, 压力特性曲线在原点的斜率即为零位压力增益 K_p。

$$p_s = 6 \times 10^5 \text{ Pa}, \quad D_n = 1.2 \text{ mm}$$

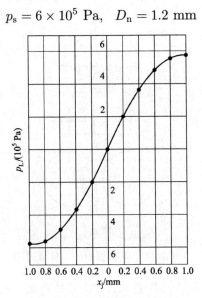

图 **3.39** 射流管阀的压力特性

2) 流量特性

在负载压力 $p_L = 0$ 时, 接收孔的恢复流量 (负载流量) 与射流管端面位移的关系称为流量特性。实验曲线如图 3.40 所示, 流量特性曲线在原点的斜率即为零位流量增益 K_{q0}。

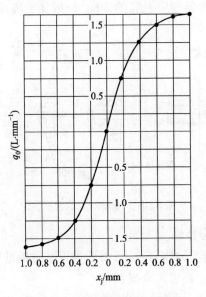

图 **3.40** 射流管阀的流量特性

$$p_s = 6 \times 10^5 \ \text{Pa}, \quad D_n = 1.2 \ \text{mm}$$

3) 压力 – 流量特性

压力 – 流量特性是指在不同的射流管端面位移的情况下, 负载流量与负载压力在稳态下的关系。实测的压力 – 流量曲线如图 3.41 所示。

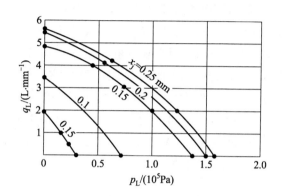

图 **3.41** 射流管阀的压力 – 流量特性

3. 射流管阀的几何参数

射流管阀的主要几何参数有喷嘴的锥角、喷嘴孔直径、喷嘴端面至接收孔的距离、接收孔直径以及孔间距等。目前还不能进行精确的理论分析计算, 主要靠经验和实验来设计。下面介绍一种实验研究的结果。

通过射流管喷嘴的流量可表示为

$$q_n = C_d A_n \sqrt{\frac{2}{\rho} (p_s - p_1 - p_0)} \tag{3.74}$$

式中, p_s 为供油压力 (Pa); p_1 为管内压降 (Pa); p_0 为喷嘴外介质的压力 (Pa); A_n 为喷嘴孔面积 (m^2), $A_n = \pi D_n^2/4$, D_n 为喷嘴孔直径 (m); C_d 为喷嘴流量系数。

实验得出, 当喷嘴锥角 $\theta = 0°$ 时, C_d =0.68~0.70; 当 $\theta = 6°18'$ 时, C_d =0.86~0.90; 当 $\theta = 13°24'$ 时, C_d =0.89~0.91。因此射流管喷嘴的最佳锥角为 $\theta = 13°24'$。在小功率伺服系统中, 喷嘴直径一般为 D_n =1~2.5 mm, 作伺服阀的前置级时, D_n 一般为零点几毫米。

射流管在中间位置时, 喷嘴流量全部损失掉, 因此它也是射流管阀的零位泄漏流量。当供油压力一定时, 喷嘴流量为一定值。

在切断负载 $(q_L = 0)$ 时, 接收孔恢复的最大负载压力 p_{Lm} 与供油压力 p_s 之比称为压力恢复系数, 即

$$\eta_p = \frac{p_{Lm}}{p_s} \tag{3.75}$$

当负载压力为零 $(p_L = 0)$ 时, 接收孔恢复的最大负载流量 q_{0m} 与喷嘴流量

q_n(供油流量) 之比称为流量恢复系数, 即

$$\eta_\mathrm{q} = \frac{q_\mathrm{0m}}{q_\mathrm{n}} \tag{3.76}$$

压力恢复和流量恢复与接收孔面积和喷嘴孔面积的比值 A_0/A_n 有关, 同时也与喷嘴端面和接收孔之间的距离与喷嘴孔直径的比值 $\lambda = l_\mathrm{c}/D_\mathrm{n}$ 有关。流量恢复和压力恢复的实验和计算结果分别表示在图 3.42a 和图 3.42b 中。可以看出, 增大比值 A_0/A_n, 将使恢复压力降低, 而恢复流量增加。增大比值 λ, 将使恢复压力降低, 而在 λ 值过小或过大时, 恢复流量都将减小。确定这些尺寸比例关系的准则是使最大恢复压力与最大恢复流量的乘积最大, 以保证喷嘴传递到接收孔的能量为最大。根据这一原则, 通常取 $A_0/A_\mathrm{n} = 2\sim3$, $\lambda = l_\mathrm{c}/D_\mathrm{n} = 1.5\sim3$。$\lambda$ 值取得过大将使压力恢复和流量恢复降低, 但 λ 值取得过小又要使射流管喷嘴受到接收孔返回液流的冲击作用, 引起射流管的振动。

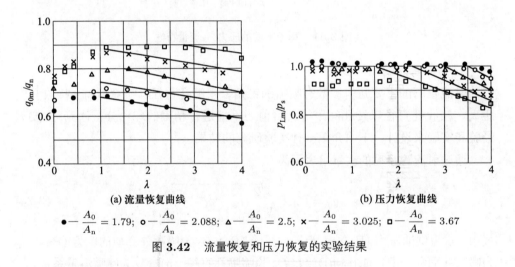

(a) 流量恢复曲线 （b) 压力恢复曲线

$\bullet - \dfrac{A_0}{A_\mathrm{n}} = 1.79$; $\circ - \dfrac{A_0}{A_\mathrm{n}} = 2.088$; $\triangle - \dfrac{A_0}{A_\mathrm{n}} = 2.5$; $\times - \dfrac{A_0}{A_\mathrm{n}} = 3.025$; $\square - \dfrac{A_0}{A_\mathrm{n}} = 3.67$

图 3.42　流量恢复和压力恢复的实验结果

4. 射流管阀的特点

射流管阀的优点如下:

(1) 射流管阀的最大优点是抗污染能力强, 对油液清洁度要求不高, 从而提高了工作的可靠性, 并延长使用寿命。

(2) 压力恢复系数和流量恢复系数高, 一般均在 70% 以上, 有时可达 90% 以上。由于效率高, 既可作前置放大元件, 也可作小功率伺服系统的功率放大元件。

由于射流管阀具有以上优点, 特别是第一个优点, 目前普遍受到人们的重视。

射流管阀的缺点如下:

(1) 其特性不易预测, 主要靠实验确定。射流管受射流力的作用, 容易产生振动。

(2) 与喷嘴挡板阀的挡板相比, 射流管的惯量较大, 因此其动态响应特性不如喷嘴挡板阀。

(3) 零位泄漏流量大。

(4) 当油液黏度变化时, 对特性影响较大, 低温特性较差。

3.4 常用电液伺服阀

3.4.1 力反馈式电液伺服阀

力反馈式电液伺服阀的结构和原理如图 3.43 所示。无信号电流输入时, 衔铁和挡板处于中间位置, 这时喷嘴两腔的压力 $p_a = p_b$, 滑阀两端压力相等, 滑阀处于零位。输入电流后, 电磁力矩使衔铁连同挡板偏转 θ 角。设 θ 为顺时针偏转, 则由于挡板的偏移使 $p_a > p_b$, 滑阀向右移动。滑阀的移动, 通过反馈弹簧片又带动挡板和衔铁反方向旋转 (逆时针), 两端喷嘴压力差又减小。当作用于滑阀阀芯上的液压推力与反馈弹簧变形力相互平衡时, 滑阀在离开零位一段距离的位置上定位。这种依靠力平衡来决定滑阀位置的反馈方式称为力反馈式。

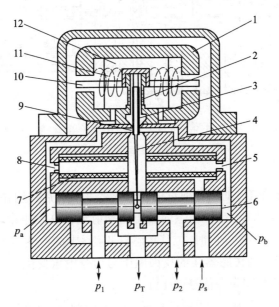

1. 导磁铁; 2. 弹簧管; 3. 挡板; 4. 反馈杆; 5/8. 固定节流; 6. 阀芯;
7. 滤油器; 9. 喷嘴; 10. 衔铁; 11. 线圈; 12. 永久磁铁
图 3.43 力反馈式电液伺服阀

力反馈式电液伺服阀的方框图如图 3.44 。

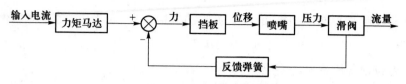

图 3.44　力反馈式伺服阀方框图

3.4.2　射流管式电液伺服阀

图 3.45 所示为位移电反馈射流管式伺服阀的结构示意图, 下面以该阀为例介绍射流管阀的工作原理。

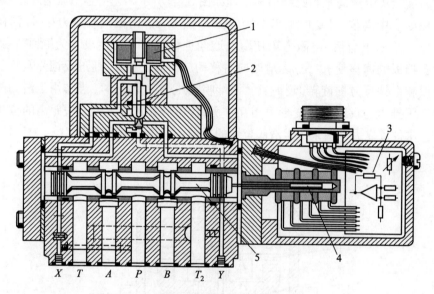

1. 力矩马达; 2. 射流管; 3. 伺服放大器; 4. 位移传感器; 5. 主滑阀

图 3.45　射流管式电液伺服阀

指令信号和反馈信号的差值通过伺服放大器 3 放大后作用在先导阀的力矩马达 1 上, 如果差值不为零, 这样产生的转矩驱动射流管 2 发生偏转, 使得主阀芯 5 两端产生压降而发生移动。同时, 位移传感器 4 与主阀芯一起移动, 实现对主阀芯位移的监测与反馈。当传感器 4 的反馈电压与指令电压变化达到相等时, 滑阀位置停止移动, 其位移量和指令信号成比例。

这种阀适用于电液位置、速度、力、压力控制系统, 也能胜任高动态响应要求的系统。它的先导阀部分是由力矩马达控制的射流管。主阀采用四边滑阀结构。

机械反馈式射流管伺服阀的阀芯上带有反馈弹簧杆 (或板簧), 弹簧杆的安装方式与力反馈式伺服阀相似。

3.4.3 位置反馈式伺服阀

图 3.46 为二级滑阀式位置反馈伺服阀结构。该类型电液伺服阀由电磁部分，控制滑阀和主滑阀组成。前置放大器采用滑阀式 (一级阀芯)。

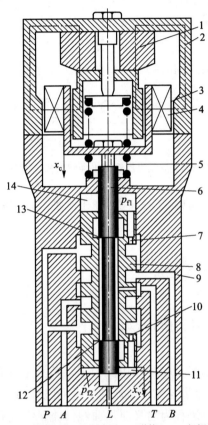

1. 永久磁铁; 2. 导磁体; 3. 气隙; 4. 控制线圈; 5. 弹簧; 6. 一级阀芯; 7. 上固定节流孔;
8. 二级阀芯; 9. 阀体; 10. 下固定节流孔; 11. 下控制腔; 12. 下节流口;
13. 上节流口; 14. 上控制腔

图 3.46 位置反馈伺服阀结构

如图 3.46 所示, 在平衡位置 (零位) 时, 压力油从 P 口进入, 分别通过环形槽, 经主阀芯上的固定节流孔 7、10 到达控制滑阀 (一级阀芯) 的上、下控制窗口, 当节流口 12 或 13 开启后, 通过主阀 (二级阀芯) 的回油口 T 流回油箱。

给控制线圈 4 输入正向信号电流时, 控制线圈动圈向下移动, 带动一级阀芯下移。这时, 下控制窗口 12 开启并且随着一级阀芯 6 下移, 节流口 12 的过流面积不断增大, 从而下控制腔的压力 p_{f2} 降低, 而上控制腔 14 中的压力 p_{f1} 仍保持为供油压力 p_s, 从而形成作用在主阀芯 (二级阀芯)8 上的向下的液压推力, 主阀芯在这一液压力作用下向下移动。随着主阀芯 8 下移, 下控制窗口 12 的过流面积逐渐缩小。当主阀芯移动到上、下控制窗口均刚好关闭时, 作用于主阀芯两端的液压力重新平衡。主阀芯就停留在新的平衡位置上, 形成一定的开口量。这时, 压力油

由 P 口通过主阀芯的工作边到 A 口而供给执行元件。来自执行元件的回油则由 B 口经主阀芯的工作边到 T 口流回油箱。输入信号电流反向时, 阀的动作过程与此相反。

上述工作过程中, 动圈的位移量, 一级阀芯 (先导阀芯) 的位移量与主阀芯的移量均相等。因动圈的位移量与输入信号电流成正比, 所以输出的流量和输入信号电流成正比。

二级滑阀型位置反馈式伺服阀的方框图如图 3.47 所示。

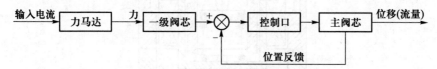

图 3.47　位置反馈式电液伺服阀方框图

这种电液伺服阀结构简单, 工作可靠, 便于维护, 抗污染能力较强。

3.5　电液伺服阀的主要性能指标

3.5.1　静态特性

电液伺服阀的静态特性指标主要如下:

1) 空载流量特性

额定压力下, 负载压力为零, 输入电流为正、负额定电流间连续变化的一个完整的循环后, 所得的输出流量与输入电流的关系曲线称为空载流量曲线, 简称流量曲线。流量曲线的中心轨迹称为名义流量曲线。流量型伺服阀的流量曲线可分为零区、控制区和饱和区。零区特性反映了功率滑阀的开口情况, 如图 3.48 所示。由零区特性可评价伺服阀的制造质量。

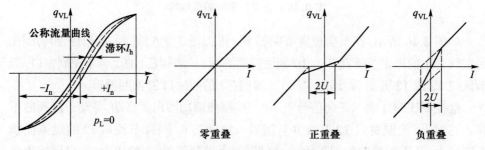

图 3.48　流量曲线与零区特性图

在任一规定工作区域内, 流量曲线的斜率为流量增益 $[\mathrm{m}^3/(\mathrm{s} \cdot \mathrm{A})]$。由名义流量曲线的零流量点向两极各作一条与名义流量曲线偏差最小的直线称为名义流量增益线, 这两条名义流量增益线的平均斜率便是名义流量增益, 如图 3.49 所示。

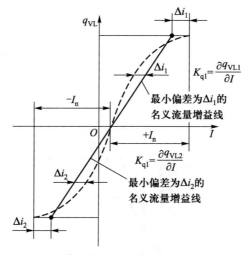

名义流量增益=$(K_{q1}+K_{q2})/2$
线性度=$\Delta i_2/I_n(\Delta i_2 > \Delta i_1$时$)$
对称度=$(K_{q1}-K_{q2})/K_{q1}(K_{q1} > K_{q2}$时$)$

图 3.49　名义流量增益线

随着电流的增大, 流量曲线将呈饱和状态。不再随电流变化而变化的流量称为饱和流量。

2) 压力 – 流量特性

压力 – 流量曲线 (图 3.50a) 某点上的斜率为伺服阀在该点的流量 – 压力系数。

压力 – 流量特性曲线可供系统设计者考虑负载匹配和用于确定伺服阀的规格。有些伺服阀样本会给出量纲一压力 – 流量特性曲线; 但现在更多的伺服阀样本给出的是用对数坐标表示的 $I=I_n$ 下的压力 – 流量特性 (图 3.50b), 对数坐标表示的优点是 q_{VL} 与 Δp_v 呈线性, 且给出了该系列伺服阀的压力 – 流量特性。

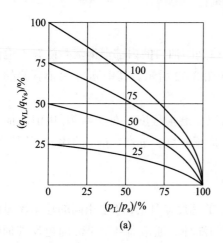

(a)

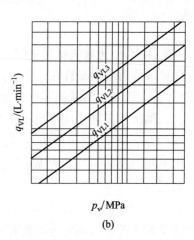

(b)

图 3.50　压力 – 流量曲线

3) 压力特性

额定压力下, 负载流量为零 (工作油口关闭) 时, 输入电流为正、负额定电流间连续变化的一个完整的循环, 所得的负载压力与输入电流的关系曲线称为压力增益曲线, 如图 3.51 所示。

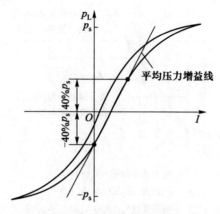

图 3.51 压力增益曲线

规定用 ±40% 额定压力区域内的负载压力与输入电流关系曲线的平均斜率, 或用该区域内 1% 额定电流时的最大负载压力来确定压力增益值。压力增益大小与阀的开口类型有关, 因此用压力增益曲线可反映阀的零位开口的配合情况。

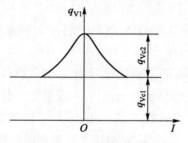

图 3.52 内泄漏特性曲线

4) 内泄漏特性

额定压力下, 负载流量为零时, 从进油口到回油口的内部泄漏流量随输入电流的变化曲线称为内泄漏特性 $q_{V1} = f(I)$, 如图 3.52 所示。其中 q_{Vc1} 为前置级的泄漏流量; q_{Vc2} 为功率滑阀的零位泄漏流量。

q_{Vc2} 的大小反映了功率滑阀的配合情况及磨损程度。对于新阀, 用泄漏曲线评价阀的制造质量; 对于旧阀, 可用于判断磨损程度。 q_{Vc2} 与 p_s 的比值可用于确定功率滑阀的流量 − 压力系数 K_c。

5) 滞环

在正负额定电流之间, 以动态不起作用的速度循环时, 产生相同的输出流量的两电流的最大差值与额定电流的百分比称为滞环。通常滞环 ≤3%, 而电反馈伺服阀的滞环 ≤0.5%。

伺服阀的滞环是由于力 (矩) 马达的磁滞和阀的游隙造成的。阀的游隙是由于摩擦力及机械固定部分的间隙造成的。磁滞回环值随电流的大小而变化, 电流小时磁滞回环值小, 因此磁滞一般不会引起系统的稳定性问题。游隙引起的回环值为定值, 油液脏时游隙显著增加, 可能引起系统的不稳定。

6) 对称度

两极性公称流量增益之差的最大值与两极性公称增益较大者的百分比称为对比度。一般要求对称度高于 10% 。如果正极性的流量增益 K_{q1} 大于负极性的增益 K_{q2}, 则

$$对称度 = \frac{K_{q1} - K_{q2}}{K_{q1}} < 10\%$$

7) 线性度

公称流量曲线与公称流量增益线的最大偏离值与额定电流的百分比称为线性度。一般要求线性度高于 7.5% 。

$$线性度 = \Delta i_1 / I_n < 7.5\%$$

8) 分辨率

分辨率分为四类, 即零位正向分辨率和零位反向分辨率 (见图 3.53) 以及零外正向分辨率和零外反向分辨率 (见图 3.54) 。

零位分辨率是在工作油口关闭下作出的, 在额定供油压力下, 输入一微小电流使 A、B 口的压力相等; 若继续以相同方向缓慢增加微小电流, 使两平衡的工作压力发生变化所需的电流增量 Δi_1 与额定电流的百分比称为零位正向分辨率; 若以反向缓慢输入电流, 使压力发生变化所需的电流增量 Δi_2 与额定电流的百分比称为零位反向分辨率;

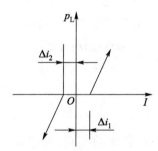

图 **3.53** 零位正、反向分辨率

零外分辨率是在工作油口开启下作出的, 在 $I = 10\% I_n$ 的规定信号值下, 使阀的输出流量继续变化所需的电流增量 Δi_3 与 I_n 的百分比称为零外正向分辨率; 而使阀的输出流量反向所需的电流增量 Δi_4 与 I_n 的百分比则称为零外反向分辨率。一般, 伺服阀分辨率 $= \Delta i_m / I_n < 1\%$, 电反馈伺服阀小于 0.4%, 甚至小于 1% 。Δi_m 为 Δi_1、Δi_2、Δi_3、Δi_4 中的最大者。影响分辨率的主要因素是阀的静摩擦力和游隙。油脏时滑阀中摩擦力增大, 分辨率将降低。

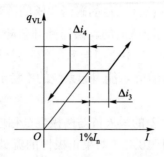

图 3.54　零外正、反向分辨率

9) 零漂

压力、温度等工作条件变化引起的零位工作点的电流变化量与额定电流的百分比称为零漂。零漂又可分为压力零漂和温度零漂,压力零漂又分为进油压力零漂和回油压力零漂,如图 3.55 所示。通常,供油压力降低时零漂电流 i_0 增大,回油压力增大时零漂电流增大。

一般规定供油压力变化 $\pm 20\% p_s$ 时,进油压力零漂应小于 3%;回油压力从 0~0.7 MPa 变化时,回油压力零漂应小于 2%,温度零漂亦应小于 2%。

注意系统调整或检查时,可加偏置电流以补偿零偏,而随工作条件变化的零漂是无法补偿的。

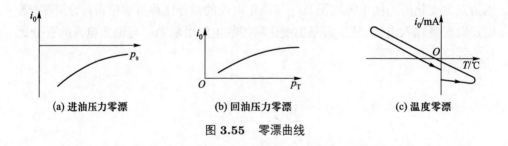

(a) 进油压力零漂　　　　　(b) 回油压力零漂　　　　　(c) 温度零漂

图 3.55　零漂曲线

10) 零偏

在规定试验条件下调好伺服阀的零点,但经过一段时间后,由于阀的结构尺寸、组件应力、电性能等可能使它发生微小变化,即输入电流为零时输出流量不为零,零点发生了变化。为使输出流量为零,必须预置某一输入电流,即零偏电流。

把阀调回零位时的输入电流值减去零位反向分辨率电流值的差值与额定电流的百分比称为零偏。零偏的测试曲线如图 3.56 所示。一般要求

$$零偏 = \frac{i_0}{I_n} = \frac{i_1 + i_2}{2I_n} < 3\%$$

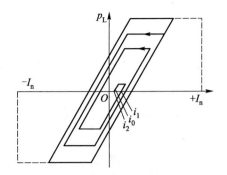

图 3.56　零偏的测试曲线

在工程应用中为了消除游隙、死区影响。通常在电液伺服阀的控制信号上叠加颤振信号。电气颤振通常对改善系统的性能有好处, 幅值很小、频率相对较高的颤振信号将持续、周期性地作用在滑阀上, 这可以防止污染物将滑阀的控制台肩淤塞而导致系统动作失常及低速控制性能不良。有时通过加大颤振信号幅值或减低颤振信号的频率来产生连续的负载运动, 这样有助于克服执行机构或负载的静摩擦力。过大的颤振信号会产生不必要的磨损和疲劳。对标准的伺服阀而言, 推荐采用的最大颤振信号为: 电流峰值 10 mA, 频率 50~200 Hz 。

3.5.2　动态特性

电液伺服阀的动态特性多用频率特性表示。频率特性一般是指在额定压力下, 负载压力为零时, 输入正弦恒幅值电流在一定的频率范围内变化, 输出流量对输入电流的复数比。频率特性包括幅频特性和相频特性。

频率特性用幅值比表示, 通常用输出流量幅值 A_i 与同一输入电流幅值下指定基准低频时的输出流量幅值 A_0 之比随输入电流频率的变化曲线来表示。

相频特性是输出流量与输入电流的相位差随输入电流频率的变化曲线, 以度表示。

用伺服阀频宽衡量伺服阀频率响应, 以幅值比衰减到 -3 dB 时的频率为幅频宽, 用 ω_{-3} 或 f_{-3} 表示; 以相位滞后 $90°$ 的频率为相频宽, 用 $\omega_{-90°}$ 或 $f_{-90°}$ 表示。

阀的频率特性与输入电流幅值、供油压力及黏度等条件有关, 因此伺服阀的频率特性中一般会注明不同电流幅值 (如 $\pm5\%$ 、 $\pm10\%$ 、 $\pm25\%$ 、 $\pm40\%$ 、 $\pm50\%$ 、 $\pm90\%$ 、 $\pm100\%$) 下的幅值或相频特性, 如图 3.57 所示。基准低频应视具体伺服阀而定, 一般应低于 $5\% f_{-3}$ 。

流量的测量是通过速度传感器检测液压缸的速度而得到的。测试缸的内泄漏和摩擦力应比阀的频宽高得多。

以频宽作为阀的动态响应参数。从阀的频率特性可以直接查出频宽 ω_{-3} 和相频宽 $\omega_{-90°}$, 二者的值不相等, 其较小者作为频宽值。

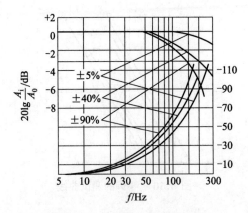

图 3.57 某伺服阀的频率特性

通常, 力矩马达喷嘴挡板式两级伺服阀的频宽为 $100\sim130$ Hz, 动圈两级滑阀式伺服阀的频宽为 $50\sim100$ Hz。电反馈高频伺服阀频宽可达 250 Hz, 甚至更高。

在时域分析中, 伺服阀的动态特性多用阶跃响应表示。阶跃响应是额定压力下, 负载压力为零时, 输出流量对阶跃输入电流的跟踪过程, 如图 3.58 所示。t_r 为上升时间, t_p 为峰值时间, t_s 为过渡过程时间。

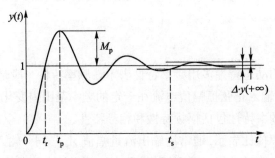

图 3.58 阶跃响应曲线

根据阶跃响应曲线确定超调量、过渡过程时间和振荡次数等时域品质指标。输入电流的峰值为 $5\%I_n$、$10\%I_n$、$25\%I_n$、$40\%I_n$、$50\%I_n$、$90\%I_n$ 或 $100I_n$。以上升时间 t_r、峰值时间 t_p 或过渡时间 t_s 作为动态响应参数, 以超调量 σ_p 来反映稳定性。

第 4 章 液压动力元件

液压动力元件 (或称液压动力机构) 是由液压放大元件 (液压控制元件) 和液压执行元件组成的。液压放大元件可以是液压控制阀, 也可以是伺服变量泵。液压执行元件是液压缸或液压马达。由它们可以组成四种基本类型的液压动力元件: 阀控液压缸、阀控液压马达、泵控液压缸、泵控液压马达。前两种动力元件可以构成阀控 (节流控制) 系统, 后两种动力元件可以构成泵控 (容积控制) 系统。

在大多数液压伺服系统中, 液压动力元件是一个关键性的部件, 它的动态特性在很大程度上决定着整个系统的性能。本章将建立几种基本的液压动力元件的传递函数, 分析它们的动态特性和主要性能参数。所讨论的内容是分析和设计整个液压控制系统的基础。

4.1 四边阀控制液压缸

四边阀控制液压缸的原理图如图 4.1 所示, 是由零开口四边滑阀和对称液压缸组成的, 它是最常用的一种液压动力元件。

4.1.1 基本方程

为了推导液压动力元件的传递函数, 首先要列写基本方程, 即液压控制阀的流量方程、液压缸流量连续性方程和液压缸与负载的力平衡方程。

1. 滑阀的流量方程

假定: 阀是零开口四边滑阀, 四个节流窗口是匹配和对称的, 供油压力 p_s 恒定, 回油压力 p_T 为零。阀的线性化流量方程为

$$\Delta q_L = K_q \Delta x_v - K_c \Delta p_L$$

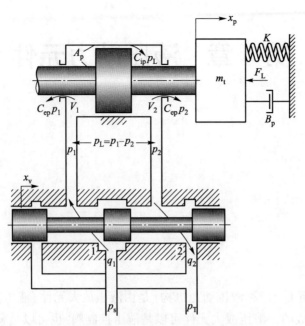

图 **4.1** 四边阀控制液压缸原理图

位置伺服系统动态分析经常是在零位工作条件下进行的, 此时增量和变量相等, 所以用变量本身表示它们从初始条件下的变化量, 则上式可写成

$$q_{\mathrm{L}} = K_{\mathrm{q}} x_{\mathrm{v}} - K_{\mathrm{c}} p_{\mathrm{L}} \tag{4.1}$$

在第 3 章分析阀的静态特性时, 没有考虑泄漏和油液压缩性的影响。因此, 对匹配和对称的零开口四边滑阀来说, 两个控制通道的流量 q_1、q_2 均等于负载流量 q_{L}。在动态分析时, 由于液压缸外泄漏和压缩性的影响, 使流入液压缸的流量 q_1 和流出液压缸的流量 q_2 不相等, 即 $q_1 \neq q_2$。为了简化分析, 定义负载流量为

$$q_{\mathrm{L}} = \frac{q_1 + q_2}{2} \tag{4.2}$$

2. 液压缸流量连续性方程

假定: 阀与液压缸的连接管道对称且短而粗, 管道中的压力损失和管道动态可以忽略; 液压缸每个工作腔内各处压力相等, 液压介质温度和体积弹性模量为常数; 液压缸内、外泄漏均为层流流动。

流入液压缸进油腔的流量 q_1 为

$$q_1 = A_{\mathrm{p}} \frac{\mathrm{d} x_{\mathrm{P}}}{\mathrm{d} t} + C_{\mathrm{ip}}(p_1 - p_2) + C_{\mathrm{ep}} p_1 + \frac{V_1}{\beta_{\mathrm{e}}} \frac{\mathrm{d} p_1}{\mathrm{d} t} \tag{4.3}$$

从液压缸回油腔流出的流量 q_2 为

$$q_2 = A_{\mathrm{p}} \frac{\mathrm{d} x_{\mathrm{p}}}{\mathrm{d} t} + C_{\mathrm{ip}}(p_1 - p_2) - C_{\mathrm{ep}} p_2 - \frac{V_2}{\beta_{\mathrm{e}}} \frac{\mathrm{d} p_2}{\mathrm{d} t} \tag{4.4}$$

式中, A_p 为液压缸活塞有效面积 (m^2); x_p 为活塞位移 (m); C_{ip} 为液压缸内泄漏系数 $(\text{m}^3 \cdot \text{s}^{-1}/\text{Pa})$; C_{ep} 为液压缸外泄漏系数 $(\text{m}^3 \cdot \text{s}^{-1}/\text{Pa})$; β_e 为有效体积弹性模量 (包括油液、连接管道和缸体的机械柔度)(Pa); V_1 为液压缸进油腔的容积 (包括阀、连接管道和进油腔)(m^3); V_2 为液压缸回油腔的容积 (包括阀、连接管道和回油腔)(m^3)。

在式 (4.3) 和式 (4.4) 中, 等号右边第一项是推动活塞运动所需的流量, 第二项是经过活塞密封的内泄漏流量, 第三项是经过活塞杆密封处的外泄漏流量, 第四项是油液压缩和腔体变形所需的流量。

由式 (4.2)~ 式 (4.4) 可得

$$
\begin{aligned}
q_L &= \frac{q_1 + q_2}{2} \\
&= A_p \frac{dx_p}{dx} + C_{ip}(p_1 - p_2) + \frac{C_{ep}}{2}(p_1 - p_2) + \frac{1}{2}\left(\frac{V_1}{\beta_e}\frac{dp_1}{dt} - \frac{V_2}{\beta_e}\frac{dp_2}{dt}\right) \quad (4.5) \\
&= A_p \frac{dx_p}{dx} + \left(C_{ip} + \frac{C_{ep}}{2}\right)p_L + \frac{1}{2\beta_e}\left(V_1\frac{dp_1}{dt} - V_2\frac{dp_2}{dt}\right)
\end{aligned}
$$

用总泄漏系数 $C_{tp} = C_{ip} + C_{ep}/2$ 反映液压缸泄漏对负载流量的影响。取 $V_1 = V_2$, 即活塞处于液压缸正中间时进行分析, 此时系统稳定性最差, 原因是活塞在中间位置时, 液体压缩性影响最大, 动力元件固有频率最低, 阻尼比最小。取液压缸工作腔的容积为 $V_1 = V_2 = V_t/2$, V_t 为液压缸的总容积。式 (4.5) 可写为

$$
q_L = A_p \frac{dx_p}{dx} + C_{tp}p_L + \frac{1}{2\beta_e}\left(\frac{V_t}{2}\frac{dp_1}{dt} - \frac{V_t}{2}\frac{dp_2}{dt}\right) \quad (4.6)
$$

即

$$
q_L = A_p \frac{dx_p}{dx} + C_{tp}p_L + \frac{V_t}{4\beta_e}\frac{d(p_1 - p_2)}{dt} \quad (4.7)
$$

零开口四边阀控液压缸的流量连续性方程可写为

$$
q_L = A_p \frac{dx_p}{dx} + C_{tp}p_L + \frac{V_t}{4\beta_e}\frac{dp_t}{dt} \quad (4.8)
$$

式 (4.8) 是液压动力元件流量连续性方程的常用形式。其中, 等式右边第一项是推动液压缸活塞运动所需的流量, 第二项是总泄漏流量, 第三项是总压缩流量。

3. 液压缸和负载的力平衡方程

液压动力元件的动态特性受负载特性的影响, 负载力一般包括惯性力、黏性阻尼力、弹性力和外负载力。

液压缸的输出力与负载力的平衡方程为

$$
A_p p_L = m_t \frac{d^2 x_p}{dt^2} + B_p \frac{dx_p}{dt} + K x_p + F_L \quad (4.9)
$$

式中, m_t 为活塞 (含负载折算到活塞上) 的总质量 (kg); B_p 为活塞及负载的黏性阻尼系数 $(\text{N/m} \cdot \text{s}^{-1})$; K 为负载弹簧刚度 (N/m); F_L 为作用在活塞上的任意外负载力 (N)。

4.1.2 方框图与传递函数

式 (4.1)、式 (4.8) 和式 (4.9) 是阀控液压缸的三个基本方程, 它们完全描述了阀控液压缸的动态特性。其拉氏变换式为

$$q_{\mathrm{L}} = K_{\mathrm{q}}X_{\mathrm{v}} - K_{\mathrm{c}}p_{\mathrm{L}} \tag{4.10}$$

$$q_{\mathrm{L}} = A_{\mathrm{p}}sX_{\mathrm{p}} + C_{\mathrm{tp}}p_{\mathrm{L}} + \frac{V_{\mathrm{t}}}{4\beta_{\mathrm{e}}}sp_{\mathrm{L}} \tag{4.11}$$

$$A_{\mathrm{p}}p_{\mathrm{L}} = m_{\mathrm{t}}s^2X_{\mathrm{p}} + B_{\mathrm{p}}sX_{\mathrm{p}} + KX_{\mathrm{p}} + F_{\mathrm{L}} \tag{4.12}$$

由式 (4.10)~ 式 (4.12) 可以画出阀控液压缸的方框图, 如图 4.2 所示。其中, 图 4.2a 是由负载流量获得液压缸位移的方框图, 图 4.2b 是由负载压力获得液压缸位移的方框图, 这两个方框图是等效的。

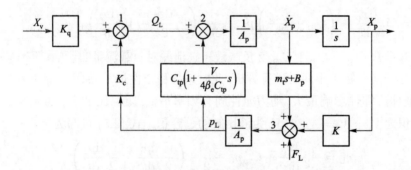

(a) 由负载流量获得液压缸活塞位移的方框图

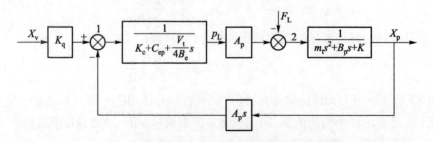

(b) 由负载压力获得液压缸活塞位移的方框图

图 4.2 阀控液压缸的方框图

以上方框图可用于模拟计算。从负载流量获得的方框图适合于负载惯量较小、动态过程较快的场合; 从负载压力获得的方框图特别适合于负载惯量和泄漏系数都较大, 而动态过程比较缓慢的场合。

由式 (4.10)、式 (4.11) 和式 (4.12) 消去中间变量 q_{L} 和 p_{L}, 或通过方框图变换, 都可以求得阀芯输入位移 X_{v} 和外负载力 F_{L} 同时作用时液压缸活塞的总输出

位移为

$$X_p = \cfrac{\cfrac{K_q}{A_p}X_v - \cfrac{K_{ce}}{A_p^2}\left(1 + \cfrac{V_t}{4\beta_e K_{ce}}s\right)F_L}{\cfrac{m_t V_t}{4\beta_e A_p^2}s^3 + \left(\cfrac{m_t K_{ce}}{A_p^2} + \cfrac{B_p V_t}{4\beta_e A_p^2}\right)s^2 + \left(\cfrac{B_p K_{ce}}{A_p^2} + \cfrac{KV_t}{4\beta_e A_p^2} + 1\right)s + \cfrac{KK_{ce}}{A_p^2}}$$

$$(4.13)$$

式中, K_{ce} 为总流量 − 压力系数, $K_{ce} = K_c + C_{tp}$。

式 (4.13) 是流量连续性方程的另一种表现形式。其中, 分子的第一项是液压缸活塞的空载速度, 第二项是外负载力作用引起的速度降低。将分母特征多项式与等号左边的 X_p 相乘后, 其第一项 $\dfrac{m_t V_t}{4\beta_e A_p^2}s^3 X_p$ 是惯性力变化引起的压缩流量所产生的活塞速度衰减值; 第二项 $\dfrac{m_t K_{ce}}{A_p^2}s^2 X_p$ 是惯性力引起的泄漏流量所产生的活塞速度衰减值; 第三项 $\dfrac{B_p V_t}{4\beta_e A_p^2}s^2 X_p$ 是黏性力变化引起的压缩流量所产生的活塞速度衰减值; 第四项 $\dfrac{B_p K_{ce}}{A_p^2}s X_p$ 是黏性力引起的泄漏流量所产生的活塞速度衰减值; 第五项 $\dfrac{KV_t}{4\beta_e A_p^2}s X_p$ 是弹性力变化引起的压缩流量所产生的活塞速度衰减值; 第六项是活塞运动速度衰减值; 第七项 $\dfrac{KK_{ce}}{A_p^2}X_p$ 是弹性力引起的泄漏流量所产生的活塞速度衰减值。

式 (4.13) 中的阀芯位移 X_v 是指令信号, 外负载力 F_L 是干扰信号。由该式可以求出液压缸活塞位移对阀芯位移的传递函数 X_p/X_v 和对外负载力的传递函数 X_p/F_L。

4.1.3 传递函数简化

在动态方程式 (4.13) 中, 考虑了惯性负载、黏性摩擦负载、弹性负载、液压介质的压缩性和液压缸泄漏等影响因素。实际系统的负载往往比较简单, 而且根据具体情况可以加以简化。

1. 没有弹性负载的情况

伺服系统的负载在很多情况下是以惯性负载为主, 没有弹性负载或弹性负载很小可以忽略。在液压马达作执行元件的伺服系统中, 弹性负载更是少见。所以没有弹性负载的情况是比较普遍的, 也是比较典型的。另外, 黏性阻尼系数 B_p 一般很小, 由黏性摩擦力 $B_p s X_p$ 引起的泄漏流量 $\dfrac{B_p K_{ce}}{A_p}s X_p$ 所产生的活塞速度

$\frac{B_{\mathrm{p}}K_{\mathrm{ce}}}{A_{\mathrm{p}}^2}sX_{\mathrm{p}}$ 远小于活塞的运动速度 sX_{p}, 即 $\frac{B_{\mathrm{p}}K_{\mathrm{ce}}}{A_{\mathrm{p}}^2}\ll 1$, 因此 $\frac{B_{\mathrm{p}}K_{\mathrm{ce}}}{A_{\mathrm{p}}^2}$ 项与 1 相比可以忽略不计。

在 $\frac{B_{\mathrm{p}}K_{\mathrm{ce}}}{A_{\mathrm{p}}^2}\ll 1$ 且没有弹性负载时, 式 (4.13) 可简化为

$$X_{\mathrm{p}}=\frac{\dfrac{K_{\mathrm{q}}}{A_{\mathrm{p}}}X_{\mathrm{v}}-\dfrac{K_{\mathrm{ce}}}{A_{\mathrm{p}}^2}\left(1+\dfrac{V_{\mathrm{t}}}{4\beta_{\mathrm{e}}K_{\mathrm{ce}}}s\right)F_{\mathrm{L}}}{s\left[\dfrac{m_{\mathrm{t}}V_{\mathrm{t}}}{4\beta_{\mathrm{e}}A_{\mathrm{p}}^2}s^2+\left(\dfrac{B_{\mathrm{p}}V_{\mathrm{t}}}{4\beta_{\mathrm{e}}A_{\mathrm{p}}^2}+\dfrac{m_{\mathrm{t}}K_{\mathrm{ce}}}{A_{\mathrm{p}}^2}\right)s+1\right]} \tag{4.14}$$

或

$$X_{\mathrm{p}}=\frac{\dfrac{K_{\mathrm{q}}}{A_{\mathrm{p}}}X_{\mathrm{v}}-\dfrac{K_{\mathrm{ce}}}{A_{\mathrm{p}}^2}\left(1+\dfrac{V_{\mathrm{t}}}{4\beta_{\mathrm{e}}K_{\mathrm{ce}}}s\right)F_{\mathrm{L}}}{s\left(\dfrac{s^2}{\omega_{\mathrm{h}}^2}+\dfrac{2\zeta_{\mathrm{h}}}{\omega_{\mathrm{h}}}s+1\right)} \tag{4.15}$$

式中, ω_{h} 为液压固有频率 (rad/s), 即

$$\omega_{\mathrm{h}}=\sqrt{\frac{4\beta_{\mathrm{e}}A_{\mathrm{p}}^2}{V_{\mathrm{t}}m_{\mathrm{t}}}} \tag{4.16}$$

ζ_{h} 为液压阻尼比, 即

$$\zeta_{\mathrm{h}}=\frac{K_{\mathrm{ce}}}{A_{\mathrm{p}}}\sqrt{\frac{\beta_{\mathrm{e}}m_{\mathrm{t}}}{V_{\mathrm{t}}}}+\frac{B_{\mathrm{p}}}{4A_{\mathrm{p}}}\sqrt{\frac{V_{\mathrm{t}}}{\beta_{\mathrm{e}}m_{\mathrm{t}}}} \tag{4.17}$$

当 B_{p} 较小可以忽略不计时, ζ_{h} 可近似写成

$$\zeta_{\mathrm{h}}=\frac{K_{\mathrm{ce}}}{A_{\mathrm{p}}}\sqrt{\frac{\beta_{\mathrm{e}}m_{\mathrm{t}}}{V_{\mathrm{t}}}} \tag{4.18}$$

$$\frac{2\zeta_{\mathrm{h}}}{\omega_{\mathrm{h}}}=\frac{K_{\mathrm{ce}}m_{\mathrm{t}}}{A_{\mathrm{p}}^2} \tag{4.19}$$

式 (4.15) 给出了以惯性负载为主时的阀控液压缸的动态特性。分子中的第一项是稳态情况下活塞的空载速度, 第二项是因外负载力造成的速度降低。

对指令输入 X_{v} 的传递函数为

$$\frac{X_{\mathrm{p}}}{X_{\mathrm{v}}}=\frac{\dfrac{K_{\mathrm{q}}}{A_{\mathrm{p}}}}{s\left(\dfrac{s^2}{\omega_{\mathrm{h}}^2}+\dfrac{2\zeta_{\mathrm{h}}}{\omega_{\mathrm{h}}}s+1\right)} \tag{4.20}$$

对干扰输入 F_{L} 的传递函数为

$$\frac{X_{\mathrm{p}}}{F_{\mathrm{L}}}=\frac{-\dfrac{K_{\mathrm{ce}}}{A_{\mathrm{p}}^2}\left(1+\dfrac{V_{\mathrm{t}}}{4\beta_{\mathrm{e}}K_{\mathrm{ce}}}s\right)}{s\left(\dfrac{s^2}{\omega_{\mathrm{h}}^2}+\dfrac{2\zeta_{\mathrm{h}}}{\omega_{\mathrm{h}}}s+1\right)} \tag{4.21}$$

式 (4.20) 是阀控液压缸传递函数最常见的形式, 在液压伺服系统的分析和设计中经常用到。

2. 有弹性负载的情况

在有些应用场合中存在弹性负载, 例如在两级液压放大器中, 当功率级滑阀带对中弹簧时, 就属于这种情况。液压材料试验机是施力于材料而使之变形的, 所以试验机的负载就是弹性负载, 被试材料就是一个硬弹簧。

通常负载黏性阻尼系数 B_p 很小, 使 $B_p K_{ce}/A_p^2 \ll 1$, 与 1 相比可以忽略不计, 则式 (4.13) 可简化为

$$X_p = \frac{\dfrac{K_q}{A_p} X_v - \dfrac{K_{ce}}{A_p^2} \left(1 + \dfrac{V_t}{4\beta_e K_{ce}} s \right) F_L}{\dfrac{m_t V_t}{4\beta_e A_p^2} s^3 + \left(\dfrac{B_p V_t}{4\beta_e A_p^2} + \dfrac{m_t K_{ce}}{A_p^2} \right) s^2 + \left(\dfrac{K V_t}{4\beta_e A_p^2} + 1 \right) s + \dfrac{K K_{ce}}{A_p^2}} \tag{4.22}$$

或改写成

$$X_p = \frac{\dfrac{K_q}{A_p} X_v - \dfrac{K_{ce}}{A_p^2} \left(1 + \dfrac{V_t}{4\beta_e K_{ce}} s \right) F_L}{\dfrac{s^3}{\omega_h^2} + \dfrac{2\zeta_h}{\omega_h} s^2 + \left(\dfrac{K}{K_h} + 1 \right) s + \dfrac{K K_{ce}}{A_p^2}} \tag{4.23}$$

式中, ω_h 和 ζ_h 见式 (4.16) 和式 (4.17); $K_h = 4\beta_e A_p^2/V_t$ 称为液压弹簧刚度, 它是液压缸两腔完全封闭由于液体的压缩性所形成的液压弹簧的刚度。

当满足下面条件:

$$\left[\frac{K_{ce}\sqrt{K m_t}}{A_p^2 \left(\dfrac{K}{K_h} + 1 \right)} \right]^2 \ll 1 \tag{4.24}$$

则式 (4.23) 的三阶特征方程可近似分解成一阶和二阶两个因子。式 (4.23) 变成

$$X_p = \frac{\dfrac{K_q}{A_p} X_v - \dfrac{K_{ce}}{A_p^2} \left(1 + \dfrac{V_t}{4\beta_e K_{ce}} s \right) F_L}{\left[\left(\dfrac{K}{K_h} + 1 \right) s + \dfrac{K K_{ce}}{A_p^2} \right] \left(\dfrac{s^2}{\omega_0^2} + \dfrac{2\zeta_0}{\omega_0} s + 1 \right)} \tag{4.25}$$

式中, ω_0 为综合固有频率 (rad/s), 即

$$\omega_0 = \omega_h \sqrt{1 + \frac{K}{K_h}} \tag{4.26}$$

ζ_0 为综合阻尼比, 即

$$\zeta_0 = \frac{1}{2\omega_0} \left[\frac{4\beta_e K_{ce}}{\left(\dfrac{K}{K_h} + 1 \right) V_t} + \frac{B_p}{m_t} \right] \tag{4.27}$$

将式 (4.25) 的分母展开, 并使其系数与式 (4.23) 分母的对应项系数相等, 可得

$$\frac{1}{\omega_{\mathrm{h}}^2} = \frac{\dfrac{K}{K_{\mathrm{h}}} + 1}{\omega_0^2} \tag{4.28}$$

$$\frac{2\zeta_{\mathrm{h}}}{\omega_{\mathrm{h}}} = \frac{K_{\mathrm{ce}}K}{A_{\mathrm{p}}^2 \omega_0^2} + \left(1 + \frac{K}{K_{\mathrm{h}}}\right)\frac{2\zeta_0}{\omega_0} \tag{4.29}$$

$$1 + \frac{K}{K_{\mathrm{h}}} = 1 + \frac{K}{K_{\mathrm{h}}} + \frac{K_{\mathrm{ce}}K}{A_{\mathrm{p}}^2}\frac{2\zeta_0}{\omega_0} \tag{4.30}$$

由式 (4.28) 和式 (4.29) 可得 ω_0 和 ζ_0。由式 (4.30) 可得

$$1 + \frac{K}{K_{\mathrm{h}}} = \left(1 + \frac{K}{K_{\mathrm{h}}}\right)\left(1 + \frac{K_{\mathrm{ce}}K}{A_{\mathrm{p}}^2}\frac{2\zeta_0}{\omega_0}\frac{1}{1 + K/K_{\mathrm{h}}}\right)$$

为使式 (4.25) 成立, 必须使

$$\frac{K_{\mathrm{ce}}K}{A_{\mathrm{p}}^2}\frac{2\zeta_0}{\omega_0}\frac{1}{1 + K/K_{\mathrm{h}}} \ll 1$$

将式 (4.26) 和式 (4.27) 代入, 经整理得

$$\left[\frac{K_{\mathrm{ce}}^2 K m_{\mathrm{t}}}{A_{\mathrm{p}}^4\left(1 + \dfrac{K}{K_{\mathrm{h}}}\right)^2} + \frac{K_{\mathrm{ce}}B_{\mathrm{p}}}{A_{\mathrm{p}}^2}\frac{K}{K + K_{\mathrm{h}}}\right] \ll 1 \tag{4.31}$$

由于 $\dfrac{K_{\mathrm{ce}}B_{\mathrm{p}}}{A_{\mathrm{p}}^2} \ll 1$, 而 $\dfrac{K}{K + K_{\mathrm{h}}}$ 总是小于 1, 所以 $\dfrac{K_{\mathrm{ce}}B_{\mathrm{p}}}{A_{\mathrm{p}}^2}\dfrac{K}{K + K_{\mathrm{h}}} \ll 1$ 总是可以满足的。因此式 (4.31) 的条件可简化为式 (4.24), 这个条件一般总是可以满足的。但对每一种具体情况, 还是要检查是否满足 $\dfrac{K_{\mathrm{ce}}B_{\mathrm{p}}}{A_{\mathrm{p}}^2} \ll 1$ 和式 (4.24)。

式 (4.25) 还可以写成标准形式

$$X_{\mathrm{p}} = \frac{\dfrac{K_{\mathrm{ps}}A_{\mathrm{p}}}{K}X_{\mathrm{v}} - \dfrac{1}{K}\left(1 + \dfrac{V_{\mathrm{t}}}{4\beta_{\mathrm{e}}K_{\mathrm{ce}}}s\right)F_{\mathrm{L}}}{\left(\dfrac{s}{\omega_{\mathrm{r}}} + 1\right)\left(\dfrac{s^2}{\omega_0^2} + \dfrac{2\zeta_0}{\omega_0}s + 1\right)} \tag{4.32}$$

式中, K_{ps} 为总压力增益, $K_{\mathrm{ps}} = \dfrac{K_{\mathrm{q}}}{K_{\mathrm{ce}}}$; ω_{r} 为惯性环节的转折频率 (rad/s), 即

$$\omega_{\mathrm{r}} = \frac{K_{\mathrm{ce}}K}{A_{\mathrm{p}}^2\left(1 + \dfrac{K}{K_{\mathrm{h}}}\right)} = \frac{K_{\mathrm{ce}}}{A_{\mathrm{p}}^2\left(\dfrac{1}{K} + \dfrac{1}{K_{\mathrm{h}}}\right)} \tag{4.33}$$

在式 (4.32) 中, 分子的第一项表示稳态时阀输入位移所引起的液压缸活塞的输出位移, 第二项表示外负载力作用所引起的活塞输出位移的减少量。

在负载弹簧刚度远小于液压弹簧刚度时, 即 $K/K_h \ll 1$, 则式 (4.25) 可简化为

$$X_p = \frac{\dfrac{K_q}{A_p} X_v - \dfrac{K_{ce}}{A_p^2}\left(1 + \dfrac{V_t}{4\beta_e K_{ce}}s\right)F_L}{\left(s + \dfrac{K_{ce}K}{A_p^2}\right)\left(\dfrac{s^2}{\omega_h^2} + \dfrac{2\zeta_h}{\omega_h}s + 1\right)} \tag{4.34}$$

将式 (4.34) 与式 (4.15) 相比较, 可看出弹性负载的主要影响是用一个转折频率为 ω_r 的惯性环节代替无弹性负载时液压缸的积分环节。随着负载弹簧刚度减小, 转折频率将变低, 惯性环节就接近积分环节。

3. 其他的简化情况

根据实际应用的负载条件和忽略的因素不同, 传递函数尚有以下简化形式。

(1) 仅考虑负载质量 m_t, 不计液压介质的可压缩性的影响, 无弹性和黏性负载时, 对指令输入 X_v 的传递函数可由式 (4.13) 求得

$$\frac{X_p}{X_v} = \frac{\dfrac{K_q}{A_p}}{s\left(\dfrac{K_{ce}m_t}{A_p^2}s + 1\right)} = \frac{\dfrac{K_q}{A_p}}{s\left(\dfrac{s}{\omega_1} + 1\right)} \tag{4.35}$$

式中, ω_1 为惯性环节的转折频率 (rad/s), $\omega_1 = A_p^2/(K_{ce}m_t)$ 。

(2) 考虑负载刚度 K 及 β_e, 不计惯性负载与黏性负载的影响, 由式 (4.13) 可得

$$\frac{X_p}{X_v} = \frac{\dfrac{K_q}{A_p}}{\left(1 + \dfrac{K}{K_h}\right)s + \dfrac{K_{ce}K}{A_p^2}} = \frac{\dfrac{A_p K_q}{K K_{ce}}}{\dfrac{s}{\omega_r} + 1} \tag{4.36}$$

式中, ω_r 为惯性环节的转折频率 (rad/s), 即

$$\omega_r = \frac{K_{ce}K}{A_p^2\left(1 + \dfrac{K}{K_h}\right)}$$

(3) 理想空载的情况。在这种情况下, 不计惯性、黏性、弹性负载的影响, 由式 (4.13) 可得

$$\frac{X_p}{X_v} = \frac{K_q/A_p}{s} \tag{4.37}$$

液压控制系统常常是整个控制回路中的一个部件, 此时其传递函数常常可以简化为以上三种形式。

4.1.4 频率响应分析

阀控液压缸对指令输入和对干扰输入的动态特性可由相应的传递函数及其性能参数所确定。由于负载特性不同，其传递函数的形式也不同。下面按没有弹性负载和有弹性负载两种情况加以讨论。

4.1.4.1 没有弹性负载时的频率响应分析

1. 对指令输入 X_v 的频率响应分析

对指令输入 X_v 的动态响应特性由传递函数式 (4.20) 表示，它由比例、积分和二阶振荡环节组成，主要的性能参数为速度放大系数 K_q/A_p、液压固有频率 ω_h 和液压阻尼比 ζ_h，其伯德图如图 4.3 所示。由图中的几何关系可知，穿越频率 $\omega_c = K_q/A_p$。

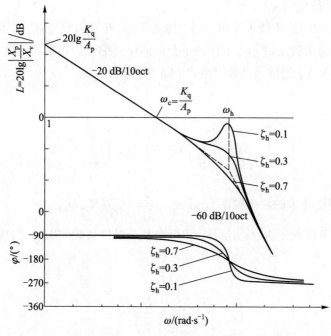

图 4.3 无弹性负载时的伯德图

1) 速度放大系数

由于传递函数中包含一个积分环节，所以在稳态时液压缸活塞的输出速度与阀的输入位移成比例，其比例系数 K_q/A_p 即为速度放大系数 (速度增益)。它表示阀对液压缸活塞速度控制的灵敏度。速度放大系数直接影响系统的稳定性、响应速度和精度。提高速度放大系数可以提高系统的响应速度和精度，但使系统的稳定性变坏。速度放大系数随阀的流量增益变化而变化。在零位工作点，阀的流量增益 K_{q0} 最大，而流量 – 压力系数 K_{c0} 最小，所以系统的稳定性最差。故在计算系统的稳定性时，应取零位流量增益为 K_{q0}。

2) 液压固有频率

液压固有频率是负载质量与液压缸工作腔中的液压介质的可压缩性所形成的液压弹簧耦合作用的结果。假设液压缸是无摩擦无泄漏的, 两个工作腔充满高压液体并被完全封闭, 如图 4.4 所示。由于液体的压缩性, 当活塞受到外力作用时产生位移 Δx_{p}, 使一腔压力升高 Δp_1, 另一腔的压力降低 Δp_2, 其中

$$\Delta p_1 = \frac{\beta_{\mathrm{e}} A_{\mathrm{p}}}{V_1} \Delta x_{\mathrm{p}}, \quad \Delta p_2 = -\frac{\beta_{\mathrm{e}} A_{\mathrm{p}}}{V_2} \Delta x_{\mathrm{p}}$$

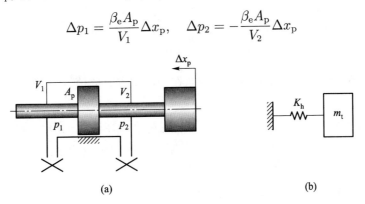

图 **4.4** 液压弹簧原理图

被压缩液体产生的复位力为

$$A_{\mathrm{p}}(\Delta p_1 - \Delta p_2) = \beta_{\mathrm{e}} A_{\mathrm{p}}^2 \left(\frac{1}{V_1} + \frac{1}{V_2} \right) \Delta x_{\mathrm{p}} \tag{4.38}$$

上式表明, 被压缩液体产生的复位力与活塞位移成比例, 因此被压缩液体的作用相当于一个线性液压弹簧, 其刚度称为液压弹簧刚度。由式 (4.38) 得总液压弹簧刚度为

$$K_{\mathrm{h}} = \beta_{\mathrm{e}} A_{\mathrm{p}}^2 \left(\frac{1}{V_1} + \frac{1}{V_2} \right) \tag{4.39}$$

它是液压缸两腔被压缩液体形成的两个液压弹簧刚度之和。式 (4.39) 表明 K_{h} 与活塞在液压缸中的位置有关。设 $V_1 = \frac{1}{2} V_{\mathrm{t}} + \Delta V$, 则 $V_2 = \frac{1}{2} V_{\mathrm{t}} - \Delta V$ 。即

$$K_{\mathrm{h}} = \beta_{\mathrm{e}} A_{\mathrm{p}}^2 \left(\frac{1}{\frac{1}{2} V_{\mathrm{t}} + \Delta V} + \frac{1}{\frac{1}{2} V_{\mathrm{t}} - \Delta V} \right) = \beta_{\mathrm{e}} A_{\mathrm{p}}^2 \frac{V_{\mathrm{t}}}{\frac{V_{\mathrm{t}}^2}{4} - \Delta V^2}$$

可见, 当 $\Delta V = 0$ 时, 即当活塞处在中间位置时有

$$K_{\mathrm{h}} = \frac{4\beta_{\mathrm{e}} A_{\mathrm{p}}^2}{V_{\mathrm{t}}} \tag{4.40}$$

此时液压弹簧刚度最小。当活塞处在液压缸两端时, V_1 或 V_2 接近于零, 液压弹簧刚度最大。

液压弹簧刚度是在液压缸两腔完全封闭的情况下推导出来的, 实际上由于阀的开度和液压缸的泄漏的影响, 液压缸不可能完全封闭, 因此在稳态下这个弹簧刚

度是不存在。但在动态时, 在一定的频率范围内泄漏来不及起作用, 相当于一种封闭状态。因此液压弹簧应理解为动态弹簧而不是静态弹簧。

液压弹簧与负载质量构成一个液压弹簧 – 质量系统, 该系统的固有频率 (活塞在中间位置时) 为

$$\omega_{\mathrm{h}} = \sqrt{\frac{K_{\mathrm{h}}}{m_{\mathrm{t}}}} = \sqrt{\frac{2\beta_{\mathrm{e}}A_{\mathrm{p}}^2}{V_0 m_{\mathrm{t}}}} = \sqrt{\frac{4\beta_{\mathrm{e}}A_{\mathrm{p}}^2}{V_{\mathrm{t}} m_{\mathrm{t}}}} \tag{4.41}$$

在计算液压固有频率时, 通常取活塞在中间位置时的值, 因为此时 ω_{h} 最低, 系统稳定性最差。

液压固有频率表示液压动力元件的响应速度。在液压伺服系统中, 液压固有频率往往是整个系统中最低的频率, 它限制了系统的响应速度。为了提高系统的响应速度, 应提高液压固有频率。

由式 (4.41) 可见, 提高液压固有频率的方法如下:

(1) 增大液压缸活塞面积 A_{p}。但 ω_{h} 与 A_{p} 不成比例关系, 因为 A_{p} 增大压缩容积 V_{t} 也随之增加。增大 A_{p} 的缺点是, 为了满足同样的负载速度, 需要的负载流量增大了, 使阀、连接管道和液压能源装置的尺寸重量也随之增大。活塞面积 A_{p} 主要是由负载决定的, 有时为满足响应速度的要求, 也采用增大 A_{p} 的办法来提高 ω_{h}。

(2) 减小总压缩容积 V_{t}, 主要是减小液压缸的无效容积和连接管道的容积。应使阀靠近液压缸, 最好将阀和液压缸装在一起。另外, 也应考虑液压执行元件形式的选择, 长行程、输出力小时可选用液压马达, 短行程、输出力大时可选用液压缸。

(3) 减小折算到活塞上的总质量 m_{t}。m_{t} 包括活塞质量、负载折算到活塞上的质量、液压缸两腔的油液质量、阀与液压缸连接管道中的油液折算质量。负载质量由负载决定, 改变的余地不大。当连接管道细而长时, 管道中的油液质量对 ω_{h} 的影响不容忽视, 否则将造成比较大的计算误差。假设管道过流面积为 a, 管道中油液的总质量为 m_0, 则折算到液压缸活塞上的等效质量为 $m_0 \dfrac{A_{\mathrm{p}}^2}{a^2}$。

(4) 提高油液的有效体积弹性模量 β_{e}。在 ω_{h} 所包含的物理量中, β_{e} 是最难确定的。β_{e} 值受油液的压缩性、管道及缸体机械柔性和油液中所含空气的影响, 其中以混入油液中的空气的影响最为严重。为了提高 β_{e} 值, 应当尽量减少混入空气, 并避免使用软管。一般取 $\beta_{\mathrm{e}}=700$ MPa, 有条件时取实测值最好。

3) 液压阻尼比

由式 (4.17) 可见, 液压阻尼比 ζ_{h} 主要由总流量 – 压力系数 K_{ce} 和负载的黏性阻尼系数 B_{p} 所决定, 式中其他参数是考虑其他因素确定的。在一般的液压控制伺服系统中, B_{p} 较 K_{ce} 小得多, 故 B_{p} 可以忽略不计。在 K_{ce} 中, 液压缸的总泄漏系数 C_{tp} 又较阀的流量 – 压力系数 K_{c} 小得多, 所以 ζ_{h} 主要由 K_{c} 值决定。在零位

时 K_c 值最小, 从而给出最小的阻尼比。在计算系统的稳定性时应取零位时的 K_c 值, 因为此时系统的稳定性最差。

K_c 值随工作点不同会有很大的变化。在阀芯位移 X_v 和负载压力 p_L 较大时, 由于 K_c 值增大使液压阻尼比急剧增大, 可使 $\zeta_h > 1$, 其变化范围达 20~30 倍。液压阻尼比是一个难以准确计算的 "软量"。零位阻尼比小、阻尼比变化范围大, 是液压伺服系统的一个特点。在进行系统分析和设计时, 特别是进行系统校正时, 应该注意这一点。

液压阻尼比表示系统的相对稳定性。为获得满意的性能, 液压阻尼比应具有适当的值。一般液压伺服系统是低阻尼的, 提高液压阻尼比对改善系统性能是十分重要的。其方法如下:

(1) 设置旁路泄漏通道。在液压缸两个工作腔之间设置旁路通道增加泄漏系数 C_{tp}。缺点是增大了功率损失, 降低了系统的总压力增益和系统的刚度, 增加外负载力引起的误差。另外, 系统性能受温度变化的影响较大。

(2) 采用正开口阀。正开口阀的 K_{c0} 值大, 可以增加阻尼, 但也使系统刚度降低, 而且零位泄漏量引起的功率损失比第一种办法还要大。另外正开口阀还要带来非线性流量增益、稳态液流力变化等问题。

(3) 增加负载的黏性阻尼。需要另外设置阻尼器, 增加了结构的复杂性。

2. 对干扰输入 F_L 的频率响应分析

负载干扰力 F_L 对液压缸的输出位移 X_p 和输出速度 $\dot{X}_p$ 有影响, 这种影响可以用刚度来表示。下面分别研究阀控液压缸的动态位置刚度和动态速度刚度。

1) 动态位置刚度特性

传递函数式 (4.21) 表示阀控液压缸的动态位置柔度特性, 其倒数即为动态位置刚度特性, 可写为

$$\frac{F_L}{X_p} = -\frac{\dfrac{A_p^2}{K_{ce}} s \left(\dfrac{s^2}{\omega_h^2} + \dfrac{2\zeta_h}{\omega_h} s + 1 \right)}{\dfrac{V_t}{4\beta_e K_{ce}} s + 1} \tag{4.42}$$

当 $B_p = 0$ 时, $4\beta_e K_{ce}/V_t = 2\zeta_h \omega_h$, 则上式可改写为

$$\frac{F_L}{X_p} = -\frac{\dfrac{A_p^2}{K_{ce}} s \left(\dfrac{s^2}{\omega_h^2} + \dfrac{2\zeta_h}{\omega_h} s + 1 \right)}{\dfrac{s}{2\zeta_h \omega_h} + 1} \tag{4.43}$$

上式表示的动态位置刚度特性由惯性环节、比例环节、理想微分环节和二阶微分环节组成。由于 ζ_h 很小, 因此转折频率 $2\zeta_h \omega_h < \omega_h$。式中的负号表示负载力增加使输出减小。式 (4.43) 的幅频特性如图 4.5 所示。

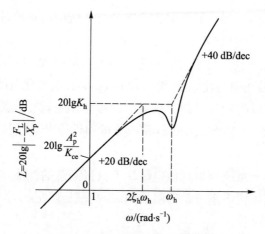

图 4.5　动态位置刚度的幅频特性

动态位置刚度与负载干扰力 F_L 的变化频率 ω 有关。在 $\omega < 2\zeta_h\omega_h$ 的低频段上, 惯性环节和二阶微分环节不起作用, 由式 (4.43) 可得

$$\left| -\frac{F_L}{X_p} \right| = \frac{A_p^2}{K_{ce}}\omega \tag{4.44}$$

当 $\omega = 0$ 时, 得静态位置刚度 $|-F_L/X_p|_{\omega=0} = 0$。因为在恒定的外负载力作用下, 由于泄漏的影响, 活塞将连续不断移动, 没有确定的位置。随着频率增加, 泄漏的影响越来越小, 动态位置刚度随频率成比例增大。

在 $2\zeta_h\omega_h < \omega < \omega_h$ 的中频段上, 比例环节、惯性环节和理想微分环节同时起作用, 动态位置刚度为一常数, 其值为

$$\left| -\frac{F_L}{X_p} \right| = \frac{A_p^2}{K_{ce}}s\Big|_{s=j2\zeta_h\omega_h} = \frac{4\beta_e A_p^2}{V_t} = K_h \tag{4.45}$$

在中频段上, 由于负载干扰力的变化频率较高, 液压缸工作腔的油液来不及泄漏, 可以看成是完全封闭的, 其动态位置刚度就等于液压刚度。

在 $\omega > \omega_h$ 的高频段上, 二阶微分环节起主要作用, 动态位置刚度由负载惯性所决定。动态位置刚度随频率的二次方增加, 但系统一般很少在此频率范围工作。

2) 动态速度刚度特性

由式 (4.43) 或式 (4.44) 可求得低频段 ($\omega < 2\zeta_h\omega_h$) 上的动态速度刚度为

$$\left| -\frac{F_L}{\dot{X}_p} \right| = \frac{A_p^2}{K_{ce}} \tag{4.46}$$

此时, 液压缸相当于一个阻尼系数为 A_p^2/K_{ce} 的黏性阻尼器。从物理意义上说, 在低频时因负载压差产生的泄漏流量被很小的泄漏通道所阻碍, 产生黏性阻尼作用。

在 $\omega = 0$ 时, 由式 (4.43) 可求得静态速度刚度为

$$\left| -\frac{F_L}{\dot{X}_p} \right|_{\omega=0} = \frac{A_p^2}{K_{ce}} \tag{4.47}$$

其倒数为静态速度柔度

$$\left| -\frac{\dot{X}_{\mathrm{p}}}{F_{\mathrm{L}}} \right| = \frac{K_{\mathrm{ce}}}{A_{\mathrm{p}}^2} \tag{4.48}$$

它是速度下降值与所加恒定外负载力之比。

4.1.4.2 有弹性负载时的频率响应分析

有弹性负载时, 活塞位移对阀芯位移的传递函数可由式 (4.32) 求得

$$\frac{X_{\mathrm{p}}}{X_{\mathrm{v}}} = \frac{\dfrac{K_{\mathrm{ps}}A_{\mathrm{p}}}{K}}{\left(\dfrac{s}{\omega_{\mathrm{r}}} + 1\right)\left(\dfrac{s^2}{\omega_0^2} + \dfrac{2\zeta_0}{\omega_0}s + 1\right)} \tag{4.49}$$

其主要性能参数有 $K_{\mathrm{ps}}A_{\mathrm{p}}/K$、$\omega_{\mathrm{r}}$、$\omega_0$ 和 ζ_0。

在稳态情况下, 对于一定的阀芯位移 X_{v}, 液压缸活塞有一个确定的输出位移 X_{p}, 两者之间的比例系数 $K_{\mathrm{ps}}A_{\mathrm{p}}/K$ 即为位置放大系数。位置放大系数中的总压力增益 K_{ps} 包含阀的压力增益 K_{p}, K_{p} 随工作点在很大的范围内变化, 因此位置放大系数也随工作点在很大范围内变化, 在零位时其值最大。另外, 位置放大系数和负载刚度有关, 这和无弹性负载的情况不同。

综合固有频率 ω_0 见式 (4.26), 它是液压弹簧与负载弹簧并联时的刚度与负载质量之比。负载刚度提高了二阶振荡环节的固有频率 ω_0, ω_0 是 ω_{h} 的 $\sqrt{1 + K/K_{\mathrm{h}}}$ 倍。综合阻尼比 ζ_0 见式 (4.27)。负载刚度降低了二阶振荡环节的阻尼比。在 $B_{\mathrm{p}} = 0$ 时, ζ_0 是 ζ_{h} 的 $1/(1 + K/K_{\mathrm{h}})^{1.5}$。惯性环节的转折频率 ω_{r} 见式 (4.33)。它是液压弹簧与负载弹簧串联时的刚度与阻尼系数之比。ω_{r} 随负载刚度变化, 如果负载刚度很小, 则 ω_{r} 很低, 惯性环节可以近似看成积分环节。这种近似对动态分析不会有什么影响, 但对稳态误差分析是有影响的。

根据式 (4.49) 可以作出有弹性负载时的伯德图, 如图 4.6 所示。由图中的几何关系可得穿越频率 ω_{c} 为

$$\omega_{\mathrm{c}} = \frac{K_{\mathrm{q}}}{A_{\mathrm{p}}\left(1 + \dfrac{K}{K_{\mathrm{h}}}\right)} \tag{4.50}$$

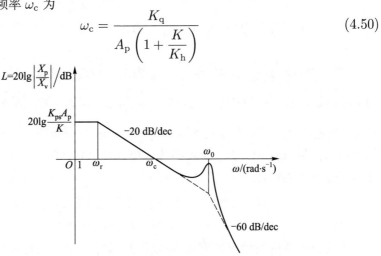

图 4.6 有弹性负载时的伯德图

4.2 四边阀控制液压马达

阀控液压马达也是一种常用的液压动力元件。其分析方法与阀控液压缸的相同，下面简要加以介绍。

阀控液压马达原理图如图 4.7 所示。利用 4.1 节中分析阀控液压缸的方法，可以得到阀控液压马达的三个基本方程的拉氏变换式如下：

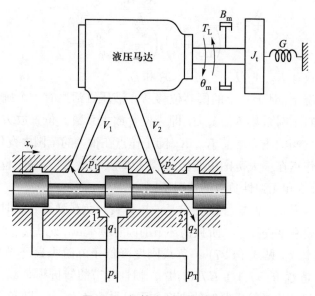

图 4.7 阀控液压马达原理图

$$q_L = K_q X_v - K_c p_L \tag{4.51}$$

$$q_L = D_m s\theta_m + C_{tm}p_L + \frac{V_t}{4\beta_e}sp_L \tag{4.52}$$

$$D_m p_L = J_t s^2\theta_m + B_m s\theta_m + G\theta_m + T_L \tag{4.53}$$

式中，θ_m 为液压马达的转角 (rad)；D_m 为液压马达的排量 (m³)；C_{tm} 为液压马达的总泄漏系数 (m³·s⁻¹/Pa)，$C_{tm} = C_{im} + \frac{1}{2}C_{em}$，$C_{im}$、$C_{em}$ 分别为内、外泄漏系数；V_t 为液压马达两腔及连接管道总容积 (m³)；J_t 为液压马达和负载折算到马达轴上的总惯量 (kg·m²)；B_m 为液压马达和负载的黏性阻尼系数 (N·s/m)；G 为负载的扭转弹簧刚度 (N/m)；T_L 为作用在马达轴上的任意外负载力矩 (N·m)。

将式 (4.51)、式 (4.52)、式 (4.53) 与式 (4.10)、式 (4.11)、式 (4.12) 相比较，可以看出它们的形式相同。只要将阀控液压缸基本方程中的结构参数和负载参数改成液压马达的相应参数，就可以得到阀控液压马达的基本方程。由于基本方程的形式相同，所以只要将式 (4.13) 中的液压缸参数改成液压马达参数，即可得

阀控液压马达在阀芯位移 X_v 和外负载力矩 T_L 同时输入时的总输出为

$$\theta_m = \frac{\dfrac{K_q}{D_m}X_v - \dfrac{K_{ce}}{D_m^2}\left(1 + \dfrac{V_t}{4\beta_e K_{ce}}s\right)T_L}{\dfrac{J_t V_t}{4\beta_e D_m^2}s^3 + \left(\dfrac{B_m V_t}{4\beta_e D_m^2} + \dfrac{J_t K_{ce}}{D_m^2}\right)s^2 + \left(\dfrac{G V_t}{4\beta_e D_m^2} + \dfrac{B_m K_{ce}}{D_m^2} + 1\right)s + \dfrac{G K_{ce}}{D_m^2}} \tag{4.54}$$

式中, K_{ce} 为总流量 — 压力系数, $K_{ce} = K_c + C_{tm}$。

对阀控液压马达弹簧负载很少见, 无弹性负载, 且 $B_m K_{ce}/D_m^2 \ll 1$ 时, 式 (4.54) 可简化为

$$\theta_m = \frac{\dfrac{K_q}{D_m}X_v - \dfrac{K_{ce}}{D_m^2}\left(1 + \dfrac{V_t}{4\beta_e K_{ce}}s\right)T_L}{s\left(\dfrac{s^2}{\omega_h^2} + \dfrac{2\zeta_h}{\omega_h}s + 1\right)} \tag{4.55}$$

式中

$$\omega_h = \sqrt{\frac{4\beta_e D_m^2}{V_t J}} \tag{4.56}$$

$$\zeta_h = \frac{K_{ce}}{D_m}\sqrt{\frac{\beta_e J_t}{V_t}} + \frac{B_m}{4D_m}\sqrt{\frac{V_t}{\beta_e J_t}} \tag{4.57}$$

通常负载黏性阻尼系数 B_m 很小, ζ_h 可用下式表示:

$$\zeta_h = \frac{K_{ce}}{D_m}\sqrt{\frac{\beta_e J_t}{V_t}} \tag{4.58}$$

液压马达轴的转角对阀芯位移的传递函数为

$$\frac{\theta_m}{X_v} = \frac{\dfrac{K_q}{D_m}}{s\left(\dfrac{s^2}{\omega_h^2} + \dfrac{2\zeta_h}{\omega_h}s + 1\right)} \tag{4.59}$$

液压马达轴的转角对外负载力矩的传递函数为

$$\frac{\theta_m}{T_L} = \frac{-\dfrac{K_{ce}}{D_m^2}\left(1 + \dfrac{V_t}{4\beta_e K_{ce}}s\right)}{s\left(\dfrac{s^2}{\omega_h^2} + \dfrac{2\zeta_h}{\omega_h}s + 1\right)} \tag{4.60}$$

阀控液压马达的方框图、传递函数简化和动态特性分析与前述阀控液压缸各项的类似。

4.3 双边阀控制液压缸

双边阀控制差动液压缸的原理如图 4.8 所示。双边阀控制差动液压缸经常用作机液位置控制系统的动力元件, 例如用于仿形机床和助力操纵系统中。

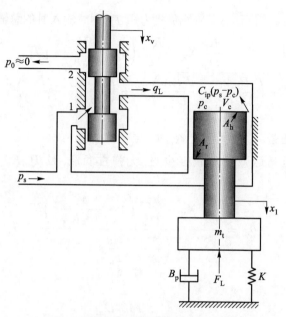

图 4.8 双边阀控制差动液压缸原理图

4.3.1 基本方程

1. 阀的流量线性化方程为

$$q_L = K_q x_v - K_c p_c \tag{4.61}$$

式中, p_c 为液压缸控制腔的控制压力 (Pa)。

2. 液压缸控制腔的流量连续性方程为

$$q_L + C_{ip}(p_s - p_c) = A_h \frac{dx_p}{dt} + \frac{V_c}{\beta_e} \frac{dp_c}{dt} \tag{4.62}$$

式中, C_{ip} 为液压缸内部泄漏系数 $(m^3 \cdot s^{-1}/Pa)$; A_h 为液压缸控制腔的活塞面积 (m^2); V_c 为液压缸控制腔的容积 (m^3), 即

$$V_c = V_0 + A_h x_p \tag{4.63}$$

式中, V_0 为液压缸控制腔的初始容积 (m^3)。

假定活塞位移很小, 即 $|A_h x_p| \ll V_0$, 则 $V_c \approx V_0$。将式 (4.62) 与式 (4.63) 合并, 得到

$$q_L + C_{ip} p_s = A_h \frac{dx_p}{dt} + C_{ip} p_c + \frac{V_0}{\beta_e} \frac{dp_c}{dt}$$

其增量的拉氏变换为

$$q_L = A_h s X_p + C_{ip} p_c + \frac{V_0}{\beta_e} s p_c \tag{4.64}$$

3. 活塞和负载的力平衡方程为

$$A_\mathrm{h}p_\mathrm{c} - A_\mathrm{r}p_\mathrm{s} = m_\mathrm{t}\frac{\mathrm{d}^2X_\mathrm{p}}{\mathrm{d}t^2} + B_\mathrm{p}\frac{\mathrm{d}X_\mathrm{p}}{\mathrm{d}t} + KX_\mathrm{p} + F_\mathrm{L}$$

式中, A_r 为活塞杆侧的活塞有效面积 (m²); m_t 为活塞和负载的总质量 (kg); B_p 为黏性阻尼系数 (m³·s⁻¹/Pa); K 为负载弹簧刚度 (N/m); F_L 为外负载力 (N)。其增量的拉氏变换式为

$$A_\mathrm{h}p_\mathrm{c} = m_\mathrm{t}s^2X_\mathrm{p} + B_\mathrm{p}sX_\mathrm{p} + KX_\mathrm{p} + F_\mathrm{L} \tag{4.65}$$

4.3.2 传递函数

由式 (4.61)、式 (4.64)、式 (4.65) 消去中间变量 q_L 和 p_c, 可得 X_v 和 F_L 同时作用时活塞的总输出位移为

$$X_\mathrm{p} = \cfrac{\dfrac{K_\mathrm{q}}{A_\mathrm{h}}X_\mathrm{v} - \dfrac{K_\mathrm{ce}}{A_\mathrm{h}^2}\left(1 + \dfrac{V_0}{\beta_\mathrm{e}K_\mathrm{ce}}s\right)F_\mathrm{L}}{\dfrac{m_\mathrm{t}V_0}{\beta_\mathrm{e}A_\mathrm{h}^2}s^3 + \left(\dfrac{B_\mathrm{p}V_0}{\beta_\mathrm{e}A_\mathrm{h}^2} + \dfrac{m_\mathrm{t}K_\mathrm{ce}}{A_\mathrm{h}^2}\right)s^2 + \left(\dfrac{KV_0}{\beta_\mathrm{e}A_\mathrm{h}^2} + \dfrac{B_\mathrm{p}K_\mathrm{ce}}{A_\mathrm{h}^2} + 1\right)s + \dfrac{KK_\mathrm{ce}}{A_\mathrm{h}^2}}$$
$$\tag{4.66}$$

式中, K_ce 为总流量 − 压力系数, $K_\mathrm{ce} = K_\mathrm{c} + C_\mathrm{tp}$。

如前所述, 通常 B_p 比阻尼系数 $A_\mathrm{h}^2/K_\mathrm{ce}$ 小得多, 即 $B_\mathrm{p}K_\mathrm{ce}/A_\mathrm{h}^2 \ll 1$, 则上式可简化为

$$X_\mathrm{p} = \cfrac{\dfrac{K_\mathrm{q}}{A_\mathrm{h}}X_\mathrm{v} - \dfrac{K_\mathrm{ce}}{A_\mathrm{h}^2}\left(1 + \dfrac{V_0}{\beta_\mathrm{e}K_\mathrm{ce}}s\right)F_\mathrm{L}}{\dfrac{s^3}{\omega_\mathrm{h}^2} + \dfrac{2\zeta_\mathrm{h}}{\omega_\mathrm{h}}s^2 + \left(1 + \dfrac{K}{K_\mathrm{h}}\right)s + \dfrac{K_\mathrm{ce}K}{A_\mathrm{h}^2}} \tag{4.67}$$

式中, K_h 为液压弹簧刚度, $K_\mathrm{h} = \beta_\mathrm{e}A_\mathrm{h}^2/V_0$(N/m); ω_h 为液压固有频率 (rad/s), 即

$$\omega_\mathrm{h} = \sqrt{\frac{K_\mathrm{h}}{m_\mathrm{t}}} = \sqrt{\frac{\beta_\mathrm{e}A_\mathrm{h}^2}{V_0m_\mathrm{t}}} \tag{4.68}$$

ζ_h 为液压阻尼比, 即

$$\zeta_\mathrm{h} = \frac{K_\mathrm{ce}}{2A_\mathrm{h}}\sqrt{\frac{\beta_\mathrm{e}m_\mathrm{t}}{V_0}} + \frac{B_\mathrm{p}}{2A_\mathrm{h}}\sqrt{\frac{V_0}{\beta_\mathrm{e}m_\mathrm{t}}} \tag{4.69}$$

式 (4.67) 与式 (4. 23) 的分母多项式在形式上是一样的。因此, 在满足下列条件时

$$\frac{K}{K_\mathrm{h}} \ll 1$$

$$\left(\frac{K_\mathrm{ce}\sqrt{m_\mathrm{t}K}}{A_\mathrm{h}^2}\right)^2 \ll 1$$

式 (4.67) 可近似简化为

$$X_{\mathrm{p}} = \frac{\dfrac{K_{\mathrm{q}}}{A_{\mathrm{h}}}X_{\mathrm{v}} - \dfrac{K_{\mathrm{ce}}}{A_{\mathrm{h}}^2}\left(1 + \dfrac{V_0}{\beta_{\mathrm{e}}K_{\mathrm{ce}}}s\right)F_{\mathrm{L}}}{\left(s + \dfrac{K_{\mathrm{ce}}K}{A_{\mathrm{h}}^2}\right)\left(\dfrac{s^2}{\omega_{\mathrm{h}}^2} + \dfrac{2\zeta_{\mathrm{h}}}{\omega_{\mathrm{h}}}s + 1\right)} \tag{4.70}$$

上式可改写为

$$X_{\mathrm{p}} = \frac{\dfrac{K_{\mathrm{q}}A_{\mathrm{h}}}{K_{\mathrm{ce}}K}X_{\mathrm{v}} - \dfrac{1}{K}\left(1 + \dfrac{V_0}{\beta_{\mathrm{e}}K_{\mathrm{ce}}}s\right)F_{\mathrm{L}}}{\left(\dfrac{s}{\omega_{\mathrm{r}}} + 1\right)\left(\dfrac{s^2}{\omega_{\mathrm{h}}^2} + \dfrac{2\zeta_{\mathrm{h}}}{\omega_{\mathrm{h}}}s + 1\right)} \tag{4.71}$$

式中, $K_{\mathrm{q}}/K_{\mathrm{ce}}$ 为总压力增益 (Pa/m); ω_{r} 为惯性环节的转折频率 (rad/s), $\omega_{\mathrm{r}} = K_{\mathrm{ce}}K/A_{\mathrm{h}}^2$。

没有弹性负载时, 式 (4.70) 可简化为

$$X_{\mathrm{p}} = \frac{\dfrac{K_{\mathrm{q}}}{A_{\mathrm{h}}}X_{\mathrm{v}} - \dfrac{K_{\mathrm{ce}}}{A_{\mathrm{h}}^2}\left(1 + \dfrac{V_0}{\beta_{\mathrm{e}}K_{\mathrm{ce}}}s\right)F_{\mathrm{L}}}{s\left(\dfrac{s^2}{\omega_{\mathrm{h}}^2} + \dfrac{2\zeta_{\mathrm{h}}}{\omega_{\mathrm{h}}}s + 1\right)} \tag{4.72}$$

活塞位移对阀芯位移的传递函数为

$$\frac{X_{\mathrm{p}}}{X_{\mathrm{v}}} = \frac{\dfrac{K_{\mathrm{q}}}{A_{\mathrm{h}}}}{s\left(\dfrac{s^2}{\omega_{\mathrm{h}}^2} + \dfrac{2\zeta_{\mathrm{h}}}{\omega_{\mathrm{h}}}s + 1\right)} \tag{4.73}$$

将式 (4.73)、式 (4.68)、式 (4.69) 与式 (4.20)、式 (4.41)、式 (4.17) 相比较可以看出, 双边阀控制液压缸和四通阀控制液压缸的传递函数式形式是一样的, 但液压固有频率和阻尼比不同。前者的液压固有频率是后者 $1/\sqrt{2}$, 在不考虑 B_{p} 的影响时阻尼比也是后者的 $1/\sqrt{2}$。其原因是, 在双边阀控制差动液压缸中只有一个控制腔, 因而只形成一个液压弹簧。而在四边阀控制双作用液压缸中有两个控制腔, 形成两个液压弹簧, 其总刚度是一个控制腔的两倍。

4.4 泵控液压马达

泵控液压马达是由变量泵和定量马达组成的, 如图 4.9 所示。变量泵 1 以恒定的转速 ω_{p} 旋转, 通过改变变量泵的排量来控制液压马达 2 的转动状态。补油系统是一个小流量的恒压源, 补油泵 7 的压力由补油溢流阀 5 调定。补油泵通过单向阀 4 向低压管道补油, 用以补偿液压泵和液压马达的泄漏, 并保证低压管道有一个恒定的压力值, 以防止出现气穴现象和空气渗入系统, 同时也能帮助系统散热, 补油泵通常也可作为液压泵变量控制机构的液压源。

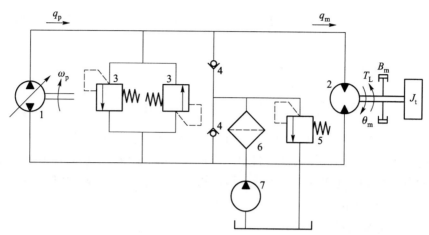

1. 变量泵; 2. 液压马达; 3. 安全阀; 4. 单向阀; 5. 溢流阀; 6. 过滤器; 7. 液压泵

图 4.9　泵控液压马达系统

4.4.1　基本方程

在推导液压马达转角与液压泵摆角的传递函数时, 假设如下:

(1) 连接管道较短, 可以忽略管道中的压力损失和管道动态。并设两根管道完全相同, 液压泵和液压马达腔的容积为常数。

(2) 液压泵和液压马达的泄漏为层流, 壳体内压力为大气压, 忽略低压腔向壳体内的泄漏。

(3) 每个腔室内的压力是均匀相等的, 液体黏度和密度为常数。

(4) 补油系统工作无滞后, 补油压力为常数。在工作中低压管道压力不变, 等于补油压力, 只有高压管道压力变化。

(5) 输入信号较小, 不发生压力饱和现象。

(6) 液压泵的转速恒定。

变量泵的排量为

$$D_{\mathrm{P}} = K_{\mathrm{p}}\gamma \tag{4.74}$$

式中, K_{p} 为变量泵的排量梯度 $[\mathrm{m^3/rad}]$; γ 为变量泵变量机构的摆角 (rad)。

变量泵的流量方程为

$$q_{\mathrm{p}} = D_{\mathrm{p}}\omega_{\mathrm{p}} - C_{\mathrm{ip}}(p_1 - p_{\mathrm{r}}) - C_{\mathrm{ep}}p_1 \tag{4.75}$$

式中, ω_{p} 为变量泵的转速 (rad/s); C_{ip} 为变量泵的内泄漏系数 $(\mathrm{m^3 \cdot s^{-1}/Pa})$; C_{ep} 为变量泵的外泄漏系数 $(\mathrm{m^3 \cdot s^{-1}/Pa})$; p_{r} 为低压管道的补油压力 (Pa)。

将式 (4.74) 代入式 (4.75), 其增量方程的拉氏变换式为

$$q_{\mathrm{p}} = K_{\mathrm{qp}}\gamma - C_{\mathrm{tp}}p_1 \tag{4.76}$$

式中, K_{qp} 为变量泵的流量增益, $K_{qp} = K_p \omega_p$; C_{tp} 为变量泵的总泄漏系数 $(\mathrm{m^3 \cdot s^{-1}/Pa})$, $C_{tp} = C_{ip} + C_{ep}$。

液压马达高压腔的流量连续性方程为

$$q_p = C_{im}(p_1 - p_r) + C_{em}p_1 + D_m \frac{\mathrm{d}\theta_m}{\mathrm{d}t} + \frac{V_0}{\beta_e}\frac{\mathrm{d}p_1}{\mathrm{d}t}$$

式中, C_{im} 为液压马达的内泄漏系数 $(\mathrm{m^3 \cdot s^{-1}/Pa})$; C_{em} 为液压马达的外泄漏系数 $(\mathrm{m^3 \cdot s^{-1}/Pa})$; D_m 为液压马达的排量 $(\mathrm{m^3})$; θ_m 为液压马达的转角 (rad); V_0 为一个腔室的总容积 (包括液压泵和液压马达的一个工作腔、一根连接管道及与此相连的非工作容积)$(\mathrm{m^3})$。

其增量方程的拉氏变换式为

$$q_p = C_{tm}p_1 + D_m s\theta_m + \frac{V_0}{\beta_e}sp_1 \tag{4.77}$$

式中, C_{tm} 为液压马达的总泄漏系数 $(\mathrm{m^3 \cdot s^{-1}/Pa})$, $C_{tm} = C_{im} + C_{em}$。

液压马达和负载的力矩平衡方程为

$$D_m(p_1 - p_r) = J_t \frac{\mathrm{d}^2\theta_m}{\mathrm{d}t^2} + B_m \frac{\mathrm{d}\theta_m}{\mathrm{d}t} + G\theta_m + T_L$$

式中, J_t 为液压马达和负载 (折算到液压马达轴上) 的总惯量 $(\mathrm{kg \cdot m^2})$; B_m 为黏性阻尼系数 $(\mathrm{N \cdot s/m})$; G 为负载扭簧刚度 $(\mathrm{N \cdot m/rad})$; T_L 为作用在液压马达轴上的任意外负载力矩 $(\mathrm{N \cdot m})$。

其增量方程的拉氏变换式为

$$D_m p_1 = J_t s^2 \theta_m + B_m s\theta_m + G\theta_m + T_L \tag{4.78}$$

4.4.2 传递函数

由基本方程式 (4.76)、式 (4.77)、式 (4.78) 消去中间变量 q_p、p_1 可得

$$\theta_m = \frac{\dfrac{K_{qp}}{D_m}\gamma - \dfrac{C_t}{D_m^2}\left(1 + \dfrac{V_0}{\beta_e C_t}s\right)T_L}{\dfrac{V_0 J_t}{\beta_e D_m^2}s^3 + \left(\dfrac{C_t J_t}{D_m^2} + \dfrac{B_m V_0}{\beta_e D_m^2}\right)s^2 + \left(1 + \dfrac{C_t B_m}{D_m^2} + \dfrac{G V_0}{\beta_e D_m^2}\right)s + \dfrac{G C_t}{D_m^2}} \tag{4.79}$$

式中, C_t 为总的泄漏系数 $(\mathrm{m^3 \cdot s^{-1}/Pa})$, $C_t = C_{tp} + C_{tm}$。

当 $C_t B_m / D_m^2 \ll 1$ 且无弹性负载时, 上式可简化成

$$\theta_m = \frac{\dfrac{K_{qp}}{D_m}\gamma - \dfrac{C_t}{D_m^2}\left(1 + \dfrac{V_0}{\beta_e C_t}s\right)T_L}{s\left(\dfrac{s^2}{\omega_h^2} + \dfrac{2\zeta_h}{\omega_h}s + 1\right)} \tag{4.80}$$

式中, ω_h 为液压固有频率 (rad/s), 即

$$\omega_h = \sqrt{\frac{\beta_e D_m^2}{V_0 J_t}} \tag{4.81}$$

ζ_h 为液压阻尼比, 即

$$\zeta_h = \frac{C_t}{2D_m}\sqrt{\frac{\beta_e J_t}{V_0}} + \frac{B_m}{2D_m}\sqrt{\frac{V_0}{\beta_e J_t}} \tag{4.82}$$

液压马达轴转角对变量泵摆角的传递函数为

$$\frac{\theta_m}{\gamma} = \frac{\dfrac{K_{qp}}{D_m}}{s\left(\dfrac{s^2}{\omega_h^2} + \dfrac{2\zeta_h}{\omega_h}s + 1\right)} \tag{4.83}$$

液压马达轴转角对任意外负载力矩的传递函数为

$$\frac{\theta_m}{T_L} = \frac{-\dfrac{C_t}{D_m^2}\left(1 + \dfrac{V_0}{\beta_e C_t}s\right)}{s\left(\dfrac{s^2}{\omega_h^2} + \dfrac{2\zeta_h}{\omega_h}s + 1\right)} \tag{4.84}$$

4.4.3 泵控液压马达与阀控液压马达的比较

将式 (4.80) 与式 (4.55) 进行比较, 可以看出这两个方程的形式是一样的, 因此这两种动力元件的动态特性没有什么根本的差别, 但相应参数的数值及变化范围却有很大的不同。

(1) 泵控液压马达的液压固有频率较低。在一根管道的压力等于常数时, 因为只有一个控制管道压力发生变化, 所以液压弹簧刚度为阀控液压马达的一半, 液压固有频率是阀控液压马达的 $1/\sqrt{2}$。另外, 液压泵的工作腔容积较大, 这使液压固有频率进一步降低。

(2) 泵控液压马达的阻尼比较小, 但较恒定。泵控液压马达的总泄漏系数 C_t 比阀控液压马达的总流量 – 压力系数 K_{ce} 小, 因此阻尼比小于阀控液压马达的阻尼比。泵控液压马达几乎总是欠阻尼的, 为达到满意的阻尼比往往有意地设置旁路泄漏通道或内部压力反馈回路。泵控液压马达的总泄漏系数基本上是恒定的, 因此阻尼比也比较恒定。

(3) 泵控液压马达的增益 K_{qp}/C_t 和静态速度刚度 D_m^2/C_t 比较恒定。

(4) 由式 (4.84) 所确定的动态柔度或由其倒数所确定的动态刚度特性, 由于泵控液压马达的液压固有频率和阻尼比较低, 所以动态刚度不如阀控液压马达好。但由于 C_t 较小, 故静态速度刚度是很好的。

　　总之, 泵控液压马达是相当线性的元件, 其增益和阻尼比都是比较恒定的, 固有频率的变化与阀控液压马达相似。所以泵控液压马达的动态特性比阀控液压马达更加可以预测, 计算出的性能和实测的性能比较接近, 而且受工作点变化的影响也较小。但是, 由于液压固有频率较低, 还要附加一个变量控制伺服机构, 因此总的响应特性不如阀控液压马达好。

第 5 章　液压伺服系统

5.1　机液伺服系统

由机械反馈装置和液压动力元件所组成的反馈控制系统称为机械液压伺服系统。机液伺服系统主要用来进行位置控制,也可以用来控制其他物理量,如原动机的转速等。机液伺服系统结构简单、工作可靠、容易维护,因而广泛地应用于飞机舵面操纵系统、车辆转向助力装置和仿形机床中。

机液位置伺服系统的原理图如图 5.1 所示。系统的动力元件由四边滑阀和液压缸组成,反馈是利用杠杆来实现的。这是飞机上液压助力器的典型结构。

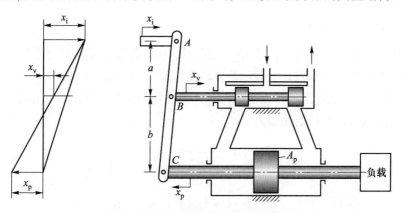

图 5.1　机液位置伺服系统原理图

5.1.1　系统方框图

由图 5.1 可见,输入位移 x_i 和输出位移 x_p 如通过差动杆 AC 进行比较,在 B 点输出偏差信号 (阀芯位移)x_v。在差动杆运动较小时,阀芯位移 x_v 可由下式给出:

$$x_v = \frac{b}{a+b}x_i - \frac{a}{a+b}x_p = K_i x_i - K_f x_p \tag{5.1}$$

式中, K_i 为输入放大系数, $K_i = \dfrac{b}{a+b}$; K_f 为反馈放大系数, $K_f = \dfrac{a}{a+b}$。

假定没有弹性负载, 液压缸活塞输出位移为

$$X_p = \frac{\dfrac{K_q}{A_p}X_v - \dfrac{K_{ce}}{A_p^2}\left(1 + \dfrac{V_t}{4\beta_e K_{ce}}s\right)F_L}{s\left(\dfrac{s^2}{\omega_h^2} + \dfrac{2\zeta_h}{\omega_h}s + 1\right)} \tag{5.2}$$

由式 (5.1) 和式 (5.2) 可画出系统的方框图, 如图 5.2 所示。

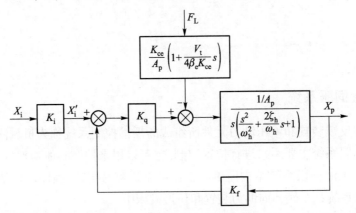

图 5.2　机液位置伺服系统方框图

5.1.2　系统稳定性分析

稳定性是控制系统正常工作的必要条件, 因此它是系统最重要的特性。液压伺服系统的动态分析和设计一般都是以稳定性要求为中心进行的。

令 $G(s)$ 为前向通道的传递函数, $H(s)$ 为反馈通道的传递函数。由图 5.2 所示方框图可得系统开环传递函数为

$$G(s)H(s) = \frac{K_v}{s\left(\dfrac{s^2}{\omega_h^2} + \dfrac{2\zeta_h}{\omega_h}s + 1\right)} \tag{5.3}$$

式中, K_v 为开环放大系数 (也称速度放大系数), $K_v = K_q K_f / A_p$。

式 (5.3) 中含有一个积分环节, 因此系统是 I 型系统。

由式 (5.3) 可画出开环系统伯德图, 如图 5.3 所示。在 $\omega < \omega_h$ 时, 低频渐近线是一条斜率为 -20 dB/dec 的直线; 在 $\omega > \omega_h$ 时, 高频渐近线是一条斜率为 -60 dB/dec 的直线。两条渐近线交点处的频率为液压固有频率 ω_h, 在 ω_h 处的渐近频率特性的幅值为 $20\lg\dfrac{K_v}{\omega_h}$。由于阻尼比 ζ_h 较小, 在 ω_h 处出现一个谐振峰, 其幅值为 $20\lg\dfrac{K_v}{2\zeta_h\omega_h}$, ω_h 处的相角为 $-180°$。

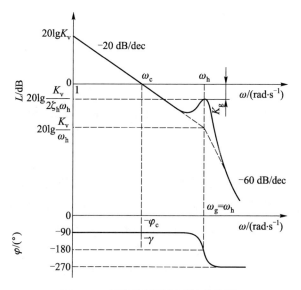

图 5.3 机液位置伺服系统伯德图

为了使系统稳定, 必须使相位裕量 γ 和增益裕量 $K_{\mathrm{g}}(\mathrm{dB})$ 均为正值。相位裕量是增益穿越频率 ω_{c} 处的相角 φ_{c} 与 $180°$ 之和, 即 $\gamma = 180° + \varphi_{\mathrm{c}}$。增益裕量是相位穿越频率 ω_{g} 处的增益的倒数, 即 $K_{\mathrm{g}} = 1/|G(j\omega_{\mathrm{g}})H(j\omega_{\mathrm{g}})|$, 以 dB 表示时, $K_{\mathrm{g}}(dB) = 20\lg K_{\mathrm{g}} = -20\lg|G(j\omega_{\mathrm{g}})H(j\omega_{\mathrm{g}})|$。因为越穿频率 ω_{c} 处的斜率为 -20 dB/dec, 所以相位裕量为正值, 因此只要使增益裕量为正值系统就可以稳定了。由于 $\omega_{\mathrm{g}} = \omega_{\mathrm{h}}$, 所以有

$$-20\lg|G(j\omega_{\mathrm{h}})H(j\omega_{\mathrm{h}})| = -20\lg\frac{K_{\mathrm{v}}}{2\zeta_{\mathrm{h}}\omega_{\mathrm{h}}} > 0$$

由此得系统稳定条件为

$$\frac{K_{\mathrm{v}}}{2\zeta_{\mathrm{h}}\omega_{\mathrm{h}}} < 1 \tag{5.4}$$

这个结果也可以由劳斯判据直接得出。闭环系统的特征方程为

$$G(s)H(s) + 1 = 0$$

将式 (5.3) 代入, 则得

$$\frac{s^3}{\omega_{\mathrm{h}}^2} + \frac{2\zeta_{\mathrm{h}}}{\omega_{\mathrm{h}}}s^2 + s + K_{\mathrm{v}} = 0$$

应用劳斯判据得系统稳定条件为

$$\frac{K_{\mathrm{v}}}{\omega_{\mathrm{h}}} < 2\zeta_{\mathrm{h}} \text{或} K_{\mathrm{v}} < 2\zeta_{\mathrm{h}}\omega_{\mathrm{h}} \tag{5.5}$$

上式表明, 为了使系统稳定, 速度放大系数 K_{v} 受液压固有频率 ω_{h} 和阻尼比 ζ_{h} 的限制。阻尼比 ζ_{h} 通常为 0.1~0.2, 因此速度放大系数 K_{v} 被限制在液压固有频率

ω_{h} 的 $(20\sim40)\%$ 的范围内, 即

$$K_{\mathrm{v}} < (0.2 \sim 0.4)\omega_{\mathrm{h}} \tag{5.6}$$

在设计液压位置控制系统时, 可以把它作为一个经验法则。

由图 5.3 所示的伯德图可以看出, 穿越频率近似等于开环放大系数, 即

$$\omega_{\mathrm{c}} \approx K_{\mathrm{v}} \tag{5.7}$$

实际上 ω_{c} 稍大于 K_{v}, 而系统的频宽又稍大于 ω_{c}。所以开环放大系数越大, 系统的响应速度越快, 系统的控制精度也越高。要提高系统的响应速度和精度, 就要提高开环放大系数, 但要受稳定性限制。通常液压伺服系统是欠阻尼的, 由于阻尼比小限制了系统的性能, 所以提高阻尼比对改善系统性能来说是十分关键的。在机液伺服系统中, 增益的调整是很困难的。因此在系统设计时, 开环放大系数的确定是很重要的。

5.1.3 机液伺服系统举例

液压仿形刀架是机液位置控制系统的典型应用实例, 其工作原理图如图 5.4。

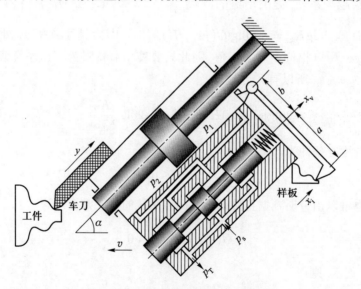

图 5.4 液压仿形刀架工作原理图

5.1.3.1 液压仿形刀架的结构及其工作原理

如图 5.4 所示, 液压仿形刀架由滑阀、液压缸、反馈机构组成, 图中液压缸活塞杆固定, 缸体运动, 缸体与阀套刚性连接, 触头与模板接触。设触头处输入位移为 x_{i}, 通过杠杆带动阀芯位移为 x_{v}, 阀套相对阀芯形成节流口, 输出流量, 控制液压缸运动速度与运动方向。液压缸缸体带动车刀运动, 同时也带动阀套运动, 使阀

节流口逐渐减小, 直至阀套与阀芯恢复到原来的相对初始位置上, 实现刀架完全跟随触头的运动而运动。

该系统的输入量是触头的位移 x_i, 输出量 (即被控制量) 是液压缸缸体的位移 y, 伺服阀在该系统中起到了比较、放大和控制作用。液压缸是系统的执行元件, 反馈、检测由杠杆完成。该系统的工作原理可用图 5.5 职能方框图描述。

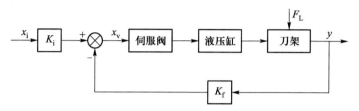

图 5.5 液压仿形刀架职能方框图

5.1.3.2 液压仿形刀架的数学模型

假定仿形刀架受黏性负载 B 和外负载力 F_L 的作用, 则根据牛顿定律可得液压缸上的力平衡方程为

$$A_p p_L = m\frac{d^2 y}{dt^2} + B\frac{dy}{dt} + K_s y + F_L$$

式中, A_p 为液压缸有效面积 (m^2); p_L 为负载压力 (N), $p_L = p_1 - p_2$;m 为运动部分折算到液压缸输出轴上的总质量 (kg); B 为黏性阻尼系数 $[N/(m \cdot s^{-1})]$; K_s 为弹簧刚度 (N/m); F_L 为外负载力 (N); y 为液压缸缸体位移 (m) 。

经拉普拉斯变换得

$$A_p p_L = ms^2 Y + BsY + K_s Y + F_L \tag{5.8}$$

式 (5.8) 表明, 液压缸输出力用来平衡惯性力、黏性力、弹性力及切削负载力。

根据连续性方程, 液压缸左腔的流量连续方程为

$$C_{i_p} p_L - C_{ep} p_2 - q_2 = \frac{dV_2}{dt} + \frac{V_2}{\beta_e}\frac{dp_2}{dt} \tag{5.9}$$

液压缸右腔的流量连续方程为

$$-C_{ip} p_L - C_{ep} p_1 + q_1 = \frac{dV_1}{dt} + \frac{V_1}{\beta_e}\frac{dp_1}{dt} \tag{5.10}$$

式中, C_{ip} 为液压缸内泄漏系数 $[(m^3 \cdot s^{-1})/Pa]$; C_{ep} 为液压缸外泄漏系数 $[(m^3 \cdot s^{-1})/Pa]$; V_1、V_2 为液压缸右、左腔有效容积 (m^3); p_1、p_2 为液压缸右、左腔压力 (N); q_1 为流入液压缸右腔的流量 (m^3/s); q_2 为流出液压缸左腔的流量 (m^3/s) 。

由于

$$q_L = \frac{q_1 + q_2}{2}$$

式 (5.9)、式 (5.10) 相减整理后得

$$q_{\mathrm{L}} = A_{\mathrm{p}}\frac{\mathrm{d}y}{\mathrm{d}t} + C_{\mathrm{tp}}p_{\mathrm{L}} + \frac{V_{\mathrm{t}}}{4\beta_{\mathrm{e}}}\frac{\mathrm{d}p_{\mathrm{L}}}{\mathrm{d}t}$$

式中, $V_{\mathrm{t}} = V_1 + V_2$ 为液压缸总有效容积。

拉普拉斯变换得

$$q_{\mathrm{L}} = A_{\mathrm{p}}sY + C_{\mathrm{tp}}p_{\mathrm{L}} + \frac{V_{\mathrm{t}}}{4\beta_{\mathrm{e}}}sp_{\mathrm{L}} \tag{5.11}$$

伺服阀的流量线性化方程为

$$q_{\mathrm{L}} = K_{\mathrm{q}}x_{\mathrm{v}} - K_{\mathrm{c}}p_{\mathrm{L}} \tag{5.12}$$

式中, $K_{\mathrm{q}} = C_{\mathrm{d}}W\sqrt{\dfrac{p_{\mathrm{s}}}{\rho}}$; $K_{\mathrm{c}} \approx \dfrac{\pi W C_{\mathrm{r}}^2}{32\mu}$, C_{r} 为伺服阀阀芯与阀套间的径向间隙 (m); C_{tp} 为液压缸总泄漏系数 (m³·s⁻¹/Pa)。

根据图 5.4 杠杆的几何关系, 可以求得伺服阀的位移为

$$x_{\mathrm{v}} = \frac{b}{a+b}x_{\mathrm{i}} - \frac{a}{a+b}y = K_{\mathrm{i}}x_{\mathrm{i}} - K_{\mathrm{f}}y \tag{5.13}$$

则根据式 (5.8)、式 (5.11)、式 (5.12) 和式 (5.13) 可作出仿形刀架位置控制系统方框图如图 5.6 所示。

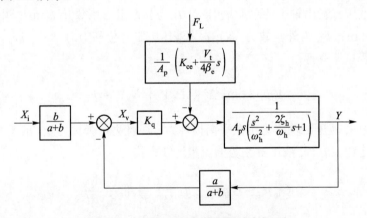

图 5.6　仿形刀架位置控制系统方框图

5.1.3.3　液压仿形刀架位置控制系统的动态特性分析举例

设仿形刀架位置控制系统结构原理如图 5.4 所示, 具体参数如下: 油源压力 $p_{\mathrm{s}} = 20 \times 10^5$ Pa, 刀架等效黏性系数 $B_{\mathrm{L}} = 0.06$ N/(m·s⁻¹), 切削负载力 $F_{\mathrm{L}} = 3\,850$ N, 刀架等效弹簧刚度 $K_{\mathrm{s}} = 4 \times 10^7$ N/m, 杠杆参数 $a = b$, 液压缸有效面积 $A_{\mathrm{p}} = 38.5 \times 10^{-4}$ m², 液压油密度 $\rho = 0.86 \times 10^3$ kg/m³, 液压缸总泄漏系数 $C_{\mathrm{tp}} = 3 \times 10^{-15}$ m³·s⁻¹/Pa, 液压油动力黏度 $\mu = 1.4 \times 10^{-2}$ Pa·s, 活塞最大行程 $y_{\max} = 0.11$ m, 油液弹性模量 $\beta_{\mathrm{e}} = 7 \times 10^8$ Pa, 伺服阀面积的梯度 W $= 9.4 \times 10^{-2}$ m,

刀架运动速度 $v=0.002$ m/s, 伺服阀流量系数 $C_d=0.6$, 液压缸缸筒等效质量 $m_c=$ 17 kg, 刀架等效质量 $m_L =3$ kg, 伺服阀阀芯与阀套间的径向间隙 $r =5\times10^{-6}$ m 。 试分析其时域响应特性。

解: 滑阀的流量方程为

$$q_L = K_q X_v - K_c p_L$$

液压缸流量连续性方程为

$$q_L = A_p s X_c + C_{tp} p_L + \frac{V_t}{4\beta_e} s p_L$$

液压缸缸筒的力平衡方程为

$$p_L A_p = m_c s^2 X_c + K_s(X_c - X_L)$$

刀架的力平衡方程为

$$K_s(X_c - X_L) = m_L s^2 X_L + B_L s X_L + F_L$$

由此可得

$$p_L = \frac{1}{A_p}(m_c s^2 X_c + m_L s^2 X_L + B_L s X_L + F_L)$$

$$X_c = \left(\frac{m_L}{K_s}s^2 + \frac{B_L}{K_s}s + 1\right)X_L + \frac{F_L}{K_s}$$

$$\frac{K_q}{A_p}X_v = \left[s\left(\frac{V_t m_c}{4\beta_e A_p^2}s^2 + \frac{K_{ce} m_c}{A_p^2}s+1\right) + \frac{s\left(\frac{V_t m_L}{4\beta_e A_p^2}s^2 + \frac{V_t B_L}{4\beta_e A_p^2}s + \frac{K_{ce} m_L}{A_p^2}s + \frac{K_{ce} B_L}{A_p^2}\right)}{\frac{m_L}{K_s}s^2 + \frac{B_L}{K_s}s + 1}\right]X_c +$$

$$\left[\frac{V_t}{4\beta_e A_p^2}s + \frac{K_{ce}}{A_p^2} - \frac{s\left(\frac{V_t m_L}{4\beta_e A_p^2}s^2 + \frac{V_t B_L}{4\beta_e A_p^2}s + \frac{K_{ce} m_L}{A_p^2}s + \frac{K_{ce} B_L}{A_p^2}\right)}{K_s\left(\frac{m_L}{K_s}s^2 + \frac{B_L}{K_s}s + 1\right)}\right]F_L$$

故综上可知, 液压缸缸筒位移 X_c 对阀芯位移 X_v 的开环传递函数为

$$\frac{X_c}{X_v} = \cfrac{\cfrac{K_q}{A_p}}{s\left(\cfrac{V_t m_c}{4\beta_e A_p^2}s^2 + \cfrac{K_{ce} m_c}{A_p^2}s+1\right) + \cfrac{s\left(\cfrac{V_t m_L}{4\beta_e A_p^2}s^2 + \cfrac{V_t B_L}{4\beta_e A_p^2}s + \cfrac{K_{ce} m_L}{A_p^2}s + \cfrac{K_{ce} B_L}{A_p^2}\right)}{\cfrac{m_L}{K_s}s^2 + \cfrac{B_L}{K_s}s + 1}}$$

$$(5.14)$$

刀架位移 X_L 对液压缸缸筒位移 X_c 的开环传递函数为

$$\frac{X_\mathrm{L}}{X_\mathrm{c}} = \frac{1}{\dfrac{m_\mathrm{L}}{K_\mathrm{s}}s^2 + \dfrac{B_\mathrm{L}}{K_\mathrm{s}}s + 1} \tag{5.15}$$

考虑到伺服阀工作在零位附近, 由给定参数可分别求得:

总压缩容积

$$V_\mathrm{t} = A_\mathrm{p} \cdot y_{\max} = 38.5 \times 10^{-4} \times 0.11 \ \mathrm{m}^3 = 4.24 \times 10^{-4} \ \mathrm{m}^3$$

流量增益

$$K_\mathrm{q} = C_\mathrm{d}W\sqrt{\frac{p_\mathrm{s}}{\rho}} = 2.72 \ \mathrm{m}^2/\mathrm{s}$$

流量 – 压力系数

$$K_\mathrm{c} = \frac{\pi W r^2}{32\mu} = 1.65 \times 10^{-11} \ (\mathrm{m}^3 \cdot \mathrm{s}^{-1})/\mathrm{Pa}$$

总流量 – 压力系数

$$K_\mathrm{ce} = K_\mathrm{c} + C_\mathrm{tp} = 1.65 \times 10^{-11} + 3 \times 10^{-15} \ (\mathrm{m}^3 \cdot \mathrm{s}^{-1})/\mathrm{Pa} = 1.65 \times 10^{-11} (\mathrm{m}^3 \cdot \mathrm{s}^{-1})/\mathrm{Pa}$$

输入、反馈放大系数

$$K_\mathrm{i} = \frac{b}{a+b} = K_\mathrm{f} = \frac{a}{a+b} = 0.5$$

由此可得考虑结构柔度的仿形刀架位置控制系统方框图如 5.7 所示。

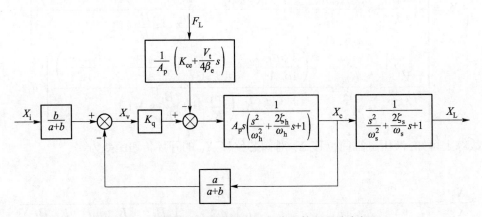

图 5.7 考虑结构柔度的仿形刀架位置控制系统方框图

将上述计算结果代入图 5.7 中, 并在 MATLAB 软件中对系统建立仿真模型, 如图 5.8 所示。

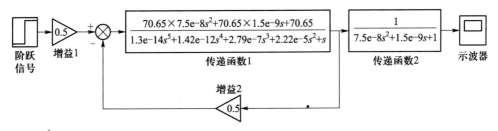

图 **5.8** 仿形刀架位置控制系统 **SIMULINK** 仿真模型

其仿真结果见图 5.9, 输入一个阶跃信号 1 mm 位移后, 系统输出为 1 mm, 上升 90% 时间约为 0.065 s, 0.14 s 后达到稳定状态。

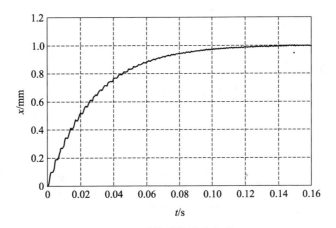

图 **5.9** 阶跃信号响应图

由图 5.10 所示, 由开环传递函数伯德图可知, 系统幅值稳定裕度为 3.74 dB, 相位稳定裕度为 90°, 由此可判定闭环系统为稳定系统。

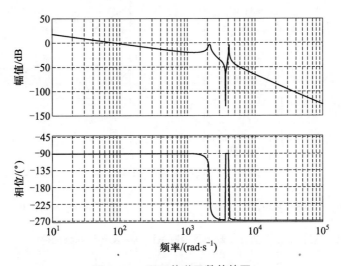

图 **5.10** 开环传递函数伯德图

5.2 电液伺服系统

电液伺服系统综合了电气和液压两方面的特长, 具有控制精度高、响应速度快、输出功率大、信号处理灵活、易于实现各种参量的反馈等优点。因此, 在相关领域中获得了广泛的应用, 尤其适用于负载质量大又要求响应速度快的场合。

电液伺服系统的分类方法很多, 可以从不同角度分类, 如位置控制、速度控制、力控制等; 阀控系统、泵控系统; 大功率系统、小功率系统; 开环控制系统、闭环控制系统等。根据输入信号的形式不同, 又可分为模拟伺服系统和数字伺服系统两类。下面分别研究位置控制、速度控制和力控制电液伺服系统。

5.2.1 电液位置伺服系统

根据负载不同, 位置伺服控制系统可分为惯性负载位置伺服系统和惯性及弹性负载位置伺服系统。

5.2.1.1 惯性负载位置伺服控制系统框图、开环幅频伯德图及开环传递函数

惯性负载位置控制系统方框图及开环幅频伯德图如图 5.11 所示。

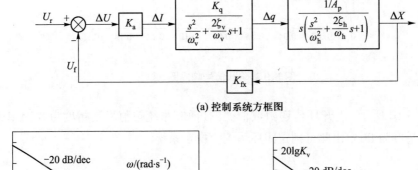

(a) 控制系统方框图

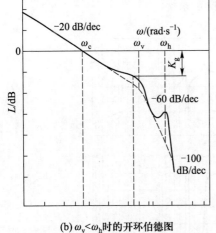

(b) $\omega_v < \omega_h$ 时的开环伯德图

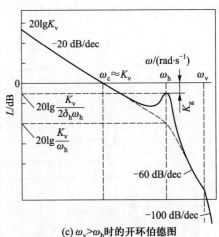

(c) $\omega_v > \omega_h$ 时的开环伯德图

图 5.11 惯性负载位置控制系统框图及开环幅频伯德图

开环传递函数为

$$G(s) = \frac{K_a K_q K_{fx}/A_p}{s\left(\dfrac{s^2}{\omega_v^2} + \dfrac{2\zeta_v s}{\omega_v} + 1\right)\left(\dfrac{s^2}{\omega_h^2} + \dfrac{2\zeta_v s}{\omega_h} + 1\right)}$$

$$= \frac{K_v}{s\left(\dfrac{s^2}{\omega_v^2} + \dfrac{2\zeta_v s}{\omega_v} + 1\right)\left(\dfrac{s^2}{\omega_h^2} + \dfrac{2\zeta_v s}{\omega_h} + 1\right)} \qquad (5.16)$$

$$K_v = \frac{K_a K_q K_{fx}}{A_p}$$

式中, K_v 为系统的开环增益; K_a 为控制放大器增益; K_{fx} 为位移反馈系数。

该系统特点如下:

(1) I 型系统: 该系统为 I 型系统, 在阶跃输入时, 稳态误差为 0 。

(2) 相位裕量足够: 液压缸的阻尼比 ζ 很小, 故相位裕量足够, 一般为 $\gamma = 70° \sim 80°$ 。所以在电液控制系统中受稳定条件约束的主要是幅频特性。

5.2.1.2 惯性及弹性负载位置控制系统框图、开环幅频伯德图及开环传递函数

惯性及弹性负载位置控制系统框图及开环幅频伯德图如图 5.12 所示。

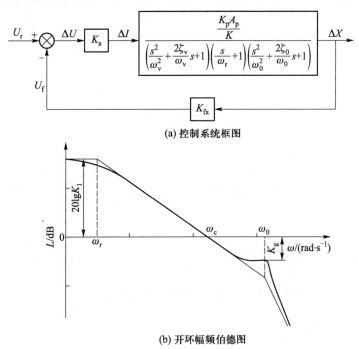

(a) 控制系统框图

(b) 开环幅频伯德图

图 **5.12** 惯性及弹性负载位置控制系统框图及开环幅频伯德图

开环传递函数为

$$G(s) = \frac{K_a K_p K_{fx} A_p/K}{\left(\dfrac{s}{\omega_r} + 1\right)\left(\dfrac{s^2}{\omega_v^2} + \dfrac{2\zeta_v s}{\omega_v} + 1\right)\left(\dfrac{s^2}{\omega_0^2} + \dfrac{2\zeta_0 s}{\omega_0} + 1\right)} \qquad (5.17)$$

系统的开环增益为

$$K_v = \frac{K_a K_p K_{fx} A_p}{K}$$

式中, K_p 为电液控制阀的压力增益, 一般为 $\dfrac{30\% \sim 80\% p_s}{1\% I_n}$。

该系统特性如下:

(1) 0 型系统: 弹性负载位置控制系统是有差系统, 即 0 型系统。由一个比例环节、一个惯性环节和两个二阶环节所组成。

(2) 需进行 PI 或 PID 校正。

(3) 负载刚度 K 决定系统的性能: 当 K 值增加时, 将使穿越频率 ω_c 与 ω_0 的距离变大, 稳定性变好, 频宽较低 (调整增益后, 可使频宽增加)。

5.2.2 电液速度控制系统

电液速度控制系统的负载一般为惯性负载, 阀控液压缸 (或液压马达) 的框图、开环幅频伯德图及开环传递函数见图 5.13。

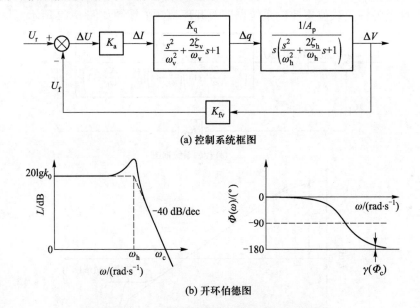

(a) 控制系统框图

(b) 开环伯德图

图 5.13 速度控制系统框图及开环伯德图

开环传递函数为

$$G(s) = \frac{K_a K_q K_{fv}/A_p}{\left(\dfrac{s^2}{\omega_v^2} + \dfrac{2\zeta_v s}{\omega_v} + 1\right)\left(\dfrac{s^2}{\omega_h^2} + \dfrac{2\zeta_h s}{\omega_h} + 1\right)} \tag{5.18}$$

系统的开环增益为

$$K_v = \frac{K_a K_q K_{fv}}{A_p}$$

式中, K_{fv} 为速度传感器反馈系数。

系统特性如下:

(1) 0 型系统: 速度控制系统是 0 型系统。系统不仅是有差系统, 而且相位裕量很小。

(2) 必须进行校正: 速度控制系统必须校正才能稳定。

5.2.3 电液力控制系统

电液力控制系统的系统原理图如图 5.14 所示。控制系统框图、开环幅频伯德图如图 5.15 所示。

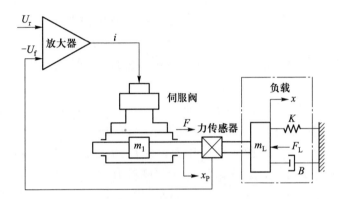

图 5.14 力控制系统原理图

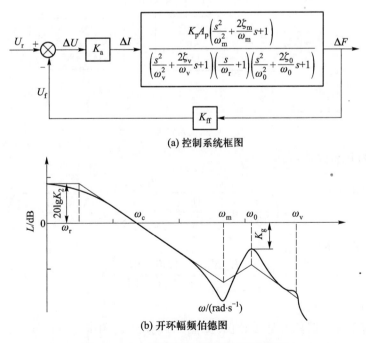

(a) 控制系统框图

(b) 开环幅频伯德图

图 5.15 力控制系统框图及开环伯德图

开环传递函数为

$$G(s) = \cfrac{K_a K_{ff} K_p A_p \left(\cfrac{s^2}{\omega_m^2} + \cfrac{2\zeta_m s}{\omega_m} + 1 \right)}{\left(\cfrac{s^2}{\omega_v^2} + \cfrac{2\zeta_v s}{\omega_v} + 1 \right) \left(\cfrac{s}{\omega_r} + 1 \right) \left(\cfrac{s^2}{\omega_0^2} + \cfrac{2\zeta_0 s}{\omega_0} + 1 \right)} \quad (5.19)$$

系统的开环增益为

$$K_v = K_a K_{ff} K_p A_p$$

式中, K_{ff} 为力传感器反馈系数。

系统特点如下:

(1) 0 型系统。

(2) 系统有极点, 也有零点, 稳定性差: 零点所形成的"谷"位于极点所形成的"峰"的左面, 这种力控制系统比弹性负载位置控制系统多了一对零点, 使极点的峰值更容易穿越 0 dB 线, 因此在同样参数时, 它的稳定性比弹性负载位置控制系统要差, 必须进行校正。

(3) 这种系统当负载刚度 K 较大时 ω_r、ω_c、ω_m 都较大, 稳定性比较好。

例 1: 图 5.16 所示为电液位置伺服系统方框图。已知: 液压缸有效面积 $A_P = 168 \times 10^{-4}$ m^2, 系统总流量 – 压力系数 $K_{ce} = 1.2 \times 10^{-11}$ (m$^3 \cdot$ s^{-1})/Pa, 最大工作速度 $v_{max} = 2.2 \times 10^{-2}$ m/s, 最大静摩擦力 $F_{f\,max} = 1.75 \times 10^4$ N, 伺服阀零漂和死区电流总计为 15 mA 。取增益裕量为 6 dB, 试确定放大器增益、穿越频率和相位裕量并求系统的跟随误差和静态误差。

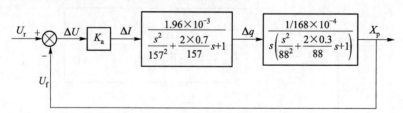

图 **5.16**　电液位置伺服系统方框图

系统的开环传递函数为

$$G(s)H(s) = \cfrac{K_v}{s \left(\cfrac{s^2}{157^2} + \cfrac{2 \times 0.7}{157}s + 1 \right) \left(\cfrac{s^2}{88^2} + \cfrac{2 \times 0.3}{88}s + 1 \right)}$$

式中, 开环放大系数

$$K_v = \frac{K_a K_{sv}}{A_p} = \frac{1.96 \times 10^{-3}}{168 \times 10^{-4}} K_a$$

放大器增益 K_a 待定。

绘制 $K_v = 1$ 时的开环伯德图, 如图 5.17 所示。图中相位曲线 1、2、3 分别是积分环节、伺服阀和阀控液压缸的相位曲线, 其代数和为总相位曲线 4。由图可查得系统的增益裕量为 6 dB, 穿越频率 $\omega_c = 26.7$ rad/s, 对应的相位裕量为 $\gamma = 78.7°$, 系统的开环放大系数 $K_v = 24.7$。

伺服放大器增益为

$$K_a = \frac{K_v}{1.96 \times 10^{-3} \times 59.5} = 211.8 \text{ A/m}$$

系统的跟随误差为

$$e_r(\infty) = \frac{v_{\max}}{K_v} = \frac{2.2 \times 10^{-2}}{24.7} \text{ m} = 0.89 \times 10^{-3} \text{ m}$$

静摩擦力引起的死区电流为

$$\Delta I_{D1} = \frac{K_{ce}}{K_{sv}} F_{f\max} = \frac{1.2 \times 10^{-11}}{1.96 \times 10^{-3} \times 168 \times 10^{-4}} \text{ A} = 6.38 \times 10^{-3} \text{ A}$$

零漂和死区引起的总静态误差为

$$\Delta x_p = \frac{\sum \Delta I}{K_a} = \frac{(15 + 6.38) \times 10^{-3}}{211.8} \text{ m} = 0.1 \times 10^{-3} \text{ m}$$

系统的总误差为跟随误差和总静态误差之和, 即

$$(0.89 + 0.1) \times 10^{-3} \text{ m} = 0.99 \times 10^{-3} \text{ m}$$

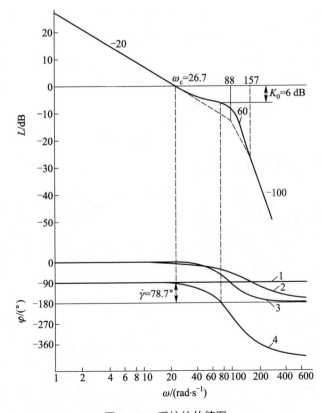

图 **5.17** 系统的伯德图

例 2: 设速度控制系统的原理图和方框图如图 5.18 所示。

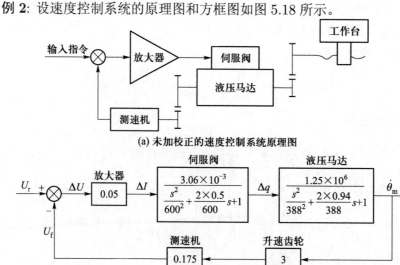

(a) 未加校正的速度控制系统原理图

(b) 未加校正的速度控制系统框图

图 **5.18** 一个未加校正的速度控制系统

该系统的开环增益为

$$K_v = 0.05 \times 3.06 \times 10^{-3} \times 1.25 \times 10^6 \times 3 \times 0.175 = 100$$

根据图 5.17 可画出系统的开环伯德图, 如图 5.19 所示。从图中可见, 系统稳定裕量为负, 是不稳定的。即使 K_v 值调到很低, 对数幅频特性曲线也是以 -80 dB/dec 或 -40 dB/dec 的斜率穿越零分贝线, 系统的相位裕量和幅值裕量都趋于负值, 使系统不稳定, 精度也随 K_v 的减小而降低。因此采用积分放大器代替原来的放大器。如图 5.20, 其传递函数为

$$G_c(s) = \frac{1}{Ts}$$

式中, T 为积分时间常数, $T = RC$ 。

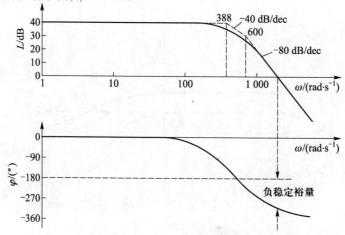

图 **5.19** 未加校正的速度控制系统开环伯德图

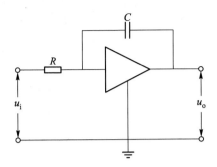

图 5.20　积分放大器

若 $T = 20$, 则

$$G_{\mathrm{c}}(s) = \frac{0.05}{s}$$

加校正后系统的方框图如图 5.21 所示, 系统的开环伯德图如图 5.22 所示。未校正时系统的穿越频率虽然达到 $\omega_{\mathrm{c}} = 1\,500$ rad/s, 但该频率下相位滞后已达 $310°$, 系统是不稳定的。而采用校正后, 穿越频率虽然降低到 $\omega_{\mathrm{c}} = 100$ rad/s, 但系统有 $70°$ 左右的稳定裕量。从图 5.22 中还可以看出, 当输入 $U_{\mathrm{r}} = 1$ V 时, 系统所对应的希望输出为

$$\dot{\theta}_{\mathrm{m}} = U_{\mathrm{r}} \frac{1}{K_{\mathrm{fv}}} = 1 \times \frac{1}{0.175 \times 3} \text{ rad/s} = 1.9 \text{ rad/s}$$

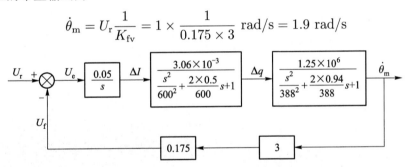

图 5.21　校正后速度控制系统的方框图

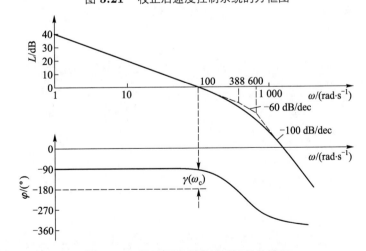

图 5.22　校正后速度控制系统的伯德图

第 6 章　典型液压伺服系统举例

6.1　液压缸速度控制系统

图 6.1 为采用电液伺服阀控制的液压缸速度闭环控制系统原理示意图。工作原理如下: 在某一稳定状态下, 液压缸速度由测速装置 (测速发电机 4、齿轮 5 和齿条 6) 测得并转换为电压。这一电压与给定电位计 3 输入的电压信号进行比较。其差值经积分放大器放大后, 以电流输入给电液伺服阀。电液伺服阀按输入电流的大小和方向自动地调节其开口量的大小和移动方向, 控制输出油液的流量大小和方向。对应所输入的电流, 电液伺服阀的开口量稳定地维持在相应大小, 伺服阀的输出流量一定, 液压缸速度保持为恒值。如果由于干扰的存在引起液压缸速度增大, 则测速装置的输出电压改变, 而使放大器输出电流减小, 电液伺服阀开口量相应减小, 使液压缸速度降低, 直到液压缸恢复原来的速度时, 调节过程结束。按照同样原理, 当输入给定信号电压连续变化时, 液压缸速度也随之连续地按同样规律变化, 即输出自动跟踪输入。

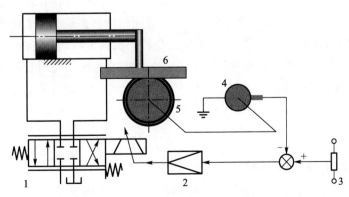

1. 电液伺服阀; 2. 放大器; 3. 给定电位计; 4. 测速发电机; 5. 齿轮; 6. 齿条

图 6.1　阀控液压缸闭环控制系统原理示意图

6.2 汽车转向助力装置

现在的汽车转向系统为了兼顾操纵省力和灵敏两方面的要求,采用了动力转向助力装置来操纵转向轮转向,从而使转向操纵更为灵活轻松。由于液压转向助力系统具有结构简单、动作可靠、工作寿命长等优点,因而得到广泛应用。

如图 6.2 所示,该转向助力装置是由发动机带动转向泵 5 向系统提供液压能,由安全阀 6 限制系统的最高工作压力。转向控制阀 1 是机液伺服阀,方向盘为输入装置,反馈杠杆带动螺纹副形成负反馈。

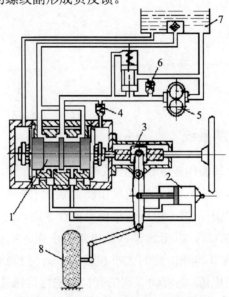

1. 转向控制阀; 2. 转向动力缸; 3. 机械转向器;
4. 单向阀; 5. 转向液压泵; 6. 安全阀; 7. 转向油箱; 8. 车轮

图 6.2 汽车转向助力装置示意图

当驾驶员转动方向盘时,通过机械转向器 3 使转向控制阀 1 的阀芯产生轴向移动。从而改变转向控制阀 1 的阀芯与阀套间的相对位置,转向控制阀输出相应的液压油驱动转向动力缸 2 移动,转向动力缸驱动车轮转向机构转向的同时,通过与活塞杆相连的反馈杠杆带动机械转向器 3,进而带动转向控制阀 1 的阀芯向与方向盘驱动方向相反的方向移动,该反馈位移与转向机构偏转的角度成比例,当该反馈位移与方向盘输入的位移量相同时,转向控制阀 1 的阀芯与阀套恢复原配合关系,系统回到原始平衡状态。此时,车轮 8 转过的角度与驾驶员转动方向盘的操作相对应。

6.3 撒盐车电液伺服系统

撒盐车的作用是在路面宽度和行车速度变化的情况下,将盐均匀准确地播撒到路面上。如图 6.3 所示,通过螺旋输送器 5,将储盐箱里的盐送到撒盐转盘 6,在液压马达的驱动下完成撒盐工作。

输送器 5 与转盘 6, 由相应的液压马达驱动, 而液压马达的转速通过伺服系统加以控制。撒盐宽度与撒盐量的设定值, 可以在驾驶室里用旋转电位器 2、4 给定。控制系统根据各信号之间的关系, 并且参考撒盐车的行驶速度 (来自测速发电机), 给出控制信号驱动伺服阀动作。

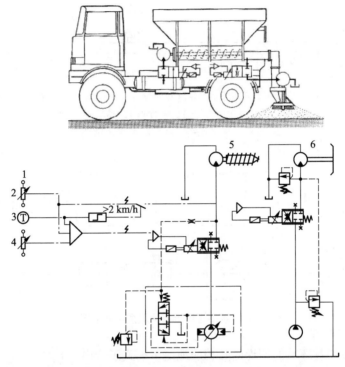

1. 设定值输入; 2. 撒播宽度设定; 3. 速度设定; 4. 撒播量设定电位器; 5. 螺旋输送器; 6. 撒盐转盘

图 6.3   撒盐车液压伺服控制系统示意图

6.4   水平连铸电液伺服系统

水平连铸钢拉坯装置的电液伺服系统属于速度伺服系统。

水平连铸钢拉坯电液速度伺服系统, 由电气控制装置和液压伺服驱动装置组成, 其系统示意图如图 6.4 所示。

电气控制部分的主要装置是 YC–1 型电液速度控制仪。其中有按拉坯工艺要求发出拉坯动作控制信号的速度指令设定器、功率放大回路、颤振回路和速度反馈回路等。

水平连铸电液伺服系统的方框图如图 6.5 所示。

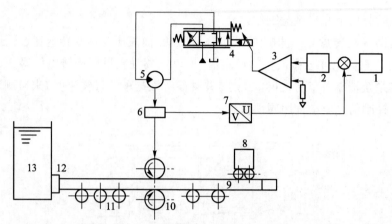

1. 速度指令设定器; 2. 校正装置; 3. 功率放大器; 4. 伺服阀; 5. 液压马达; 6. 减速机; 7. 速度传感器;
8. 切割小车; 9. 钢坯; 10. 拉辊; 11. 辅助轮; 12. 结晶器; 13. 钢水包

图 6.4   水平连铸电液伺服系统示意图

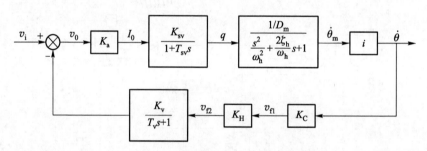

图 6.5   水平连铸电液伺服系统方框图

在方框图中各环节的传递函数相应地由下列式子给出：

伺服放大器的传递函数

$$\frac{I_0(s)}{V_0(s)} = K_{\mathrm{a}} \tag{6.1}$$

电液伺服阀的传递函数

$$\frac{q(s)}{I_0(s)} = \frac{K_{\mathrm{sv}}}{1 + T_{\mathrm{sv}}s} \tag{6.2}$$

液压马达的传递函数

$$\frac{\dot{\theta}_{\mathrm{m}}(s)}{q(s)} = \frac{\dfrac{1}{D_{\mathrm{m}}}}{\dfrac{s^2}{\omega_{\mathrm{h}}^2} + \dfrac{2\zeta}{\omega_{\mathrm{h}}}s + 1} \tag{6.3}$$

减速箱的传动比

$$\frac{\dot{\theta}(s)}{\dot{\theta}_{\mathrm{m}}(s)} = i \tag{6.4}$$

直流测速电动机的传递函数

$$\frac{V_{f1}(s)}{\dot{\theta}(s)} = K_c \tag{6.5}$$

衰减器的传递函数

$$\frac{V_{f2}}{V_f} = K_H \tag{6.6}$$

滤波器的传递函数

$$\frac{V_f(s)}{V_{f2}(s)} = \frac{K_v}{T_v s + 1} \tag{6.7}$$

系统开环传递函数为

$$G(s)H(s) = \frac{K}{(1 + T_{sv}s)\left(\dfrac{s^2}{\omega_h^2} + \dfrac{2\zeta}{\omega_h}s + 1\right)(T_v s + 1)} \tag{6.8}$$

式中, K 为系统开环增益, 即

$$K = K_a K_{sv} \frac{1}{D_m} \times i K_c K_H K_v \tag{6.9}$$

6.5 跑偏控制伺服系统

位置伺服系统是液压伺服系统中最为常见的应用, 如电弧炉炼钢电极的位置控制、 液压压下装置的位置伺服控制等。 下面简要介绍带材跑偏的位置伺服控制。

钢带卷取是通过卷取机将轧制的钢带卷到卷筒上。 由于受到钢带的张力、 厚度、 弯曲等因素的影响, 钢带会发生跑偏, 即轴向对不齐。 跑偏控制的目的是, 在钢带卷取过程中使钢带沿轴向对齐, 避免跑偏过大造成设备损坏或断带等事故, 实现钢带的自动卷齐, 其示意图如图 6.6 所示。

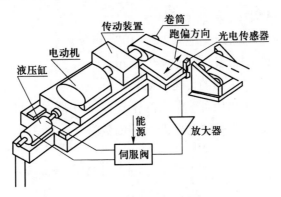

图 6.6　跑偏控制示意图

如图 6.7 所示, 系统由光电检测器、伺服放大器、电液伺服阀、液压缸、卷取机等组成, 其系统方框图如图 6.8 所示。系统的输入为钢带跑偏位移, 系统的输出为卷取机轴向跟踪位移, 光电检测器自动检测出钢带与卷取机沿轴向位移的偏差, 并将此位移偏差信号转化为电流信号输出, 此信号经放大器放大后作为电液伺服阀的差动电流, 使伺服液压缸拖动卷取机纠正跑偏, 从而实现钢带自动卷齐。

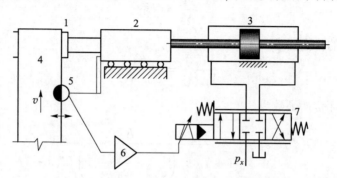

1. 卷筒; 2. 卷取机; 3. 液压缸; 4. 钢带; 5. 光电检测器; 6. 伺服放大器; 7. 电液伺服阀

图 6.7 跑偏控制系统工作原理图

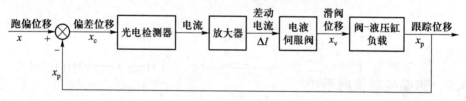

图 6.8 系统方框图

1. 系统的有关原始参数

(1) 机组最大卷取速度 $v = 5 \text{ m/s}$。

(2) 与活塞相连的运动部件质量 35 000 kg。

(3) 卷取误差 $R \leqslant \pm 2 \times 10^{-3} \text{ m}$。

(4) 钢带卷移动最大距离 $s = 0.15 \text{ m}$。

(5) 最大摩擦力 $F_f = 17\,500 \text{ N}$。

(6) 系统剪切频率 $\omega_c \geqslant 20 \text{ rad/s}$。

(7) 卷筒轴向最大速度 $v_{\max} = 2.2 \times 10^{-2} \text{ m/s}$。

(8) 卷筒轴向最大加速度 $a_{\max} = 0.47 \text{ m/s}^2$。

2. 光电检测器与放大器的传递函数

光电检测器和放大器均可看做比例环节, 它们串联在一起为一个比例环节, 输入为偏差位移 X_e, 输出为差动电流 I, 传递函数为

$$K_1 = \frac{I}{X_e} = 188.6 \text{ A/m} \tag{6.10}$$

3. 电液伺服阀的传递函数

电液伺服阀的输入为差动电流 I, 输出为滑阀位移 X_v, 相应的流量为 q。从而电液伺服阀以电流 I 为输入, 以流量 q 为输出的传递函数为

$$G_\mathrm{sv}(s) = \frac{q(s)}{I(s)} = \frac{K_\mathrm{sv}}{\dfrac{s^2}{\omega_\mathrm{sv}^2} + \dfrac{2\zeta_\mathrm{sv}}{\omega_\mathrm{sv}}s + 1} \tag{6.11}$$

式中, K_sv 为电液伺服阀的增益, $K_\mathrm{sv} = 1.96 \times 10^{-3}\ \mathrm{m^3/(s \cdot A)}$; ω_sv 为电液伺服阀的固有频率, $\omega_\mathrm{sv} = 157\ \mathrm{rad/s}$; ζ_sv 为电液伺服阀的阻尼比, $\zeta_\mathrm{sv} = 0.7$。

4. 液压缸的传递函数

输入为流量 q, 输出为位移 X_p, 传递函数为

$$G_\mathrm{p}(s) = \frac{X_\mathrm{p}(s)}{q(s)} = \frac{K_\mathrm{cyl}}{s\left(\dfrac{s^2}{\omega_\mathrm{h}^2} + \dfrac{2\zeta_\mathrm{h}}{\omega_\mathrm{h}}s + 1\right)} \tag{6.12}$$

式中, K_cyl 为液压缸的增益, $K_\mathrm{cyl} = 59.5\ \mathrm{m^{-2}}$; ω_h 为液压缸的固有频率, $\omega_\mathrm{h} = 88\ \mathrm{rad/s}$; ζ_h 为液压缸的阻尼比, $\zeta_\mathrm{h} = 0.3$。

5. 系统的方框图如图 6.9 所示

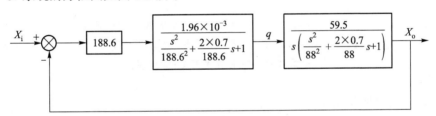

图 6.9　钢带卷取跑偏控制系统方框图

系统的开环传递函数为

$$G_\mathrm{K}(s) = K_1 G_\mathrm{sv}(s) G_\mathrm{p}(s) = \frac{188.6 \times 1.96 \times 10^{-3} \times 59.5}{s\left(\dfrac{s^2}{157^2} + \dfrac{2 \times 0.7}{157}s + 1\right)\left(\dfrac{s^2}{88^2} + \dfrac{2 \times 0.3}{88}s + 1\right)} \tag{6.13}$$

6.6　液压压下伺服系统

轧机液压压下系统是控制大型复杂、负载力很大、扰动因素多、扰动关系复杂、控制精度和响应速度要求很高的设备, 采用高精度仪表并由大中型工业控制计算机系统控制的电液伺服系统。

AGC 是厚度自动控制的简称。液压 AGC 是采用了液压执行元件 (压下缸) 的 AGC, 称为液压压下系统。AGC 是现代板带轧机的关键系统, 其功能是不管

板厚偏差的各种扰动因素如何变化, 都能自动调节压下缸的位置, 即轧机的工作辊间隙, 从而使出口板厚恒定, 保证产品的目标厚度、同板差、异板差达到性能指标要求。

1. 基本控制思想

影响板厚的各种因素集中表现在轧制力和辊缝上。图 6.10 为轧制示意及变形曲线图。

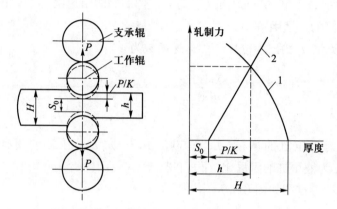

H —来料板厚; S_0 —空载辊缝; F_p —轧制力; K —轧机的刚度;
1. 轧机塑性变形抗力曲线; 2. 轧机弹性变形曲线

图 6.10 轧制示意及变形曲线图

轧机的弹跳方程为

$$h = S_0 + \frac{F_\mathrm{p}}{K} \tag{6.14}$$

式中, S_0 为空载辊缝 (m); F_p 为轧制压力 (N); K 为轧机的自然刚度 (N/m); h 为出口板厚 (m)。

影响轧制力的因素是: 来料厚度 H 的增加使 F_p 增大, 轧材机械性能的变化和连轧中带材张力波动都将使 F_p 发生变化。影响辊缝的因素是: 轧辊膨胀使 S_0 减小, 轧辊磨损使 S_0 增大, 轧辊偏心和油膜轴承的厚度变化会引起力传感器 5 (见图 6.11) 的周期变化。

在 AGC 系统中: h 为被控制量, 希望 h 恒定, 影响板厚变化的各种因素为扰动量, 扰动因素多且变化复杂。因此, AGC 系统的基本控制思想是: 位置闭环控制 + 扰动补偿控制。

2. 工作原理

轧制力及其波动值很大, 而轧机刚度有限, 在扰动量中, 以轧制力引起的轧机弹跳对出口板厚的影响最大。采用位置闭环控制 + 扰动补偿控制构成的液压 AGC, 称为力补偿 AGC。图 6.11 为 AGC 原理图。

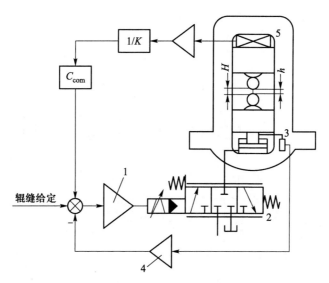

1. 伺服放大器; 2. 伺服阀; 3. 位移传感器; 4. 位移传感器二次仪表;5. 力传感器 (压头)

图 6.11　AGC 原理图

引入力补偿后, 出口板厚为

$$h = S_0 + \frac{\Delta p}{K} - C\frac{\Delta p}{K} = S_0 + \frac{\Delta p}{K}(1 - C_{\text{com}}) = S_0 + \frac{\Delta p}{K_{\text{m}}} \tag{6.15}$$

式中, $K_{\text{m}}=K/(1-C_{\text{com}})$ 为轧机的控制刚度, K_{m} 可以通过调整补偿系数 C_{com} 加以改变。

使 $C_{\text{com}} = 1$ 时, $K = \infty$, 意味着轧机控制刚度无穷大, 即弹跳变形完全得到补偿, 实现了恒辊缝轧制。由于力补偿为正反馈, 为使系统稳定, 应作成欠补偿, 即取 $C_{\text{com}}=0.8\sim 0.9$

使 $C_{\text{com}} = 0$ 时, $K_{\text{m}} = K$, 意味着力补偿未投入, 只有位置环节起作用, 轧机的弹跳变形量影响仍然存在。

3. 液压 AGC 的控制方式

AGC 仅对主要扰动——轧制力的变化及影响进行补偿, 为使板厚精度达到高标准 (例如, 冷轧薄板的同板差 ≤ ±0.003 mm, 热轧薄板的同板差 ≤ ±0.02 mm), 也需对其他扰动进行补偿, 完善的液压 AGC 系统如图 6.12 所示。

该 AGC 系统包括以下几部分:

(1) 液压APC: 即液压位置自动控制系统, 它是液压AGC的内环系统, 是一个高精度、高响应的电液位置闭环伺服系统, 决定着液压AGC 系统的基本性能。它的任务是接受液压 AGC 系统的指令, 进行压下缸的位置闭环控制, 使压下缸实时准确地定位在指令所要求的位置。也就是说, 液压APC是液压AGC的执行系统。

(2) 轧机弹跳补偿MSC: 其任务是检测轧制力, 补偿轧机弹跳造成的厚度偏差。 MSC 是液压 AGC 系统的主要补偿环节。

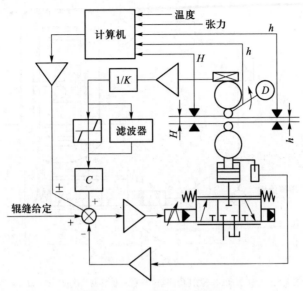

图 6.12　控制扰动示意图

(3) 热凸度补偿 TEC: 轧辊受热膨胀时, 实际辊缝减小, 轧制力增加, 轧件出口厚度减小; 此时如用弹跳方程式计算轧件出口厚度, 由于轧制力增大, 计算出的厚度反而变大了。如果不对此进行处理, AGC 就会减小辊缝, 使出口轧件厚度更薄, 即轧辊热膨胀的影响反而被轧机弹跳补偿放大了。TEC 的作用便是消除这种不良影响。进行 TEC 补偿时还要考虑轧辊磨损的影响。

(4) 油膜轴承厚度补偿 BEC: 大型轧机支承辊轴承一般采用能适应高速重载的油膜轴承。油膜厚度取决于轧制力和支承辊速度: 轧制力增加, 辊缝增加; 速度增加, 辊缝减小。通过检测轧制力和支撑辊速度可进行 BEC 补偿。

(5) 支承辊偏心补偿 ECC: 支承辊偏心将使辊缝和轧制压力发生周期性变化, 偏心使辊缝减小的同时, 将使轧制压力增大, 如果将偏心量引起的轧制压力进行补偿, 必将使辊缝进一步减小, 因为力补偿会使压下缸活塞朝着使辊缝减小的方向调节。为解决这一问题, 拟在力补偿系数 C 环节之前加一死区环节, 死区值等于或略大于最大偏心量, 为了让小于死区值的其他缓变信号能够通过, 死区环节旁并联一个时间常数较大的滤波器, 滤波器不允许快速周期变化的偏心信号通过。

(6) 同步控制 SMC: 四辊轧机传动侧、操作侧的压下缸之间没有机械联结, 两侧压下缸的负载力 (轧制反力) 又可能因偏载而差别较大, 这将造成两侧运动位置不同步, 为此需要引入同步控制。方法是将检测到的两侧压下缸活塞位移信号求和取平均值作为基准, 以活塞位移与平均值的差值作为补偿信号, 迫使位移慢的一侧加快运动到位, 使位移快的一侧减慢运动到位。

(7) 倾斜控制: 对于中厚板轧机, 当来料出现楔形或轧制过程产生镰刀弯时, 需引入倾斜控制。通过两侧轧制力差值或在轧机出口两侧各装一台激光测厚仪, 测其两侧板厚差, 进行倾斜控制, 使板厚的一侧压下缸压下, 板薄的一侧压下缸上抬。

(8) 加减速补偿: 对于可逆冷轧机, 轧机加速、减速过程中带材与辊系摩擦系数等变化引起的轧制力变化会对出口板厚造成影响, 为此引入加减速补偿环节, 根据轧制数学模型推算出压下位置的修正量。

(9) 前馈(预控)AGC: 针对入口板厚变化而造成的出口板厚影响而设置的补偿称为前馈 AGC, 方法是由测厚仪检测入口板厚, 根据轧制数学模型推算出入口板厚对出口板厚的影响值, 进而推算出压下指令修正量, 并进行补偿控制。

(10) 监控 AGC: 通过检测出口板厚而设置的板厚指令修正补偿环节称为监控 AGC。尽管 AGC 系统中已采取了一系列补偿措施, 由于扰动因素很多, 且各扰动因素对出口板厚的影响关系复杂, 不可能实现完全补偿, 因此出口板厚难免还存在微小偏差, 对于要求纵向厚差 $\leqslant \pm(0.003 \sim 0.005)$mm 的冷轧机来说, 使用测厚仪进行监控是必不可少的。

(11) 恒压力 AGC: 上述 AGC 系统, 难以补偿支承辊偏心造成的微小厚差。通常, 轧制最后一个道次时, 采用恒压轧制来减缓偏心造成的厚差。所谓恒压轧制是断开位置闭环, 将力补偿变成力闭环, 实现恒压力闭环控制。平整机中一般都采用恒压力 AGC。

以上补偿措施并非每台轧机都全部采用, 需要根据轧机的类型、精度要求和工程经验采用其中的一些主要补偿措施。

6.7 卷取机恒张力控制系统

冷轧钢带卷取机电液伺服系统原理图如图 6.13 所示。

采用电液伺服系统的恒张力控制, 可不受传递功率的限制。为了控制张力 F_T, 系统工作时, 先给定一个张力值 (给定值), 由指令电位器输入。测量辊检测实际张力, 并将反馈信号反馈到电位器, 与输入信号比较。其差值——偏差信号经放大器放大后, 以电流信号输入伺服变量泵中的伺服阀, 使变量泵斜盘变化一个相应的角度, 变量泵输出流量发生变化, 引起液压马达转速的相应改变, 并稳定在某一个转速值。在轧制过程中, 随着钢带卷筒半径 R 增大, 钢带的实际线速度增大, 因而实际张力增大, 于是出现的偏差值为负值。这时输入一个负值电流给伺服阀, 使斜盘倾角减小一相应值, 泵的流量相应减小, 液压马达的转速下降, 保持卷筒线速度不变。

给定电位器的传递函数为

$$\frac{U_a}{\alpha} = K_i \tag{6.16}$$

式中, α 为指令电位器的有效角度 (rad); K_i 为指令电位器的放大系数; U_a 为指令电位器的电压 (V)。

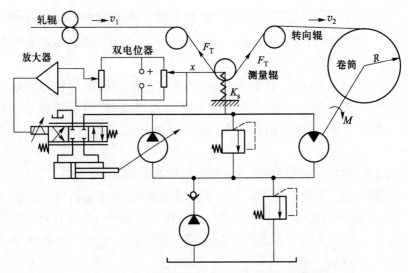

图 6.13 冷轧钢带卷取机电液伺服系统原理图

反馈电位器的传递函数为

$$\frac{U_{\mathrm{f}}}{l_{\mathrm{x}}} = K_{\mathrm{f}} \tag{6.17}$$

式中, l_{x} 为反馈电位器的有效长度 (m); K_{f} 为反馈电位器的放大系数; U_{f} 为反馈电位器的电压 (V)。

测量机构受力的平衡方程为

$$m\frac{\mathrm{d}^2 x}{\mathrm{d}t^2} + K_{\mathrm{s}}x + 2F_{\mathrm{T}}\cos\varphi - mg = 0 \tag{6.18}$$

对式 (6.18) 进行拉氏变换后, 可得测量机构的传递函数为

$$\frac{F_{\mathrm{T}}}{X} = \left(\frac{K_{\mathrm{s}}}{2\cos\varphi}\right)\left(\frac{s^2}{\omega_{\mathrm{L}}^2} + 1\right) \tag{6.19}$$

式中, m 为测量辊的质量 (kg); x 为测量辊的位移 (m); K_{s} 为平衡弹簧刚度 (N/m); F_{T} 为钢带张力 (N); φ 为钢带与垂直线的夹角 (rad); ω_{L} 为测量系统的固有频率 (rad/s), $\omega_{\mathrm{L}} = \sqrt{\dfrac{K_{\mathrm{s}}}{m}}$; g 为重力加速度 (m/s²)。

伺服变量泵 – 液压马达组合传递函数为

$$\frac{\dot{\theta}_{\mathrm{m}}}{\Delta I} = \frac{\dfrac{K_{\mathrm{sv}}K_{\mathrm{pump}}\omega_{\mathrm{p}}}{D_{\mathrm{m}}}}{s\left(\dfrac{s^2}{\omega_{\mathrm{h}}^2} + \dfrac{2\zeta_{\mathrm{h}}}{\omega_{\mathrm{h}}}s + 1\right)} \tag{6.20}$$

式中, $\dot{\theta}_{\mathrm{m}}$ 为液压马达的输出角速度 (rad/s); ΔI 为伺服阀的输入电流 (A); K_{sv} 为伺服阀的放大系数 m³/(s·A); K_{pump} 为液压泵的排量梯度 (m³/rad); ω_{p} 为液压泵的角速度 (rad/s); D_{m} 为液压马达的排量 (m³); ω_{h} 为泵控液压马达组合的固有频率 (rad/s); ζ_{h} 为泵控液压马达组合的阻尼比。

液压马达角速度与卷筒圆周速度 $\Delta v = v_2 - v_1$ 之间的关系为

$$\dot{\theta}_{\mathrm{m}} R = v_2 \tag{6.21}$$

式中, R 为卷筒的半径 (m)。

张力与钢带速度之间的关系为

$$F_{\mathrm{T}} = K_{\mathrm{m}} \Delta v \tag{6.22}$$

式中, K_{m} 为张力系数 $(\mathrm{N \cdot s/m})$; Δv 为钢带的速度差 $(\mathrm{m/s})$。

$$\Delta v = v_2 - v_1 \tag{6.23}$$

式中, v_1 为轧辊轧出钢带的速度 $(\mathrm{m/s})$, v_2 为卷筒圆周速度 $(\mathrm{m/s})$。

根据上式可画出系统方框图如图 6.14 所示。

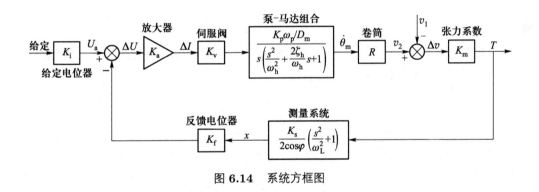

图 **6.14** 系统方框图

由方框图可求得系统的开环传递函数为

$$W(s) = \frac{K \left(\dfrac{s^2}{\omega_{\mathrm{L}}^2} + 1 \right)}{s \left(\dfrac{s^2}{\omega_{\mathrm{h}}^2} + \dfrac{2\zeta}{\omega_{\mathrm{h}}} s + 1 \right)} \tag{6.24}$$

式中

$$K = \frac{K_{\mathrm{v}} K_{\mathrm{pump}} \omega_{\mathrm{p}} R K_{\mathrm{m}} K_{\mathrm{f}} K_{\mathrm{s}}}{2 D_{\mathrm{m}} \cos\varphi}$$

由式 (6.24) 可以看出, 系统由积分环节、振荡环节和二阶微分环节组成, 其频率特性如图 6.15 所示。

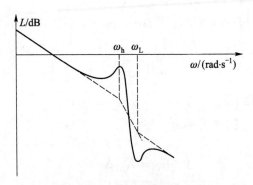

图 **6.15**　系统的频率特性

图 6.15 中, $\omega_L > \omega_h$, 二阶微分环节紧接着振荡环节出现, 在液压固有频率 ω_h 处有对消作用, 降低了谐振峰值。若 $\omega_L = \omega_h$ 时, 谐振峰值完全被抑制, 传递函数近似为 $W(s) = K/s$。如果 $\omega_L < \omega_h$, 则传递函数可近似等于集中质量负载系统, 结果传递函数为

$$W(s) = \frac{K}{s\left(\dfrac{s^2}{\omega_h^2} + \dfrac{2\zeta}{\omega_h}s + 1\right)} \tag{6.25}$$

由以上分析可知, 当液压固有频率略小于测量辊系统的固有频率或两者相当接近时, 测量系统的柔度影响不能忽略。

第 7 章　比例电磁铁与电液比例阀

7.1　比例电磁铁

电磁铁是将输入的电信号转变为力和位移的器件。大功率的液压阀利用电磁铁改变滑阀的位置, 从而改变液体通过阀的路径。新型电磁铁是比例电磁铁, 它的衔铁位置取决于电信号的强度, 可以停在两个极限位置之间的任一位置上, 是比例阀的重要部件。比例阀与电控相结合, 在许多应用方面是替代传统伺服阀的廉价元件。

7.1.1　电－机械转换元件的作用及形式

1. 电－机械转换元件的形式

最常见的电－机械转换元件有直流伺服电机、步进电机、力矩马达、动圈式力马达以及动铁式力马达。动铁式力马达一般称为比例电磁铁, 其利用电磁力与弹簧力相互平衡的原理, 实现电－机械的比例转换。从目前的使用情况来看, 应用最为广泛的还是比例电磁铁, 它目前已经成为最主要的电－机械转换元件。

2. 电－机械转换元件的要求

在电液比例技术中, 对作为阀的驱动装置的电－机械转换元件的基本要求有以下几点:

(1) 具有水平吸力特性, 即输出的机械力与电信号大小成比例, 与衔铁的位移无关。

(2) 有足够的输出力和行程, 结构紧凑、体积小。

(3) 线性好, 死区小, 灵敏度高, 滞环小。

(4) 动态性能好, 响应速度快。

(5) 长期工作中温升不会过大, 在允许温升下仍能工作。

(6) 能承受液压系统高压, 抗干扰性好。

3. 比例电磁铁的概述

(1) 比例控制系统的核心是比例阀。比例阀的输入单元是电 – 机械转换器, 它将输入信号转换成机械量。

(2) 比例电磁铁根据法拉第电磁感应原理设计, 能使其产生的机械量 (力、力矩或位移) 与输入电信号 (电流) 的大小成比例, 连续地控制液压阀阀芯的位置, 进而控制液压系统的压力、方向和流量。

比例电磁铁同电液伺服系统中伺服阀的力矩马达或力马达相似, 是一种将电信号转换成机械力和位移的电 – 机械转换器。比例电磁铁是电子技术与液压技术的连接环节。比例电磁铁是一种直流行程式电磁铁, 它产生与输入量 (电流) 成比例的输出量: 力和位移。比例电磁铁的性能对电液比例阀的特性有着举足轻重的作用。

7.1.2 电磁铁的结构与工作原理

1. 普通螺线管型电磁铁

普通甲壳型螺线管电磁铁如图 7.1 所示, 由外壳 2、挡板 4、衔铁 6、激磁线圈 3 等组成。当线圈 3 通有直流电流 I 时, 线圈便在铁芯中产生磁场, 并形成闭合的磁力线路。电磁铁存在两个气隙, 一个工作气隙 5, 另一个非工作气隙 1。在电磁铁吸合过程中形成两个变化的磁通, 即主磁通 φ 和变化的磁通 φ_L。衔铁 6 所受到的吸力主要由两部分组成, 主磁通产生的力称为端面力, 而漏磁通产生的力称为螺管力。图 7.1 所示结构中, 这两个力的方向是一致的, 这两个力的合力就构成了总的电磁力。

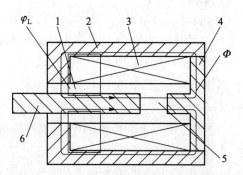

1. 非工作间隙; 2. 外壳; 3. 激磁线圈; 4. 挡板; 5. 工作间隙; 6. 衔铁

图 7.1　普通螺线管型电磁铁

2. 单向比例电磁铁 (如图 7.2 所示)

直流比例电磁铁是电液比例控制器件中应用最广泛的电 – 机械转换器, 它也是装甲式螺管电磁铁, 其可动部分是衔铁, 是一种动铁式电 – 机械转换器。直流比例电磁铁具有结构简单、价格低、功率质量比大、能够输出较大的力和位移等特点。按比例电磁铁输出位移的形式分,除最常见的单向直动式外,还有双向直动式、回转式等比例电磁铁。

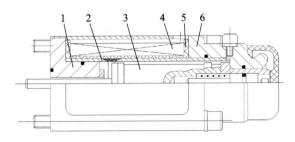

1. 轭铁; 2. 导向套锥端; 3. 衔铁; 4. 线圈; 5. 导向套; 6. 壳体

图 **7.2** 单向比例电磁铁

线圈通电后形成的磁路经壳体、导向套锥端到轭铁而产生斜面吸力; 另一路是直接由衔铁端面到轭铁的输出力。

7.1.3 比例电磁铁的特性

1. 电磁铁的吸力特性

电磁铁 (直线力马达) 是一种依靠电磁系统产生的电磁吸力, 使衔铁对外做功的一种电动装置, 其基本特性可表示为衔铁在运动中所受到的电磁力 F_d 与它的行程 (位移) x 之间的关系, 即 $F_d = f(x)$, 这个关系称为吸力特性。对比例电磁铁, 要求它具有水平的吸力特性。

比例电磁铁基本结构: 如图 7.3 所示可知, 比例电磁铁主要由推杆、衔铁、轴承环、隔磁环、导套、限位环等组成。导套前后两段由导磁材料制成, 中间用一段非导磁材料 (隔磁环) 焊接。衔铁前端有推杆, 用于输出力或者位移; 后端装有由弹簧和调节螺钉组成的调零机构, 可在一定范围内对比例电磁铁特性曲线进行调整。

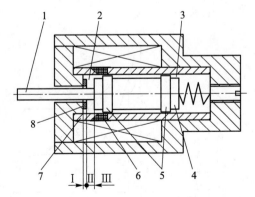

Ⅰ. 吸合区; Ⅱ. 工作行程区; Ⅲ. 空行程区;

1. 推杆; 2. 工作气隙; 3. 非工作气隙; 4. 衔铁; 5. 轴承环; 6. 隔磁环; 7. 导套; 8. 限位环

图 **7.3** 比例电磁铁基本结构

比例电磁铁基本原理: 当给比例电磁铁控制线圈一定电流时, 在线圈电流控制磁势的作用下, 形成两条磁路 (如图 7.4a 所示), 一条磁路 ϕ_1 由前端盖盆形极靴底部, 沿轴向工作气隙进入衔铁, 穿过导套后段和导磁外壳回到前端盖极靴。另一磁路 ϕ_2 经盆形极靴锥形周边 (导套前段), 径向穿过工作气隙进入衔铁, 而后与 ϕ_1 相汇合。由于电磁作用, 磁通 φ_1 产生端面力 F_{d1}, 磁通 φ_2 则产生了附加轴向力 F_{d2}(如图 7.4b 所示), 两者的综合, 就得到了整个比例电磁铁的输出力 F_d。在工作区域内, 电磁力 F_d 相对于衔铁位移基本呈水平力特性关系。

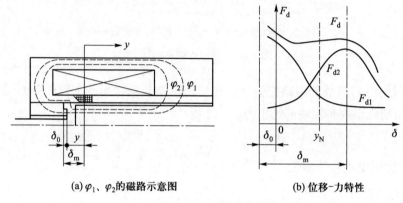

(a) φ_1、φ_2 的磁路示意图　　　　(b) 位移-力特性

图 7.4　比例电磁铁基本原理

图 7.5 所示为普通电磁铁与比例电磁铁的静态吸力特性。所谓静态吸力特性就是在稳态过程中得到的吸力特性, 与它相对应的是动态特性。比例电磁铁在整个工作行程内, 力 – 位移特性并不全是水平特性, 它可以分为三个区段。在工作气隙接近于零的区段, 输出力急剧上升, 称为吸合区 Ⅰ, 这一行程区段不能正常工作, 因此在结构上用加限位片的方法将其排除, 使衔铁不能移动到该区段内。当工作气隙过大, 电磁铁输出力明显下降, 称为空行程区 Ⅲ。除吸合区 Ⅰ 和空行程区 Ⅲ 外的区域称为工作区。比例电磁铁必须具有水平吸力特性, 即在工作区内其输出力的大小只与电流有关, 与衔铁位移无关。

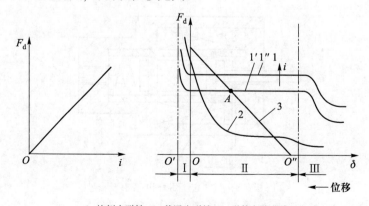

1. 比例电磁铁; 2. 普通电磁铁; 3. 弹簧负载曲线

图 7.5　比例电磁铁的静态吸力 – 位移特性

比例电磁铁的工作过程 (以弹簧负载为例, 如图 7.5 所示): 衔铁始终受到电磁力与弹簧力的作用, 电磁力吸引衔铁并假设其方向向左, 而弹簧力方向向右。衔铁初始位置在 O'' 点, 观察曲线 $1'$, 此时弹簧还没有被压缩, 所以电磁力大于弹簧力, 衔铁向左运动。随着衔铁的运动, 弹簧逐渐被压缩, 弹簧力逐渐变大, 直到弹簧力等于电磁力, 衔铁将不再移动, 最后停止在 A 点。

若电磁铁的吸力不显水平特性, 弹簧曲线与电磁力曲线族只有有限的几个交点, 这意味着不能进行有效的位移控制。在工作范围内, 不与弹簧曲线相交的各电磁力曲线中, 对应的电流在弹簧曲线以下, 不会引起衔铁位移; 在弹簧曲线以上时, 若输出这样的电流, 电磁力将超过弹簧力, 将衔铁一直拉到极限位置为止。相反, 若电磁铁具有水平特性, 那么在同样的弹簧曲线下, 将与电磁力曲线族产生许多交点。在这些交点上, 弹簧力与电磁力相等, 逐渐加大输入电流时, 衔铁能连续地停留在各个位置上。

直动式比例电磁铁的吸力特性有以下特点: 在其工作行程范围内具有基本水平的位移 – 力特性, 从而一定的控制电流对应一定的输出力, 即输出力与输入电流成比例。

2. 电磁铁的负载特性

在电磁铁的运动过程中, 必然要克服机械负载和阻力而做功。对于普通电磁铁, 一般都要求电磁吸力大于负载力; 而对于比例电磁铁, 其衔铁处于电磁吸力与负载力相平衡的状态, 电磁铁才能正常工作。为使电磁铁可靠地工作, 应使吸力特性与负载特性有良好的配合。常见的负载反力的特性如图 7.6 所示。

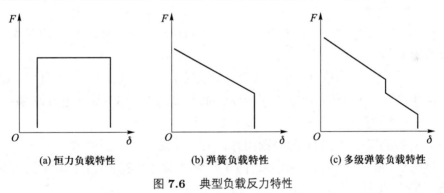

图 7.6　典型负载反力特性

对于吸合型电磁铁, 在吸合过程中, 电磁吸力特性曲线应在负载反力曲线的上方; 而在释放运动中, 负载反力必须大于电磁产生的剩磁力。

比例电磁铁在工作过程中电磁力总是与负载力相平衡, 吸力特性曲线有很多条, 而负载多为弹性负载, 它工作时吸力特性与负载特性的配合情况如图 7.5 所示, 负载弹簧的特性曲线与多条吸力特性曲线相交。对应不同的输入电流, 电磁力的曲线上下平移, 而电磁力曲线与弹簧特性曲线的相交点便是对应电流下的工作点。由图 7.5 中可以看出, 当电流改变时工作点也改变, 比例电磁铁正是利用这一特性

来实现电 – 机械信号的比例转换。

7.1.4　比例电磁铁的分类与应用

比例电磁铁种类繁多, 但工作原理基本相同, 它们都是根据比例阀的控制需要开发出来的。

根据所承受的压力等级, 可分为耐高压和不耐高压的比例电磁铁。不耐高压的比例电磁铁一般只能承受溢流阀、方向阀等的回油腔压力, 但由于结构比较简单, 仍有不少电液比例阀配用这类电磁铁。

根据所输出的运动参数, 可分为直线运动的比例电磁铁和旋转运动的比例电磁铁 (角位移式)。直线运动的比例电磁铁应用最为广泛。

根据参数的调节方式和所驱动阀芯的连接形式, 比例电磁铁可分为力控制型、行程控制型和位置调节型三种基本类型。

此外, 还有双向极化式耐高压比例电磁铁、插装阀式比例电磁铁、防爆比例电磁铁、内装集成比例放大器的比例电磁铁等。有的比例电磁铁在其尾部装有手动应急装置, 当控制线路发生故障导致比例电磁铁断电时, 能手动控制比例阀。

1. 力控制型比例电磁铁

力控制型比例电磁铁的基本特性是力 – 行程特性。在力控制型比例电磁铁中, 衔铁行程没有明显变化时, 改变电流 I 就可以调节其输出的电磁力。由于在电子放大器中设置电流反馈环节, 在电流设定值恒定不变而磁阻变化时, 可使磁通量不变, 进而使电磁力保持不变。

在控制电流不变时, 电磁力在其工作行程内保持不变, 这类电磁铁的有效工作行程约为 1.5 mm。

由于行程较小, 力控制型电磁铁的结构很紧凑。正由于其行程小, 可用于比例压力阀和比例方向阀的先导级, 将电磁力转化为液压力。这种比例电磁铁, 是一种可调节型直流电磁铁, 其衔铁腔中充满工作介质。

1) 力控制型比例电磁铁原理图和力 – 行程曲线

如图 7.7 所示为力控制型比例电磁铁原理图, 图 7.8 所示为力控制型比例电磁铁力 – 行程曲线。

2) 力控制型比例电磁铁与阀芯的连接方式 (如图 7.9)

力控制型比例电磁铁直接输出力, 它的工作行程短, 可直接与阀芯连接或通过传力弹簧与阀芯连接。

2. 行程控制型比例电磁铁

在行程控制型比例电磁铁中, 衔铁的位置由一个闭环调节回路进行调节, 如图 7.10 所示。只要电磁铁在其允许的工作区域内工作, 衔铁位置就保持不变, 且与所受反力无关。使用行程控制型比例电磁铁, 能够直接推动诸如比例方向阀、流量阀及压力阀的阀芯, 并将其控制在任意位置上。电磁铁的行程, 因其规格而异, 一般在 3~5 mm 之间。

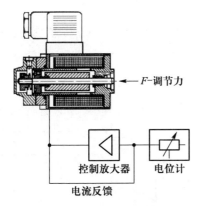

图 **7.7** 力控制型比例电磁铁原理图

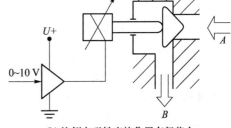

图 **7.8** 力控制型比例电磁铁力 – 行程曲线

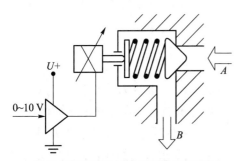

(a) 比例电磁铁通过传力弹簧作用在阀芯上   (b) 比例电磁铁直接作用在阀芯上

图 **7.9** 力控制型比例电磁铁与阀芯的连接方式

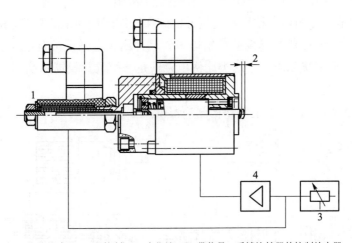

1. 位移传感器; 2. S 控制; 3. 电位计; 4. 带信号、反馈比较器的控制放大器

图 **7.10** 行程控制型比例电磁铁原理图

行程控制型比例电磁铁主要用来控制四通比例方向阀, 如图 7.11a 所示。配上电反馈环节后, 电磁铁的滞环及重复误差均较小。

在先导阀中,受控压力作用在一个较大的控制面积上,因此供使用的调节力要大得多,而干扰力影响所占的比例并不大。因此,先导式比例阀也可不带电反馈机构。

行程控制型比例电磁铁是在力控制型比例电磁铁的基础上,将弹簧布置在阀芯的另一端得到的,如图 7.11b 所示。

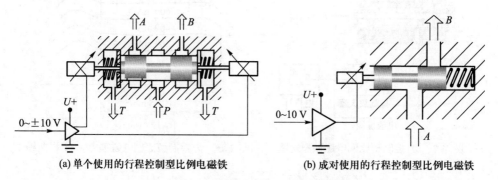

(a) 单个使用的行程控制型比例电磁铁　　　　　(b) 成对使用的行程控制型比例电磁铁

图 **7.11**　行程控制型比例电磁铁示意图

3. 位置调节型比例电磁铁

比例电磁铁衔铁的位置通过位移传感器检测,与比例放大器一起构成位置反馈系统,就形成了位置调节型比例电磁铁。只要电磁铁运行在允许的工作区域内,其衔铁就保持与输入电信号相对应的位置不变,与所受反力无关,即它的负载刚度很大。这类位置调节型比例电磁铁多用于控制精度要求较高的比例阀上。在结构上,除了衔铁的一端接上位移传感器 (位移传感器的动杆与衔铁固定连接) 外,其余与力控制型、行程控制型比例电磁铁的结构基本相同。

位置调节型比例电磁铁用在比例方向阀和比例流量阀上,可控制阀口开度;用在比例压力阀上,可获得精确的输出压力。这种比例电磁铁具有很高的定位精度,负载刚度大,抗干扰能力强。这类比例电磁铁是一个位置反馈系统,要与配套的比例放大器一起使用。

1) 位置调节型比例电磁铁结构图 (如图 7.12)

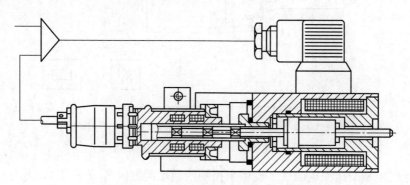

图 **7.12**　位置调节型比例电磁铁结构图

2) 位置调节型比例电磁铁示意图 (如图 7.13)

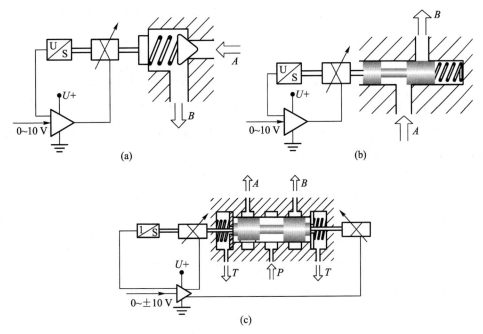

图 **7.13** 位置调节型比例电磁铁示意图

7.1.5 比例电磁铁的设计

比例电磁铁的初步设计主要涉及的基本方程有四个, 即电磁吸力方程、磁势方程、电压方程和发热方程。这些方程反映了结构尺寸和物理参数之间的基本关系。此外还有表征电磁铁尺寸参数的合理取值范围的关系式, 下面分别讨论。

1. 电磁铁的吸力方程

作为初步计算, 由麦克斯韦公式, 采用等效气隙磁导法可得

$$F_{\mathrm{m}} = \frac{B_0^2 S_0}{2\mu_0} \tag{7.1}$$

式中, B_0 为等效气隙处的磁感应强度 (T); S_0 为等效气隙端面积 (m²); μ_0 为空气磁导率 (H/m)。

2. 磁势方程

磁势方程反映了电磁铁正常工作时所需要的激磁势值, 利用磁势方程可求出线圈所需要的激磁安匝数

$$IN = B_0 S_0 \left(\sum R_{\mathrm{g}} + \sum R_{\mathrm{p}} \right) \tag{7.2}$$

式中, R_{p}、R_{g} 为气隙磁阻和导磁体磁阻 (1/H)。

3. 电压方程

电流通过线圈便产生磁势, 并引起发热。为了确定线圈的参数: 圈数、线径、线圈电流等, 使线圈能够在额定电压下, 产生足够的磁势 (IN) 。这时需要用到线圈电压方程

$$U = IR_x = IN\frac{\rho_x \pi D_x}{g_x} = \frac{1}{2}IN\frac{\rho_x \pi(D_w + D_n)}{g_x} \tag{7.3}$$

式中, g_x 为导线截面积 (m^2); R_x 为线圈总电阻 (Ω); I 为线圈电流 (A); D_x 为线圈平均直径 (m); D_w 为线圈外径 (m); D_n 为线圈内径 (m); N 为线圈圈数; ρ_x 为导线在相应温度下的电阻率 ($\Omega \cdot \text{m}$) 。

4. 发热方程

发热方程是为了校核电磁铁线圈在长期工作下, 温升是否超过其允许值。比例电磁铁通常按长期工作计算, 有

$$\theta = \frac{\rho_x}{2 \times 10^4 \mu_s f_t b_s}\left(\frac{IN}{l_s}\right)^2 (^\circ\text{C}) \tag{7.4}$$

式中, μ_s 为散热系数; f_t 为线圈填充系数; b_s 、 l_s 为线圈厚度及长度 (m); ρ_s 为工作温度下的电阻率 ($\Omega \cdot \text{m}$) 。

设计的已知条件通常是: 最大电磁吸力 F_m 、初始气隙 δ_0 、推杆直径 d_0 、线圈电压 U_0 及允许温升 $[\theta]$ 。

综上所述, 设计步骤如下:

(1) 求出结构因素 K_φ, 查出电磁感应强度 B_0 。

(2) 求出衔铁的外径 d_1 和盆底极靴 (导套) 的外径 d_2 。半径间隙 δ 由实验确定, 初步设计取 $\delta = 0.02$ m 。

(3) 计算所需安匝数 IN 。线圈最大工作电流可取 800 mA(也可取到 1.2 A) 由此确定线圈匝数。

(4) 利用发热方程式初步计算线圈长度 l_s, 取 $b_s = l_s/5$, 得出线圈厚度 b_s 。并考虑到导套的外径及绝缘材料厚度, 初定线圈的内、外直径。

(5) 利用电压方程式计算导线截面积 g_x, 计算出线圈能否容纳必要的匝数。

(6) 确定比例电磁铁的其余结构尺寸。

(7) 进行必要的验算 (例如温升等) 工作。

7.2 电液比例阀

7.2.1 概述

电液比例控制阀由于能与电子控制装置组合在一起, 可以十分方便地对各种输入、输出信号进行运算和处理, 实现复杂的控制功能。同时它又具有抗污染、低成本以及响应较快等优点, 在液压控制工程中获得越来越广泛的应用。

比例控制元件的种类繁多, 性能各异, 有多种不同的分类方法。

最常见的分类方法是按其控制功能来分类, 可以分为比例压力控制阀、比例流量控制阀、比例方向阀和比例复合阀。前两者为单参数控制阀, 后两者为多参数控制阀。

按压力放大级的级数来分, 又可以分为直动式和先导式。直动式是由电 – 机械转换元件直接推动液压功率级, 由于转换元件的限制, 它的控制流量都在 15 L/min 以下。先导控制式比例阀由直动式比例阀与能输出较大功率的主阀级构成, 流量可达到 500 L/min, 插装式更可以达到 1 600 L/min。

按比例控制阀内含的级间反馈参数或反馈物理量的有无可以分为带反馈型和不带反馈型。反馈型又可以分为流量反馈、位移反馈和力反馈。

比例阀按其主阀芯的形式来分, 可以分为滑阀式和插装式。

图 7.14 所示框图为一个闭环比例系统框图, 点画线方框内为电液比例阀的组成部分。从图中可以看出比例阀在系统中所处的地位以及与电控器、液压执行器之间的关系。

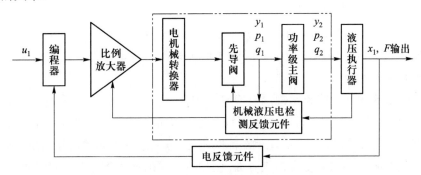

图 7.14 闭环的电液比例控制系统及比例阀框图

从电液比例阀的原理框图中可以看出, 它主要由以下几部分组成:

1) 电 – 机械转换元件

其作用是把经过放大后的输入电流信号成比例地转换成机械量, 从而实现控制作用, 普遍采用电磁式设计。最常见的电 – 机械转换元件是比例电磁铁, 还有直流伺服电机、步进电机、力矩马达及动圈式马达等。比例电磁铁是电子技术和比例液压技术的连接环节, 比例电磁铁产生与输入量 (电流) 成正比的输出量: 力和位移。

2) 液压先导级

当液压系统的功率比较大时, 要求比例控制元件必须提供足够大的驱动力。通过增加液压先导级, 用电磁力控制先导级, 然后用先导级控制功率级的输出。

3) 液压功率放大级

它是连接先导级与功率级的中间环节。即利用先导级产生的液压功率去调节主功率级的液压能输出。

4) 检测反馈元件

将液压执行器的位移、速度、力等反映运动状态的机械量通过传感器转化为电流电压等电量的元件。通常是一些物理量传感器。

5) 液压执行器

液压执行器是将液压能转化为机械能的装置, 目前主要指液压缸和液压马达, 它们都是连接液压回路与工作机械的中间环节, 不同的是液压缸产生直线运动并传递直线方向上的作用力, 液压马达产生回转运动并输出转矩。

7.2.2 电液比例压力控制阀

电液比例压力控制阀是用比例电磁铁控制液压系统整体或局部的流体压力, 使系统压力与电控信号成比例变化的一种控制阀。具体地说, 通过变化电信号的设定值, 使工作系统的压力满足使用要求, 这种控制方式也称负载适应控制。电液比例压力控制阀应用最多的有比例溢流阀和比例减压阀, 有直动型和先导型两种。

7.2.2.1 比例溢流阀

比例溢流阀的结构, 基本上与常规手动调节溢流阀相同。两者区别在于, 比例溢流阀中用比例电磁铁取代常规阀中的调压弹簧装置。在先导式比例溢流阀中, 还常配有手调安全阀。

比例溢流阀的功能较常规阀有明显的增强。在系统中不但可稳定系统压力为一定值, 而且可以根据工况要求无级地快速改变系统压力。比例阀不需加二位二通电磁阀就具备了卸荷功能。比例溢流阀还可以根据需要构成闭环压力反馈控制。在与其他控制器件构成复合控制方面, 例如 p–q 阀 (压力控制与流量控制的组合) 等, 也显示出其结构紧凑、控制便利等优越性。

比例溢流阀是液压系统中重要控制元件, 其特性对系统的工作性能影响很大。其作用主要有以下几点:

(1) 构成液压系统的恒压源

比例溢流阀作为定压元件, 当控制信号一定时, 可获得稳定的系统压力; 改变控制信号, 可无级调节系统压力, 其压力变化过程平稳, 对系统的冲击小。

(2) 将控制信号置为零, 即可获得卸荷功能。

(3) 比例溢流阀可方便地构成压力负反馈系统, 或与其他控制元件构成复合控制系统。

1. 直动式比例溢流阀

1) 普通直动溢流阀

直动型比例溢流阀结构及图形符号如图 7.15 所示。它是双弹簧结构的直动型溢流阀, 与手调式直动型溢流阀功能完全相同。其主要区别是用比例电磁铁取代了手动的弹簧力调节组件。

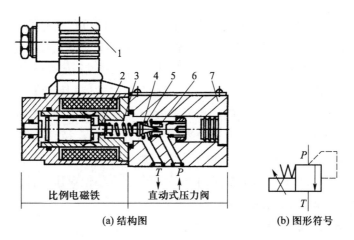

(a) 结构图　　　　　　(b) 图形符号

1. 插头; 2. 衔铁推杆; 3. 传力弹簧; 4. 锥阀芯; 5. 防振弹簧; 6. 阀座; 7. 阀体

图 7.15　直动式比例溢流阀

该阀的工作原理是: 改变阀的电流会使衔铁推杆 2 对传力弹簧产生的作用力按比例产生相应的变化, 传力弹簧对锥阀芯的作用力也按比例地产生相应的变化, 从而按比例地改变了 P 口处的溢流压力。

2) 带位置反馈的直动溢流阀

图 7.16 所示为带位置反馈的直动溢流阀, 它包括力控制型比例电磁铁 4 以及由阀体 10、阀座 11、锥阀芯 9、调压弹簧 7 等组成的液压阀本体。电信号输入时, 比例电磁铁 4 产生相应电磁力, 通过弹簧 7 作用于阀芯 9 上。电磁力对弹簧预压缩, 预压缩量决定溢流压力。预压缩量正比于输入电信号, 溢流压力正比于输入电信号, 实现对压力的比例控制。

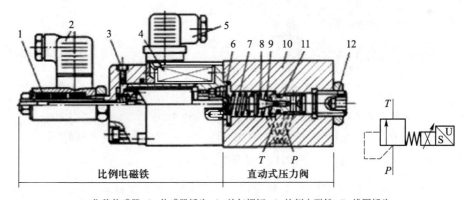

1. 位移传感器; 2. 传感器插头; 3. 放气螺钉; 4. 比例电磁铁; 5. 线圈插头
6. 弹簧座; 7. 调压弹簧; 8. 防振弹簧; 9. 锥阀芯; 10. 阀体; 11. 阀座; 12. 调节螺塞

图 7.16　带位置反馈的直动溢流阀

之所以在动杆上加位移传感器, 是因为电磁铁有水平吸力特性。即在给定电流后, 动铁可以在工作行程内移动, 而输出力不变。这样推杆推着的阀芯与对应的阀座之间构成可变液阻。加上与电磁铁的动铁固联的位移传感器后, 随时检测动铁位移并反馈至电控器, 用反馈信号对输入信号的偏差值对电磁铁进行控制, 使动铁继续移动, 直至偏差值为零, 构成动铁位移的闭环控制, 使弹簧 7 得到与输入信号成比例的精确压缩量, 使阀达到更小的磁环和更高的控制精度。

普通溢流阀采用不同刚度的调压弹簧改变压力等级。由于比例电磁铁的推力与电流成正比, 比例溢流阀是通过改变阀座 11 的开口孔径而获得不同的压力等级。阀座孔径小, 控制压力高, 流量小。调节螺塞 12 可在一定范围内调节溢流阀的工作零位。直动型比例溢流阀在小流量场合下可独做调压元件, 但更多的是做先导型溢流阀或减压阀的先导阀。

2. 先导式比例溢流阀

1) 先导型比例溢流阀

用比例电磁铁取代先导型溢流阀导阀的调压手柄, 便成为先导型比例溢流阀。

如图 7.17 所示, 它属于带力控制型的比例电磁铁的比例溢流阀。这种阀是在两级同心式手调溢流阀结构的基础上, 将手调直动式溢流阀更换为带力控制型的比例电磁铁的直动式比例溢流阀得到的。除先导级采用比例压力阀外, 其余与两级同心式普通溢流阀的结构相同, 属于压力间接检测型的先导式比例溢流阀。

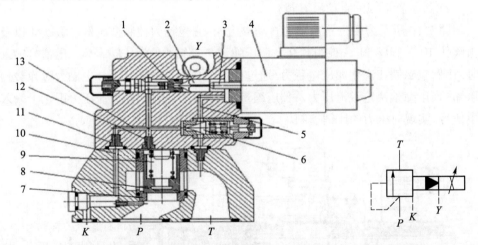

1. 阀座; 2. 先导锥阀; 3. 衔铁推杆; 4. 比例电磁铁; 5. 内泄油通道; 6. 安全阀; 7. 主阀座;
8. 主阀芯通道; 9. 复位弹簧; 10. 先导油通道; 11. 节流器; 12. 节流器; 13. 控制油通道

图 7.17   先导型比例溢流阀

这种先导式比例溢流阀的主阀采用了两级同心式锥阀结构, 先导式的回油必须通过卸油口单独接回油箱, 以确保先导阀回油背压为零。否则, 如果先导阀的回油背压不为零 (如与主回油口连接在一起), 该回油压力就会与比例电磁铁所建立的压力叠加在一起, 当主回油压力波动时就会引起主阀压力的波动。

主阀进油口压力作用于主阀芯 7 的底部, 同时也通过控制油通道 13(含节流器11、12) 作用于主阀芯 7 的顶部。当液压推力达到比例电磁铁的推力时, 先导锥阀 2 打开, 先导油通过卸油口流回油箱, 并在节流器 11、 12 处产生压降, 主阀芯因此克服弹簧 9 的弹性力而上升, 系统多余流量通过主阀口流回油箱, 压力不会继续升高。

这种比例溢流阀配置了手调限压安全阀 6, 当电气或液压系统发生故障 (如出现过大的电流或液压系统出现过高的压力) 时, 安全阀起作用, 限制系统压力的上升。手调安全阀的设定压力通常比比例溢流阀调定的最大工作压力高 10% 以上。

先导型比例溢流阀结构原理如图 7.18 所示。

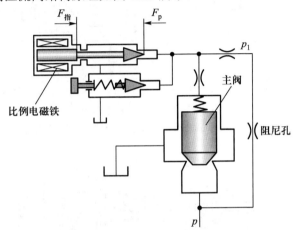

图 7.18 先导型比例溢流阀结构原理图

先导型比例溢流阀下部与普通溢流阀的主阀相同, 上部则为比例先导压力阀。该阀还附有一个手动调整的安全阀 (先导), 用以限制比例溢流阀的最高压力。

2) 带位置反馈先导型比例溢流阀

带位置反馈先导型比例溢流阀结构如图 7.19 所示。它的上部为行程控制型直动型比例溢流阀, 下部为主阀级。当比例电磁铁 2 输入指令信号电流时, 它产生一个相应的力压缩弹簧 4 并传递在锥阀 5 上。压力油经 A 输入主阀, 并经主阀芯 7 的节流螺塞 8 到达主阀弹簧 9 腔, 经通路 a、 b 到达先导阀阀座 6, 并作用在锥阀芯 5 上。若 A 口压力不能使先导阀 6 打开, 主阀芯 7 的左、右腔压力保持相等, 主阀芯 7 保持关闭; 当系统压力超过比例电磁铁 2 的设定值, 先导阀芯 5 开启, 先导油经 c 从 B 口流回油箱。主阀芯右腔 (弹簧腔) 的压力由于节流螺塞 8 的作用下降, 导致主阀芯 7 开启, 则 A 口与 B 口接通回油箱, 实现溢流。

3) 直接检测式比例溢流阀

直接检测式比例溢流阀结构如图 7.20 所示。

测压面 a_0 检测 p_A, 形成反馈力信号与衔铁的输出力 F_m 直接进行比较。

当指令信号经比例放大器进行功率放大后, 输给比例阀的比例电磁铁, 比例电磁铁产生一个相应的输出力作用在先导阀的阀芯 2 的右端。同时压力油通过旁通道经 R_1 进入推杆左端, 压力作用在其端面 a_1 上。推杆产生的力与比例电磁铁推力

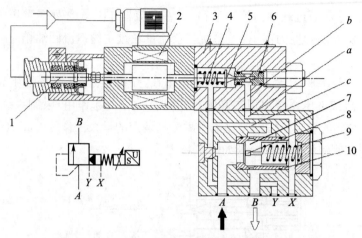

1. 位移传感器; 2. 行程控制型比例电磁铁; 3. 阀体; 4. 弹簧; 5. 锥阀芯;
6. 阀座; 7. 主阀芯; 8. 节流螺塞; 9. 主阀弹簧; 10. 主阀座 (阀套)

图 7.19　带位置调节型比例电磁铁的先导型比例溢流阀

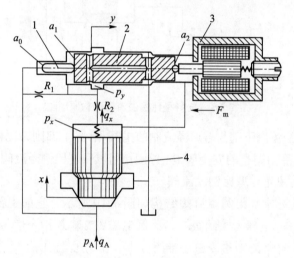

1. 推杆; 2. 先导阀阀芯; 3. 比例电磁铁; 4. 主阀阀芯

图 7.20　直接检测式比例溢流阀

分别作用在阀芯 2 两端, 方向相反。

　　若 p_A 小于设定压力时, 先导阀芯 2 在比例电磁铁推动下向左端移动, 先导阀 2 的回油通道切断; 主阀芯 4 两端的压力相等, 在弹簧的作用下处于关闭状态。

　　若 p_A 升至大于比例电磁铁设定压力时, 先导阀芯 2 在 $p_A a_0$ 作用下向右移动, 先导阀 2 的回油通道开启; 压力油 p_A 通过 R_1 进入先导阀的回油通道, 产生压力降, 导致 R_1 下游压力低于 p_A, 从而造成主阀上下压力不平衡而向上移动, 主阀开启后, 液流在主阀芯与阀座构成的节流的作用下流回油箱。由于节流作用使压力 p_A 维持在设定的压力值。因为压力油 p_A 是直接通过推杆 2 与比例电磁铁相作用的, 故称为直接检测式。

7.2.2.2　比例减压阀

比例减压阀是使阀的出口压力与进口压力的差值连续地或按比例地随电信号变化的压力控制阀。可按控制要求精确地降低系统某一支路的油液压力,在系统中获得两个或多个不同压力。其减压原理是利用液压介质在流程中的局部压力损失,使出口压力与进口压力的差值按电信号的要求按比例变化,或保持出口压力恒定。

1. 先导型比例减压阀

如图 7.21 所示,先导型比例减压阀与先导型比例溢流阀工作原理基本相同。它们的先导阀完全一样,不同的只是主阀级。溢流阀采用常闭式锥阀,减压阀采用常开式滑阀。

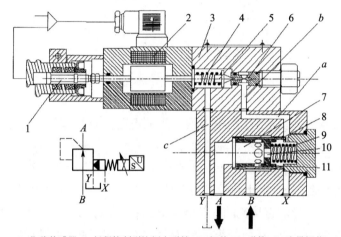

1. 位移传感器;2. 行程控制型比例电磁铁; 3. 阀体; 4. 弹簧; 5. 先导阀芯;
6. 先导阀座; 7. 主阀芯; 8. 阀套; 9. 主阀弹簧; 10. 节流螺塞; 11. 减压节流口
图 **7.21**　先导型比例减压阀

比例电磁铁接受指令电信号后,输出相应电磁力,经弹簧 4 将先导锥阀芯 5 压在阀座 6 上。由 B 进入主阀的一次压力油,经减压节流口 11 后形成二次压力油,经主阀芯 7 的轴向通道由 A 口输出,二次压力油同时经阀芯 7 上的节流螺塞 10 经主阀芯弹簧腔(右腔)、通路 a、先导阀座 6 后作用于先导阀芯 5 上。若二次压力不能使导阀 5 开启,则主阀芯左、右两腔压力相等。在弹簧 9 的作用下,减压节流口 11 为全开状态,由 B 到 A 流动畅通,压降很小。当二次压力超过比例电磁铁设定值时,导阀芯 5 开启,液流经通道 c 由 Y 口泄回油箱。由于节流螺塞 10 的节流作用,主阀芯弹簧腔压力下降,主阀芯左、右两腔的压差使主阀芯克服弹簧 9 作用,使减压节流口 11 关小,使二次压力降至设定值。为防止二次压力过高,可在 X 口接一手动式直动型溢流阀起保护作用。

带限压阀的先导比例减压阀工作原理如图 7.22 所示。先导级是由力控制型比例电磁铁操纵的小型溢流阀,其主阀级与手调式减压阀一样。限压阀 2 和主阀 3

构成一个先导手调减压阀。因此减压阀的调定压力值是由先导阀芯所处的位置决定的, 而最高压力是由限压阀 2 调定。

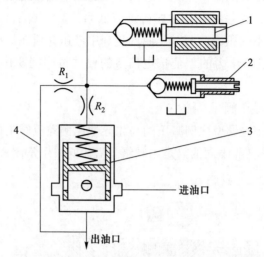

1. 比例溢流阀先导级; 2. 限压阀; 3. 主阀; 4. 先导流动通道

图 7.22　带限压阀的先导比例减压阀工作原理图

当阀接收到输入信号, 比例电磁铁产生的电磁力直接作用在先导阀芯上。只要电磁力使阀芯保持关闭, 先导油就处于静止状态。先导油从出口压力油 (二次压力油) 经通道 4 作用在主阀芯的上、下端面上。因主阀芯上下面积相等, 所以主阀芯保持液压力平衡, 一个很小的弹簧力保持主阀开启, 当出口油的压力超过电磁力时, 先导阀开启, 先导油直接流回油箱。这导致在节流孔 R_1 处产生压力降, 使主阀芯失去平衡而向上移动, 从而减小油口 B 到油口 A 的通流面积 (经过阀套和主阀芯上的径向孔), 产生减压作用, 使油口 A 的压力保持在比例电磁铁的设定值上。

2. 直动式三通比例减压阀

普通的比例减压阀在二次压力开启时, 是通过减小上游节流通道的过流面积来进行压力调整的, 这就要求液压介质的流向必须是流出减压阀的方向。稳压过程中有大量的液压介质流入减压阀的情况 (如液压执行元件在调整压力下退回时), 此时可采用三通比例减压阀。直动式三通比例减压阀如图 7.23 所示。

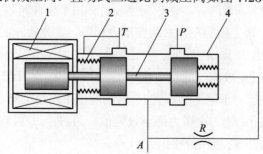

1. 比例电磁铁; 2. 对中弹簧; 3. 阀芯; 4. 阀体

图 7.23　直动式三通比例减压阀工作原理

无信号电流时, 阀芯 3 在对中弹簧 2 作用下处于中位, P、T、A 各油口互不相通。比例电磁铁接收信号电流时, 电磁力使阀芯 3 右移, P、A 接通, 油口 A 输出的二次压力油输入到执行元件, 同时经阀体通道 R 反馈到阀芯右端, 产生一个与电磁力方向相反的液压推力, 该液压推力与电磁力平衡时, 滑阀芯 3 处于平衡状态, 在阀芯与阀套所形成的节流作用下, A 口压力在控制信号电流所对应的量值上。若该液压推力对阀芯的作用力大于电磁力 (即 p_A 高于设定值时), 阀芯左移, 进油节流通道关小, 从而产生附加液阻, 使 p_A 稳定在设定值上。如果液压执行元件中的介质流入 A 口时, 在向左的液压推力作用下, 使 $p_A \to A$ 通道关闭, $A \to T$ 节流口开启, 液压介质经 $A \to T$ 节流口限压于设定值上。在成对使用时, 可用作比例方向阀的先导阀, 如图 7.24 所示。

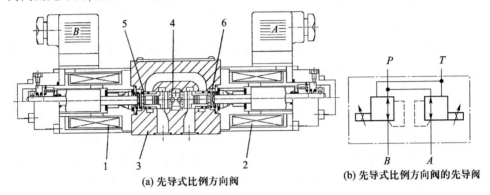

(a) 先导式比例方向阀   (b) 先导式比例方向阀的先导阀

1、2. 比例电磁铁; 3. 阀体; 4. 控制阀芯; 5、6. 活塞

图 7.24   先导比例方向阀

3. 先导式三通比例减压阀

先导式三通比例减压阀工件原理如图 7.25 所示。

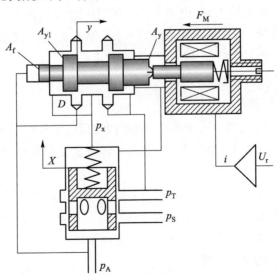

图 7.25   先导式三通比例减压阀工作原理图

调定放大器输入电压后, 比例电磁铁输出电磁力, 此时阀输出相应压力。若因某种干扰使出口压力 p_A 降低, 在电磁力作用下, 先导阀芯向左移, 左边可变节流口增大, 右边可变节流口减小, 先导阀腔压力及主阀上腔压力 p_x 上升, 驱动主阀芯下移, 主阀可变节流口开大, 致使 p_A 上升, 达到稳定时, p_A 保持在调定值。当输出压力超过调定值时先导阀芯向右移动, 先导阀左边可变节流口减小, 右边可变节流口增大, 致使先导阀腔内压力和主阀上腔压力 p_x 下降, 主阀芯上移使 p_A 口与回油口 p_T 相通, 此时相当于溢流阀。

7.2.3　电液比例方向阀

比例方向控制阀按输入信号的大小和方向, 对液压系统液流方向和流量进行控制, 从而实现对执行元件运动方向和速度的控制。在压差恒定条件下, 通过电液比例方向阀的流量与输入电信号的幅值成正比, 而流动方向取决于比例电磁铁是否受激励。电液比例方向阀是具有方向控制功能和流量控制功能的两参数控制复合阀, 其外观与传统方向控制阀相同。为了对进、出口同时准确节流, 比例方向阀滑阀阀芯台肩圆柱面上开有轴向的节流 (控制) 槽。节流槽几何形状为三角形、矩形、圆形或其他组合形状。节流槽在台肩圆周上均匀分布、左右对称分布或成某一比例分布。节流槽轴向长度大于阀芯行程, 使控制口总有节流功能。节流槽与阀套通过不同的配合可以得到 O 型、P 型、Y 型等不同的机能。比例方向阀分为直动型和先导型。

7.2.3.1　直动型比例方向阀

直动型比例方向阀结构如图 7.26 所示。阀体左、右两端各有比例电磁铁, 阀体中阀芯 4 由对中弹簧 2、5 定位。阀芯 4 台肩上开有左右对称的圆形节流槽。当电磁铁 1 有信号电流输入时, 电磁力直接作用在阀芯上, 比例电磁铁推力与对中弹簧的弹性力平衡时, 阀芯 4 即处在与输入信号成比例的位置上, 使 P、B 连通, A、T 连通, 液压介质经相应节流槽节流控制流量。节流槽开口量的大小取决于输入电流信号的强弱, 而液流方向取决于哪个电磁铁接受信号。

7.2.3.2　先导型比例方向阀

直动型比例方向阀因受比例电磁铁电磁力的限制, 只能用于小流量系统。在大流量系统中, 过大的液动力将使阀不能开启或不能完全开启, 应使用先导型比例方向阀。

先导型比例方向阀有两种: 一种是以传统电液动方向阀为基础发展而成的, 其先导阀是双向三通比例减压阀, 主阀为液动式比例方向阀; 另一种是在伺服阀基础上简化发展而成, 称做伺服比例方向阀或廉价伺服阀。

1. 普通先导型比例方向阀

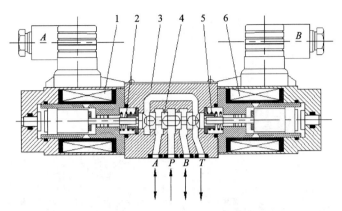

1、6. 比例电磁铁; 2、5. 对中弹簧; 3. 阀体; 4. 阀芯

图 7.26 直动型比例方向阀 (无位置控制)

先导型比例方向阀结构如图 7.27 所示。它是由直动型比例方向先导阀和主阀叠加而成。

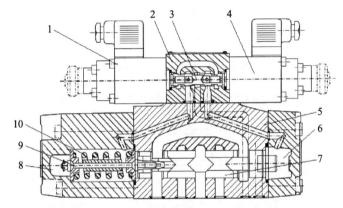

1、4. 比例电磁铁; 2. 先导阀体; 3. 先导阀芯; 5. 主阀体; 6、8. 主阀腔; 7. 主阀芯; 9、10. 弹簧

图 7.27 普通先导型比例方向阀结构图

来自控制器的电信号, 在比例电磁铁中按比例地转化为作用在先导阀芯上的力。与此作用力相对应, 在先导阀的出口得到与之相应的压力, 此压力作用于主阀芯的端面上, 克服弹簧力推动主阀芯位移直到液压力和弹簧力平衡为止。

主阀芯位移的大小, 即相应的阀口开度的大小, 取决于作用在主阀端面先导控制压力的高低, 即相应的取决于输入先导阀两端控制器信号的大小。

2. 位置反馈型先导式比例方向阀

这种阀由一个直动式的比例阀与一个零开口的液动阀叠加而成, 其结构原理如图 7.28 所示。该阀的先导阀工作原理与前面介绍的直动式闭环比例方向阀一样。但是, 由于先导阀处于机械零位 (自然零位) 时, 要求主阀必须复位, 所以先导阀的零位机能应采用 Y 型, 不能是 O 型。正常操纵时先导阀在三个工作位置之间运动, 而主阀芯作跟随运动。这种阀的主阀芯上有防转动机构, 这样可以提高重复控制精度。

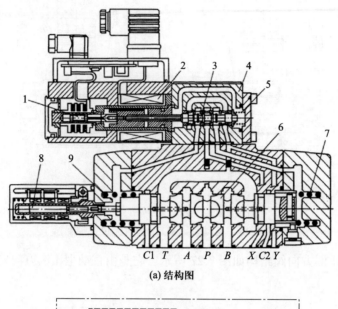

(a) 结构图

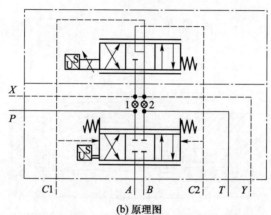

(b) 原理图

1. 先导阀芯位移传感器铁芯; 2. 比例电磁铁; 3. 先导阀芯; 4. 先导阀体;

5. 复位弹簧; 6. 主阀芯; 7、9. 对中弹簧; 8. 主阀芯位移传感器铁芯

图 **7.28** 位置反馈型先导式闭环比例方向阀

3. 整体式比例方向阀

如图 7.29 所示, 整体式比例方向阀把电子控制部分集成在主阀或先导阀内部。它的原理与前面所述的直动式或先导式比例阀相同。它的先导阀是一个直动式比例方向阀, 主阀为双弹簧对中的液动阀。先导阀和主阀均带位置反馈, 使阀芯的位置在较大的液动力干扰下仍能保持准确的位置。

也可以把一个隔离方向阀叠加在导阀和主阀之间作为安全阀使用, 如图 7.30 所示。隔离阀断电时, 主阀将保持在中位, 不受先导阀的控制, 起安全保护的作用。

7.2.3.3 中位机能与阀芯结构

1. 中位机能

比例方向阀阀芯台肩上开有轴向的节流 (控制) 槽, 节流槽的几何形状为三角

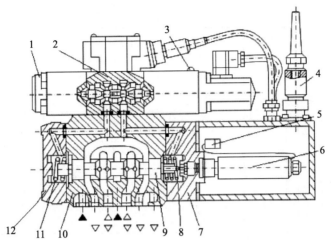

1. 顶紧螺钉; 2. 先导阀; 3. 放气螺钉; 4. 出线口; 5. 电控器; 6. 位移传感器;
7. 右端盖; 8、11. 对中弹簧; 9. 主阀芯; 10. 主阀体; 12. 左端盖

图 7.29　整体式比例方向阀

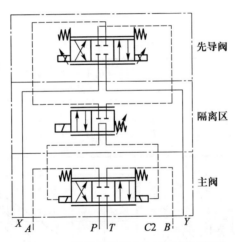

图 7.30　整体式比例方向阀叠加隔离阀

形、矩形、圆形或其组合形状。节流槽在台肩圆周上按一定规律分布。节流槽轴向长度大于阀芯行程,使控制口总有节流功能。节流槽与阀套通过不同的配合可以得到 O 型、P 型、Y 型等不同的阀机能,如表 7.1 所示。

2. 阀芯结构

阀芯的结构对阀的性能影响很大,如图 7.31 所示。

阀口打开的起始值,取决于阀芯上节流切槽的遮盖量,此遮盖量约为整个阀芯行程的 20%,以保证原始位置一定的密封性。通过调整电放大器的零位,可以调节开口起始值。

表 7.1　阀的中位机能对照表

职能符号	机能代号	流通状态	应用
A　B P　T	O	$P \to B = q; A \to T = q$ $P \to A = q; B \to T = q$	对称执行元件或面积比接近 1:1 的活塞单杆液压缸
	O_1	$P \to B = q/2; A \to T = q$ $P \to A = q; B \to T = q/2$	面积比接近 2:1 的单活塞杆液压缸
	O_2	$P \to B = q; A \to T = q/2$ $P \to A = q/2; B \to T = q$	
	O_3	$P \to B = q; A \to T = q$ $P \to A = q; B \to T = 0$	差动缸
	PX	$P \to B = q; A \to T = q$ $P \to A = q; B \to T = q$	对称执行元件
	YX	$P \to B = q; A \to T = q$ $P \to A = q; B \to T = q$	对称执行元件或面积比接近 1:1 的但活塞杆液压缸
	YX_1	$P \to B = q/2; A \to T = 0$ $P \to A = q; B \to T = q/2$	面积比接近 2:1 的单活塞杆液压缸
	YX_2	$P \to B = q; A \to T = q/2$ $P \to A = q/2; B \to T = q$	
	YX_3	$P \to B = q; A \to T = q$ $P \to A = q; B \to T = 0$	差动连接的单活塞杆液压缸

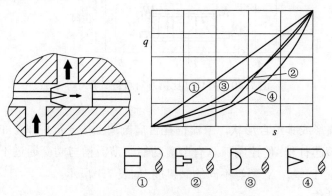

图 7.31　阀芯机构及其特性图

7.2.4　电液比例流量控制阀

电液比例流量控制阀的流量调节作用, 是通过改变节流阀口的开度来实现的。与普通流量阀相比, 电液比例流量阀用比例电磁铁取代原来的手动调节机构, 直接

或间接地调节主流阀口的开度, 使输出流量与输入电信号成比例。节流阀的流量
公式为

$$q = C_{\rm d}A(x)\sqrt{\frac{2}{\rho}\Delta p} \tag{7.5}$$

式中, $C_{\rm d}$ 为阀口的流量系数, 在紊流时近似为常数。

由式 (7.5) 可见, 控制过流面积 $A(x)$ 可以通过改变阀口的流量, 但是通过的流量还要受节流阀口的前后压差 Δp 等因素的影响。电液比例流量控制阀可分为比例节流阀和比例流量阀, 比利流量阀还可以分为二通型和三通型两种。

比例方向阀对进口和出口流量同时节流, 本质上是双路的比例节流阀。如果从外部加上压力补偿装置, 就能使通过的流量与负载变化无关, 具有调速阀的功能。

7.2.4.1 利用方向阀作流量控制

比例流量控制阀的流量调节作用在于改变节流口的开度。它是用电– 机械转换器取代普通节流阀的手调机构, 调节节流口的开度, 使输出流量与输入信号成比例。

比例流量阀分为比例节流阀和比例调速阀。直动型比例节流阀较少见。由于比例方向阀具有节流功能, 实际使用中往往以二位四通比例方向阀代替比例节流阀。如图 7.32 所示, 当换向阀向左位移动时, 从油源流出的液压油一部分经由换向阀内部的节流口直接流向工作系统, 另一部分经由旁路, 再通过换向阀的另一节流通道流向工作系统, 这样使换向阀内部的阀芯动态受力状况相对良好, 调节性能更加稳定。

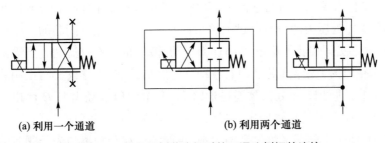

(a) 利用一个通道   (b) 利用两个通道

图 7.32 作为比例节流阀时的四通比例阀的连接

7.2.4.2 比例节流阀

如图 7.33 所示, 当阀的输入电信号为零时, 先导阀芯在反馈弹簧预压缩力的作用下处于图示位置, 即先导控制阀口为负开口, 控制油不流动, 主阀上腔的压力 $p_{\rm c}$ 与进口压力 $p_{\rm s}$ 相等。由于弹簧力和主阀芯上下面积差的原因, 主阀口处于关闭状态。这时, 无论进口压力 $p_{\rm s}$ 有多高, 都没有液压介质从 A 口流向 B 口。

当输入足够大的电信号时, 电磁力克服反馈弹簧 $K_{\rm f}$ 的预压缩力, 推动先导阀芯下移 $x_{\rm v1}$, 先导阀口打开, 控制油经过固定液阻 R_0 → 先导阀口 → 主阀出口进行流动。由于液阻 R_0 的作用, 主阀上腔的控制压力 $p_{\rm c}$ 低于进口压力 $p_{\rm s}$, 在压差

$p_s - p_c$ 的作用下, 主阀芯产生位移 x_{v2}, 阀口开启。同时, 主阀芯位移经反馈弹簧转化为反馈力 $K_f x_{v2}$, 作用在先导阀芯上, 当反馈弹簧的反馈力与输入电磁力达到平衡时, 先导阀芯便稳定在某一平衡点上。从而实现主阀芯位移与输入电信号的比例控制。

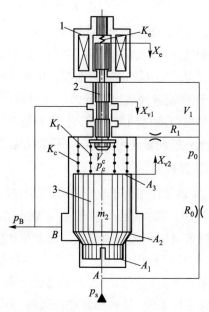

1. 比例电磁铁; 2. 先导阀阀芯; 3. 主阀芯

图 **7.33** 位置 – 力反馈型比例节流阀

如图 7.34, 当阀位于初始位置时, 主阀芯节流口 4 和先导阀芯节流口 3 处于关闭状态, 进口 A 处压力油分别经过油路 R_1, R_2, R_3 作用在主阀芯的三个正反端面上, 此时主阀芯处于受力平衡状态而保持不动, 液体也就没有流动。当给比例电磁铁 1 一定电信号时, 先导阀芯 2 向右移动一定距离, 此时先导阀芯与主阀芯之间的节流口 3 开启, 进油口 A 处液体通过油路 R_1 和节流口 3 经出口 B 流出, 由于 R_1 的节流作用, R_1 下游的环形腔压力降低, 使主阀芯失去平衡而向右移动, 直至将节流口 3 关闭, 此时主阀芯又恢复平衡状态, 主阀芯的移动距离与先导阀芯的移动距离相等。由于先导阀芯的移动距离与输入电流的大小成正比, 可知主阀芯的位移与输入电流成正比。而主阀芯的移动距离正比于主阀节流口 4 处的节流大小, 从而节流阀的输出流量正比于输入电流量, 实现了流量的比例控制。

7.2.4.3　比例调速阀

比例调速阀是在传统调速阀的基础上将其手调机构改用比例电磁铁而成的, 它仍然是由压力补偿器 (定差减压阀) 和比例节流阀构成的。因为它只有两个主油口, 又称做二通比例调速阀。调速阀的工作原理如图 7.35 所示。

图 7.35 中, 压力补偿器的减压阀 1 位于节流阀 2 主节流口的上游, 与主节流口串联, 减压阀阀芯由一小刚度弹簧 4 保持在开启位置上, 开口量为 h, 节流阀 2 阀芯

也由一小刚度弹簧 5 保持关闭。比例电磁铁接受输入电信号, 产生电磁力作用于阀芯, 阀芯向下压缩弹簧 5, 阀口打开, 液流自 A 口流向 B 口。阀的开口量与控制电信号对应。行程控制型比例电磁铁提供位置反馈, 可使其开口量更为准确。

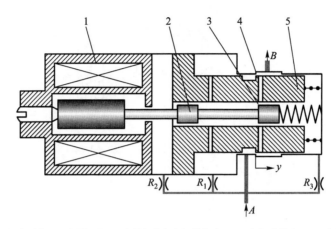

1. 比例电磁铁; 2. 先导阀芯; 3. 先导阀芯与主阀芯节流口; 4. 主阀芯节流口; 5. 主阀芯

图 7.34 位置负反馈型比例节流阀

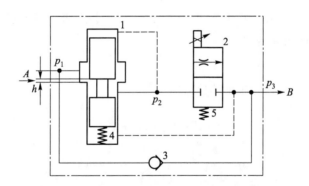

1. 定差减压阀; 2. 比例节流阀; 3. 单向阀; 4、5. 弹簧

图 7.35 比例调速阀工作原理简图

压力补偿器的功能是保持节流阀进出口压差 $\Delta p = p_2 - p_3$ 不变, 从而保证流经节流阀的流量 q 的稳定。

7.2.4.4 定差溢流型比例调速阀

定差溢流型比例调速阀是由节流阀与定差溢流阀并联而成的组合阀, 其没有调速阀中减压阀口中的压力损失, 能量损耗较少。此类调速阀的流量稳定性稍差, 尤其在小流量工况下更为明显。溢流节流阀也称为旁通调速阀。这种定差调速阀一般应用于对速度稳定要求不高而功率较大的进口节流系统中。定差溢流型比例调速阀工作原理如图 7.36 。

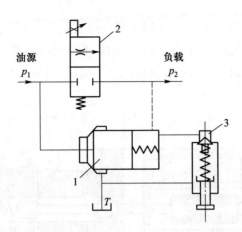

1. 定差溢流阀; 2. 比例节流阀; 3. 限压先导阀

图 **7.36** 定差溢流型比例调速阀原理图

7.2.5 压力补偿器

在定压系统中, 负载压力上升, 流量就减小; 负载压力下降, 流量就增大。只有当负载压力波动不大或者几乎不波动时, 节流阀才能起到流量控制器的作用。

7.2.5.1 进口压力补偿器

1. 二通进口压力补偿器

如图 7.37 所示, 在阀平衡的位置时可得

$$p_1 A_{\mathrm{K}} = p_2 A_{\mathrm{K}} + F_{\mathrm{F}}$$

$$\Delta p = p_1 - p_2 = \frac{F_{\mathrm{F}}}{A_{\mathrm{K}}} \approx \mathrm{constant}$$

在一个带二通进口压力补偿器的装置中, 比例阀进口节流口的压降保持为常数, 从而压力波动和油泵压力变化得到了补偿。即泵压力的升高不会引起流量的增大。而阀的额定流量须按照压力补偿器的 Δp 值来选择。

在二通进口压力补偿器中, 调节阀口 A_1 和检测阀口 A_2 是串联的。当阀芯处于平衡位置而负载压力变化时, 作用于检测口的压力降 $\Delta p = p_1 - p_2$ 将保持为常数。因此, 只要外加压力 $p_{\mathrm{p}} - p_2$ 大于压力降 Δp 时, 阀就能很好地起到调节作用。

随着通过流量的增大, 阀中的液流阻力就增大, 此时只有相应增大外部压差, 才能实现流量调节功能。

2. 三通进口压力补偿器

三通压力补偿器可通过更换二通压力补偿器的控制塔芯而方便地构成, 其负载取压点与二通压力补偿器相对应, 其分辨率和等流量特性与二通压力补偿器一样。这种补偿装置要和定量泵配套使用。

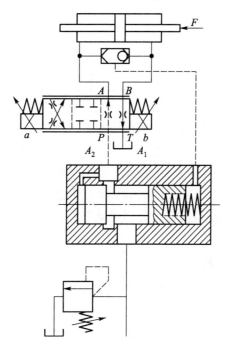

图 **7.37** 二通压力补偿器原理图

如图 7.38 所示, 在使用三通进口压力补偿器时, 调定的固定检测阀口 A_2 和由压力补偿器控制的调节阀口 A_1 是并联的。

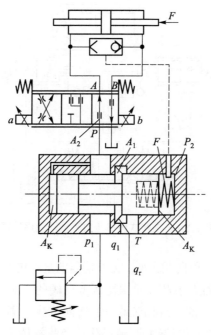

图 **7.38** 三通压力补偿器原理图

调节阀口 A_1 在此作为到回油管路的出流口。控制阀芯处于平衡位置, 而不考

虑摩擦力液动力时, 可得

$$p_1 A_K = p_2 A_K + F_F$$

$$\Delta p = p_1 - p_2 = \frac{F_F}{A_K} \approx 常数$$

这样在检测阀口上的压力差也就保持恒定, 并得到一个与压力变化无关的流量 q。在使用二通压力补偿器时, 油泵始终需提供由溢流阀调定的系统最高压力。

与此相反, 在使用三通压力补偿器时, 其进口的工作压力仅需比负载压力高出一个检测阀口处的一个压差 Δp, 因而其功率损失较小。当在比例阀中使用 W 型阀芯 (中位时 A、B 与油箱相连) 时, 油液就以所设定的 Δp 压差循环于泵与油箱之间。

7.2.5.2　出口压力补偿器

对于负载方向要改变的工作系统, 使用进口压力补偿器是有条件的, 这时可采用出口压力补偿器。这种出口压力补偿器按使用情况, 布置在执行器的一个或两个油口上。如图 7.39 所示, 出口压力补偿器总是位于负载和阀之间, 并保持从 A 或 B 到油箱的压差为常数。

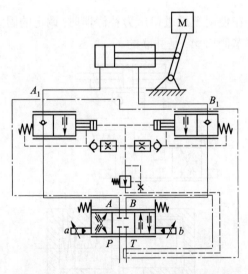

图 7.39　锥阀式出口压力补偿器应用油路

如图 7.40 所示, 出口单向截止型压力补偿器的基本构件为壳体 1, 插装阀 2.1、2.2 和限压阀 3。流量的大小及方向由比例方向阀的设定值电位器给定。例如当油口 A 与泵相连时, 压力油通过插装阀 2.1 通向负载。插装阀这时只起单向阀作用。与此同时, 从泵出口来的控制油, 流经作为负载补偿流量调节器的开启控制阀芯 4.1 进到容腔 5。这一控制油在限压阀前形成一个压力, 它通过控制阀芯 4.2 的小孔 6 和 7 作用到开启控制阀芯 4.2 的 B 端。

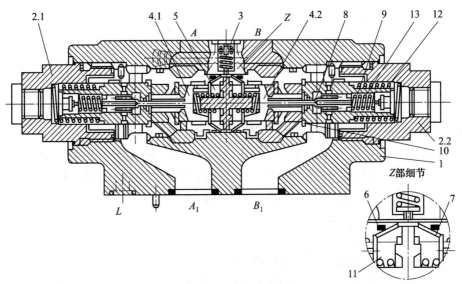

1. 壳体; 2.1 、 2.2 插装阀; 3. 限压阀; 4.1 、 4.2 控制阀芯; 5. 容腔; 6 、 7. 阻尼孔;
8. 卸载锥阀; 9. 弹簧腔; 10. 控制阀口; 11. 容腔; 12 、 13. 弹簧

图 7.40   出口压力补偿器结构图

此外, 限压阀的出口与 T 口相连, 控制阀芯 4.2 克服在弹簧腔 9 中的负载压力, 把卸载锥阀 8 打开。同时卸载锥阀 8 截断了弹簧腔 9 与负载压力的通路。在弹簧腔 9 中, 通过卸载锥阀 8 使其压力与比例方向阀前的 B 通道中的压力一致, 这个压力还作用于液压缸环形腔一侧和开启控制芯阀 4.2 的端面上。

由此, 从 B 口经比例方向阀到 T 口的压力降为常数, 这个压力降由控制阀口 10 调节, 数值上等于容腔 11 的压力减去弹簧力 12 的相应压力。弹簧 13 的作用力是很小的。

当通过比例方向阀把油口 B 和油泵相连时, 在 A 通道中的插装阀组 2.1 的功能与前述相似。

7.2.6　电液比例复合阀

把两种以上不同的液压功能复合在一个整体上所构成的液压元件称为复合阀。若其中至少有一种功能可以实现电液比例控制, 这样的阀称作电液比例复合阀。

最简单的比例复合阀是比例方向阀, 它复合了方向和流量控制两种功能。如果进一步把比例方向阀与定差溢流阀或定差减压阀组合就构成了传统的比例复合阀。

比例复合阀是多个液压元件的集成回路, 具有结构紧凑, 使用维护简单等特点, 可用于对执行器的速度控制、位置控制等调节场合。

常用的比例复合阀有压力补偿型复合阀和比例压力 / 流量复合阀等, 其中后者又被称为 $p-q$ 阀或比例功率调节阀。它是由先导式比例溢流阀与比例节流阀组成的一个复合阀。比例溢流阀的主阀同时在复合阀中兼作三通压力补偿器, 为比例节流阀进行压力补偿, 从而获得较稳定的流量。

$p-q$ 阀的结构图及图形符号分别如图 7.41 及图 7.42 所示。比例节流阀 3 的前后压差由三通压力补偿器 2 保持恒定。通过节流阀的流量仅取决于节流阀的开口面积, 亦即取决于通入比例电磁铁的信号电流大小。三通压力补偿器同时又是先导式比例溢流阀的主阀芯。当负载压力达到溢流阀 1 的调定压力时, 阀芯 2 开启, 保持进口压力 p_s 不变。有些 $p-q$ 阀为了确保系统安全, 带有限压阀。使用 $p-q$ 阀的系统可以在工作循环的不同阶段, 对不同的多个液压执行器进行调速和调压, 使系统得到简化, 同时控制性能也得到提高。

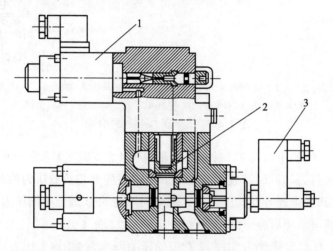

1. 直动式比例溢流阀; 2. 三通压力补偿器; 3. 比例节流阀 (带位置传感器)

图 7.41　$p-q$ 阀结构图

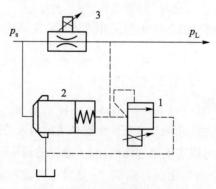

1. 直动式比例溢流阀; 2. 三通压力补偿器; 3. 比例节流阀 (带位置传感器)

图 7.42　$p-q$ 阀的图形符号

第 8 章　电液比例容积控制

　　液压传动与控制技术利用液压介质的静压能进行工作, 是一种利用液压泵或液压马达 (液压缸) 的容积变化来实现液压能的建立与传输的。通过改变液压泵 (或马达、缸) 的有效体积, 可实现对速度 (流量) 的控制作用。采用电液比例控制技术, 对液压泵 (马达) 的排量 (容积) 进行调节, 可以大大提高液压系统的控制灵活性, 并能最大限度地实现节能, 电液比例容积控制技术得到了快速发展。

8.1　容积泵的基本控制方法

　　比例变量泵或马达按其控制方式可分为比例排量、比例压力、比例流量和比例功率控制四大类。这四种类型都是在其相应的手动控制的基础上发展起来的, 所以有必要先来考察一下变量泵的各种控制方式。

8.1.1　流量适应控制

　　流量适应控制是指泵供给系统的流量自动地与系统的需要相适应, 它是为完全消除溢流损失而设计的。这种流量供给系统由于消除了过剩的流量, 没有溢流损失, 提高了效率。流量适应控制的基本办法是采用变量泵。以下是几种较常见的流量适应控制变量泵。

　　1. 限压式变量泵

　　图 8.1a 所示为限压式变量泵, 它的出口接有调速阀, 构成了容积节流调速回路。该泵的工作原理是利用输出压力的反馈作用, 使偏心距改变, 即排量改变。其输出的流量特性曲线 1 以及调速阀流量特性曲线 2 如图 8.1b 所示, 最大输出流量 q_{max} 可通过调节定子的最大偏心距设定。泵的工作点由曲线 1 与曲线 2 的交点确定, 在低压时处于接近水平的一段上 (拐点 C 之前), 高压时处在斜线段上, 图中斜

线段的斜率由复位弹簧刚度 K_s 决定。设预压缩量为 x_0 和变量机构活塞面积为 A，则拐点处的压力 p_c 为

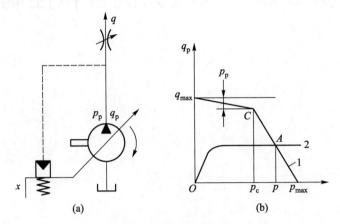

图 8.1　限压式变量泵

$$p_c = \frac{K_s x_0}{A} \tag{8.1}$$

若系统压力小于 p_c，则表明输出压力不足以推动变量活塞，这时泵相当于一个定量泵，输出的流量为最大。若系统压力超过拐点压力 p_c，定子将向偏心距减小的方向移动，输出流量减小，系统工作在斜线段上。泵的输出流量及压力为

$$q = k_p(e_0 - x) - k_1 p_p \tag{8.2}$$

$$p_p = \frac{K_s(x_0 + x)}{A} \tag{8.3}$$

式中，k_p 为泵常数，与泵的结构尺寸有关；e_0 为最大偏心距 (m)；k_1 为泄漏系数 $(m^3 \cdot s^{-1}/Pa)$；A 为变量活塞面积 (m^2)；K_s 为复位弹簧刚度系数 (N/m)；x 为定子位移 (m)。

当弹簧被压缩至允许的最大位移 x_{max} 时，泵的输出压力亦达到最大值 p_{max}

$$p_{max} = \frac{K_s(x_0 + x_{max})}{A} \tag{8.4}$$

这时，泵的实际输出流量为零，全部流量仅用补偿于内部泄漏。

对上述限压式变量叶片泵的输出特性分析表明，其输出流量与系统所需流量基本一致，从而具有流量适应的特点。

2. 流量敏感型变量泵

流量敏感变量泵的工作原理如图 8.2a 所示。它与限压式变量泵的区别仅仅是它以流量检测信号代替了压力直接反馈信号。当没有过剩流量时，流过液阻 R 的流量为零，控制压力 p_c 也为零。这时泵的输出流量最大，作定量泵供油。当有过剩流量流过时，流量信号转为压力信号 p_c，然后和弹簧反力比较来确定偏心距。适

当选择液阻 R 可以把控制压力限制在低压范围, 从而使复位弹簧的刚度减小。由于过剩的流量先经过溢流阀, 而溢流阀的微小变动就能产生调节作用, 故这种流量敏感型变量泵同时具有恒压泵的特性。其压力 – 流量特性曲线如图 8.2b 所示, 显然这种泵的拐点压力及最大压力均由溢流阀的手调机构调节确定。当工作压力低于调定压力时, 它相当于定量泵。当工作压力高于调定压力时, 按流量适应变量泵工作, 其出口压力基本上与流量无关。

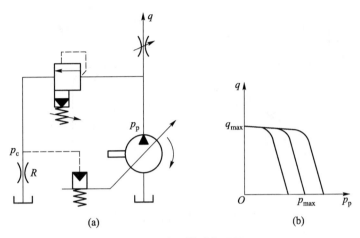

图 8.2 流量敏感变量泵

3. 恒压变量泵

恒压变量泵是指当流量作适应调节时压力变动十分微小的变量泵。

正如先导式溢流阀一样, 用压差来与弹簧力平衡, 其恒压性能就较直动式的好得多。恒压变量泵也是利用这一原理来获得压力浮动很小的恒压性能的。

图 8.3 给出了这种泵的工作原理和性能曲线。在恒压变量泵中设置两个控制腔, 利用两端的压力差来推动变量机构作恢复平衡位置的运动, 这样弹簧刚度就可以较小。只要求弹簧能够克服摩擦力, 使泵在无压时能处于最大排量的状态即可。其弹簧腔由一小型的三通减压阀控制。其实质上是利用了先导控制原理, 把检测环节 (减压阀的弹簧) 和调节环节 (变量机构) 分开, 以获得较好的恒压变量性能。即流量从零至最大的范围变化时, 压力变化甚小。

泵的工作原理是: 当输出压力比减压阀 2 的调定压力小时, 减压阀全开不起减压作用。这时, 变量机构 3 液压力平衡, 在复位弹簧作用下处在排量最大位置。当泵的输出压力等于或超过调定压力时, 减压阀阀芯向左移动, 使供油压力和变量机构下腔部分与油箱接通, 因此下腔压力降低, 使变量机构失去平衡。上腔液压力推动变量机构下移压缩复位弹簧, 直至重新取得力平衡。与此同时, 由于变量机构的移动使流量作适应变化。

图 8.3b 所示为获得的恒压力曲线, 图中垂直段的斜率由参比弹簧的刚度决定。调节三通减压阀的弹簧 1, 改变其压缩量, 就可以方便地定出其特性曲线的转折点

的位置, 实现对该泵的压力调节。图中水平段由泵的最大输出流量决定。显然, 合理地使用这种泵比限压式变量泵有更佳的节能效果。这种泵也很容易做成比例压力变量泵, 只要用比例电磁铁取代调节弹簧 1 便可。对于要求恒压的地方, 该泵很有实用价值。

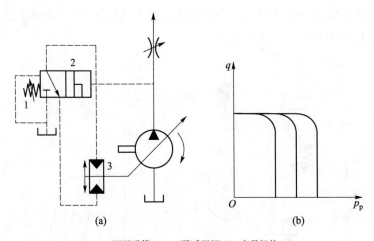

1. 调压弹簧; 2. 三通减压阀; 3. 变量机构

图 **8.3** 恒压变量泵原理图及其特性曲线

8.1.2 压力适应控制

压力适应控制是指泵供给系统的压力自动地与系统的负载相适应, 完全消除多余的压力。压力适应控制可以由定量泵供油系统来实现。这对于负载速度变化不大, 而负载变化幅度大且频繁的工况, 具有很好的节能效果。在定量泵压力适应系统中, 当供油量超过需要量时, 多余的流量不像定压系统那样从溢流阀中排走, 也不像限压变量泵那样会迫使系统压力升高来减少输出流量, 而是从非恒定的流阻排出。此流阻的阻值随着执行机构的负载和速度的不同而变化。常见的压力适应控制系统有恒流源系统、旁路节流系统和负载压力反馈回路。下面只介绍与比例变量泵关系最为密切的负载压力反馈回路。

1. 定差溢流型压力适应控制

这种回路只需使溢流阀的弹簧腔接受负载压力反馈信息, 构成压差控制溢流阀, 或称定差溢流阀 (图 8.4), 就能使溢流阀失去恒阻抗流阻的性质, 成为一种与负载压力相适应的非恒定流阻, 从而使系统供油压力与负载需要相适应, 实现节能。

若将节流阀的出口压力作为反馈压力, 实质上就构成了一个溢流节流型调速阀 (图 8.5)。压力适应控制虽然有利于节能, 但系统的压力总是随负载的变化而变化, 使系统的泄漏和容积效率等对系统的影响不稳定, 这对系统的刚性、平稳性不利。如果使定差溢流阀的进口压力点与取出反馈压力点尽可能地包围更多的液压元件, 可以提高系统的刚性和速度的稳定性。

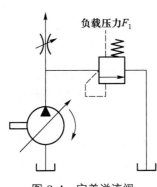

图 8.4 定差溢流阀

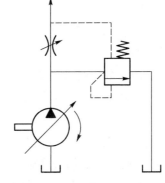

图 8.5 溢流节流型调速阀

2. 流量敏感型稳流量变量泵

把定差溢流阀用于变量泵时可以解决由于压力随内泄漏和容性引起的不稳定问题。把定差溢流节流阀的溢流信息，作为变量泵的变量信号，向减小流量方向变化，就可以消除溢流量，又能保证输出流量不受外载的影响，构成所谓稳流量变量泵。

图 8.6 为流量敏感型稳流量变量泵的工作原理图。节流阀 R_1 与定差溢流阀构成溢流节流阀，节流阀的前后压差被定差溢流阀限定，所以进入系统的流量不受负载影响，只由节流阀的开口面积来决定。泵的出口压力随负载压力变化，两者相差一个不大的常数。所以它是一个压力适应动力源，其特点是以流量检测信号代替原来的压力直接反馈信号。在工作压力适应调节时，过剩的流量从溢流阀流走，由固定流阻 R_2 检测，并转为压力信号，然后反馈到变量柱塞的弹簧腔，与弹簧力一起和泵出口压力比较。由于节流阀 R_1 的截面积比 R_2 大得多，且主节流孔后的液容也比 R_2 后的液容大得多，因此，同样的流量变化，Δp_2 要比 Δp 的变化大得多。因 R_2 很小，使溢流阀的溢流量保持在很小的水平上。通过定差溢流阀流量的微小变化能引起压力的较大变化，故溢流量的微小变化就能引起泵的动作。因此，这种泵是流量敏感型的。实际上，此泵同时具有压力适应与流量适应两种特点。

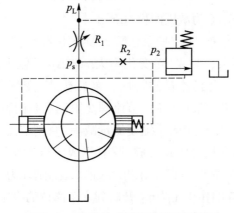

图 8.6 流量敏感型稳流量变量泵

8.1.3 功率适应控制

液压功率由压力与流量的乘积来决定。无论是流量适应或压力适应系统，都只能做到单参数适应，因而都是不够理想的能耗控制系统。功率适应动力源系统，即压力与流量两参数同时满足负载要求的系统，是较为理想的能耗控制系统。

图 8.7 为一种差压式稳流量变量泵。泵的变量机构由在定子两边的两个柱塞缸组成。定子的移动靠两个柱塞缸上的液压作用力之差克服弹簧 4 的作用力来实现。所以这种泵称之为差压式变量泵。这种泵的工作情况为：节流阀 2 的出口压力，即负载压力反馈到右边柱塞弹簧腔，泵的出口压力，即节流阀的进口压力反馈到左柱塞腔。由于左右柱塞承压面积相等，故压差 Δp 为

$$\Delta p = p_{\mathrm{p}} - p_1 = \frac{F_{\mathrm{s}}}{A} \tag{8.5}$$

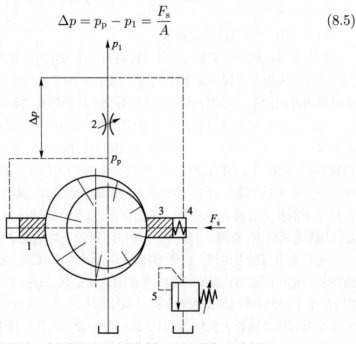

1. 左变量柱塞缸; 2. 节流阀; 3. 右变量柱塞缸 4. 参比弹簧; 5. 安全阀

图 8.7 差压式稳流量变量泵

式中，F_{s} 为弹簧力 (N); A 为承压面积 (m^2)。

这个压差由弹簧力来平衡，使泵在某一偏心距下工作。显然 Δp 的稳定精度与弹簧的刚度直接相关。如果 F_{s} 变化不大，则 Δp 近似不变，泵输出的流量也变化不大，故这种泵具有稳流量的特性。泵启动前，变量柱塞右端的弹簧使定子保持在最大排量位置。泵启动后，节流阀 2 限制了泵的输出流量通过，使泵出口压力增高，对弹簧产生一定的压缩使流量减小，直到节流阀限定的流量值。由于负载压力被反馈到变量缸的弹簧腔，这就形成了压力反馈。负载压力变化时，会引起泵的压力作适应调节。可见，采用此泵的系统既有压力适应的性质，又有流量适应的性质。安全阀 5 的作用是当 p_1 升高到安全阀调的设定压力时，安全阀便打开溢流，保护变量泵不受损害。

图 8.8 为一种较完善的功率适应变量泵。其特点是泵的变量机构不是靠负载反馈信号直接控制, 而是通过一个三通减压阀作为先导阀来控制, 因而具有先导控制的许多优点, 特别是灵敏度高, 动特性好。主节流阀的压差由减压阀调定, 因此, 通过主节流阀的流量仅由其开口面积决定。改变开口面积可使流量压力特性曲线上下平移。调节减压阀的弹簧预压缩量可以改变拐点的压力, 即可使垂直段左右移动, 这样便可适应不同的工况要求。

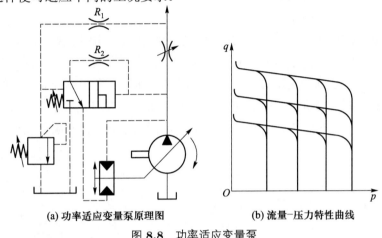

(a) 功率适应变量泵原理图   (b) 流量－压力特性曲线

图 8.8 功率适应变量泵

8.1.4 恒功率控制

在许多工程机械中, 液压泵由发动机来驱动。发动机如果不工作在高效率的最佳工况, 会造成能量的损耗。恒功率控制是为了使原动机在液压泵的任何工况下都能工作在最佳工况下而设计的。恒功率控制可保证泵的输出总功率与负载无关。因液压功率 P 为压力 p 与流量 q 的乘积, 即 $P = pq$。所以在恒功率控制中, 流量随压力升高呈双曲线规律减小。

图 8.9 所示为一种恒功率控制器的结构原理图和 $p - q$ 关系曲线图。控制器中有两根套在一起的弹簧, 低压时较软的弹簧起作用, 这时泵的输出对应于 bc 段。

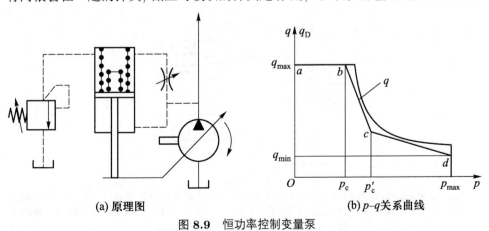

(a) 原理图   (b) p－q关系曲线

图 8.9 恒功率控制变量泵

高压时两根弹簧同时接触变量活塞, 这时弹簧刚度变大, 对应 cd 段。两段合起来就能近似实现恒功率控制。

为了能调节变量控制的起点 b, 控制腔与一小溢流阀串接, 且并联一个流阻产生可变压差。这个压差与弹簧的合力用来推动变量活塞。调节溢流阀的溢流压力可改变变量起点压力 p_c。在低压段, 溢流阀未开启, 泵处于最大排量位置, 这时是定量泵状态。当压力升高到溢流阀设定压力后, 变量活塞开始移动并压缩弹簧, 使流量随压力呈双曲线减小。

图 8.10 为力士乐型 A7V 恒功率变量泵的原理及结构图。变量活塞 4 小端常通压力油, 压力油经流道 15 作用在导杆 13 上, 并作用在阀芯 8 上与调压弹簧的预压缩力比较。当达到预调压力之前, 弹簧 10 的预压缩力及小端控制腔上的作用力使缸体保持在最大倾角位置。这时输出流量为最大。当到达控制起点压力时, 阀芯 8 被推杆推动, 使油腔 a 与 b 接通, 这时差动活塞带动缸体向倾角减小的方向移

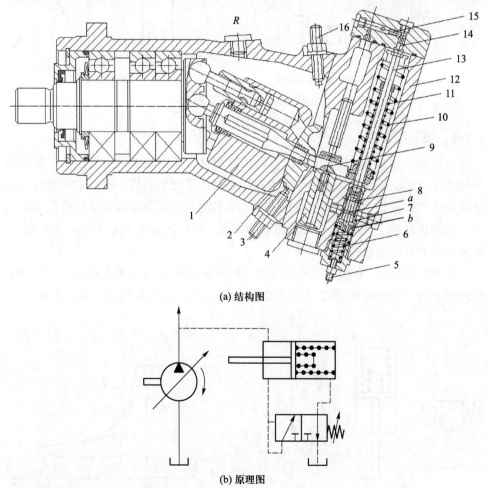

(a) 结构图

(b) 原理图

1. 缸体; 2. 配流盘; 3. 最大摆角限位螺钉; 4. 变量活塞簧; 5. 调节螺钉; 6. 调节弹簧; 7. 阀套; 8. 控制阀芯;
9. 拔销; 10. 大弹簧; 11. 小弹簧; 12. 后盖; 13. 导杆; 14. 先导活塞; 15. 喷嘴; 16. 最小摆角限位螺钉

图 8.10　A7V 恒功率泵的结构及原理图

动, 直至变量活塞上的差动作用力与弹簧 10 上的压缩力 (或弹簧 10 与弹簧 11 的合力) 平衡为止。这时输出的流量随压力的增加而减小。其斜率由弹簧的组合刚度确定, 流量 – 压力曲线如图 8.9 中曲线 *abcd* 所示。调节螺钉 5, 改变调压弹簧的预压紧力, 可以改变控制起点压力 p_c 的大小。

在电液比例控制的变量泵中, 还可以利用流量 – 电反馈或压力 – 电反馈的信号, 按恒功率的算法进行处理和运算, 求出变排量的信号, 以准确地实现恒功率控制。

8.2 电液比例排量调节型变量泵和变量马达

在一定转速下, 变量泵和马达的流量正比于排量。而排量是由变量机构的位置来决定的, 因此, 电液比例排量控制本质上是电液比例位置控制系统。它利用适当的电 – 机转换装置, 通过液压放大级对变量泵或马达的变量机构进行位置控制, 使其排量与输入信号成正比。这样的控制称为电液比例排量控制。

比例排量调节变量泵的输出流量能在负荷状态下跟随输入信号作连续比例变化。而泵的压力由外部负载决定。由于泵的容积效率随工作压力的上升而下降, 使这种泵的流量随负载而变化, 得不到精确的控制。但由于它能在工作状态下用电气遥控变量, 故因容积效率下降而减小输出的流量, 可以通过电气控制的办法, 增加或减小输入控制信号, 使排量作小量的变化而得到补偿。

虽然比例容积控制只是用比例电磁铁和先导阀来取代手调变量机构, 但这不仅是操作方式的不同, 更重要的是能够利用电气控制来进行各种压力补偿、流量补偿以及功率的适应控制, 从而使控制水平大大提高。

图 8.11 是几种常见的比例排量调节方案。比例排量调节的方式按反馈信号的类型分为三种, 即位移直接反馈式, 位移 – 力反馈式和位移 – 电反馈式。变量系统所用的压力油, 可以取自泵出口的压力油或接外部控制压力油。图中的比例阀可以是直动式的, 有时也需要先导式的, 以获得足够大的推力; 也可用机械力代替控制力, 必要时可以用手动, 这时就相当于手动变量式定量泵。变量缸内设有对中弹簧, 以便在无信号时回到无流量状态, 图 8.11a 所示为一种单向变量机构, 图 8.11b 和图 8.11 c 可以用于双向变量。

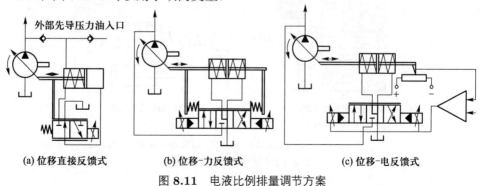

(a) 位移直接反馈式 (b) 位移-力反馈式 (c) 位移-电反馈式

图 8.11 电液比例排量调节方案

8.2.1 位移直接反馈式比例排量调节

位移直接反馈式比例变量泵是在手动伺服变量泵的基础上增设比例控制电－机械转换部件而构成的。在这种变量方式中，变量活塞跟踪先导阀芯的位移而定位。

1. 位移直接反馈式比例排量调节

位移直接反馈式比例变量泵是在手动伺服变量泵的基础上发展起来的。在这种变量方式中，变量活塞跟踪先导阀芯的位移而定位，因此变量活塞的行程与先导阀芯的行程相等。下面将要介绍的三种比例排量调节变量泵都是在国产 CYl4-1 型手动伺服变量泵的基础上，增设比例控制电－机械转换部件而构成的。所以下面先要了解一下 CYl4-1 型手动伺服变量机构的工作原理。

伺服变量机构的工作原理如下。

图 8.12 所示是一种常用的伺服变量机构，它是由一个双边控制滑阀和差动活塞缸组成的一个位置伺服控制系统。伺服系统的供油取自泵本身。活塞小端油腔

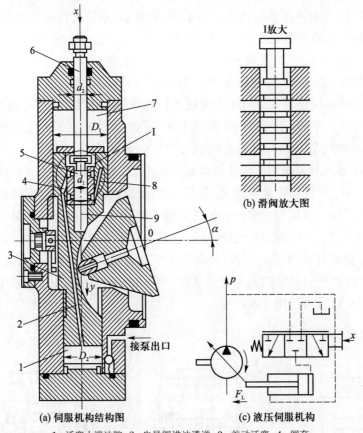

(a) 伺服机构结构图   (c) 液压伺服机构

1. 活塞小端油腔; 2. 先导阀进油通道; 3. 差动活塞; 4. 阀套;
5. 滑阀; 6. 拉杆; 7. 活塞大端油腔; 8. 大端油腔控制油通道; 9. 回油腔

图 8.12 机液伺服变量机构

1(直径 D_2) 常通来自液压泵的压力油, 而活塞大端油腔 7 中的油压力受滑阀 5 的控制。当输入位移信号 Δx 以后, 滑阀上部的开口打开, 高压油注便流入活塞大端油腔 7(直径 D_1), 活塞大端油腔 7 的面积比活塞小端油腔 1 大, 所以合力向下, 使活塞产生对 Δx 的跟随运动 Δy, 直到 $\Delta y = \Delta x$ 为止 (这时上部的阀口重新关闭)。这时斜盘已产生了一个倾角增量 $\Delta \alpha$, 使流量发生正比于输入信号 Δx 的变化。当拉杆上移时, 活塞大端油腔 7 经通道 8 接通回油腔 9, 活塞在活塞小端油腔 1 液压推力作用下上移, 规律与下移时相同。

2. 伺服电机驱动比例排量调节

伺服电动机输出的是转角, 而伺服滑阀需要的是直线位移。因此, 利用伺服电动机作电 − 机械转换元件时需要加上一个螺旋机构。图 8.13 就是这样的一种控制方式。这种变量泵控制精度高, 能与电气自动化系统共同工作, 实现遥控比例变量。

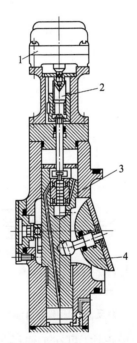

1. 伺服电动机; 2. 螺旋机构; 3. 变量机构; 4. 斜盘机构

图 8.13 电液伺服变量机构

3. 比例减压阀控制的比例排量调节变量泵

采用比例减压阀输出的液压油推动伺服阀的阀芯, 实现电液比例排量调节, 这样比例电磁铁的行程就不受变量活塞的行程限制。图 8.14 中的比例排量变量泵使用的就是这种形式的比例排量调节机构。它是在手动伺服变量泵上增设电液比例减压阀 2、操纵缸 3 构成的。其控制精度及灵敏度虽不如电液伺服变量泵, 但抗污染力强, 价格低廉, 工作可靠, 对许多机械的远程控制是很理想的。

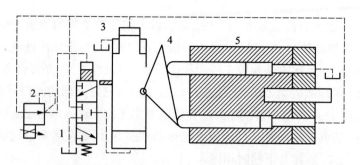

1. 液动伺服阀; 2. 比例减压阀; 3. 操纵缸; 4. 变量机构; 5. 柱塞泵

图 8.14　电液比例排量调节变量机构

8.2.2　位移 – 力反馈式比例排量调节变量泵

由于位置直接反馈式中反馈量是变量活塞的位移, 它必须采用伺服阀来进行位置比较。而伺服阀的制造工艺要求很高。而且为了驱动伺服阀, 往往需要增加一级先导级, 又使结构复杂化, 增加了成本。采用位移 – 力反馈的控制方式来使变量活塞定位, 可使变量机构的控制得到大大的简化。

力士乐型 A7V 斜轴式轴向柱塞泵就是一种位移 – 力反馈式的比例排量调节变量泵, 如图 8.15 所示。

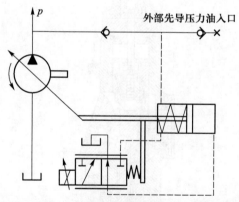

外部先导压力油入口

图 8.15　位移 – 力反馈式比例排量调节变量泵原理图

泵的排量与输入控制电流成正比, 可在工作循环中无级地控制泵的排量。如图 8.16 所示, 无控制电流时, 该泵在压力复位弹簧的作用下返回原位, 当有信号电流时, 比例电磁铁 10 产生推力, 通过调节套筒 9 和推杆 7 作用于控制阀上。当 10 产生的推力足以克服起点调节弹簧 3 和反馈弹簧 8 的预压缩力的总和时, 阀芯 4 位移使 a、b 控制腔接通。变量活塞 5 从最小排量位置向增大排量的方向移动, 实现变量。与此同时, 在移动中不断压缩反馈弹簧, 直至弹簧上的压缩力略大于电磁力时, 先导阀芯开始关闭, 并终于完全关闭, 实现位移 – 力反馈, 使活塞定位在与输入信号成正比的新位置上。

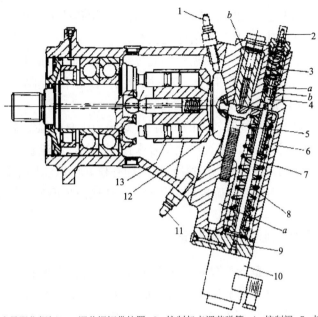

1. 最小流量限位螺钉; 2. 调节螺钉带护罩; 3. 控制起点调节弹簧; 4. 控制阀; 5. 控制活塞;
6. 端盖; 7. 推杆; 8. 反馈弹簧; 9. 调节套筒; 10. 比例电磁铁; 11. 最大流量限位螺钉;
12. 配流盘; 13. 缸体; *a*. 变量活塞小腔 (通常压力油); *b*. 变量活塞大腔 (控制腔)

图 8.16 A7V 比例排量调节变量泵结构

8.2.3 位移－电反馈型比例排量调节

位移－电反馈式排量调节把带有排量信息的斜轴 (斜盘) 的倾角或变量活塞的直线位移转换成电信号, 并把此信号反馈到输入端由电控器进行处理, 最后得出控制排量改变的信息。

图 8.17 所示为一种位移－电反馈型比例排量调节变量泵的原理图。变量机

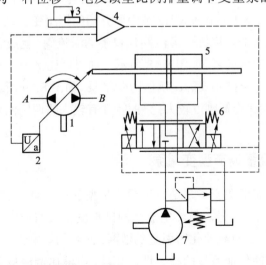

1. 双向变量泵; 2. 位移传感器; 3. 输入信号电位器; 4. 电控器;
5. 双向变量机构; 6. 三位四通比例换向阀; 7. 先导油泵

图 8.17 位移－电反馈型比例排量调节

构的位移或倾角, 决定了泵的输出流量。该位移或倾角的大小由位移传感器 2 检测并形成反馈, 所以实际上是间接的流量反馈。

因为是双向变量机构, 需要采用辅助先导泵向比例阀供油, 使在主泵的排量为零的位置下变量机构仍能可靠工作。变量机构由弹簧对中, 控制失效时, 通过比例阀的中位节流口实现油液体积平衡而回零。

该系统流量随压力升高有较大的负偏差, 这是由于泵的泄漏流量 q_L 引起的。可见, 比例排量调节虽然可以通过电气信号来控制泵的输出流量, 但因负载变化以及泄漏等因素引起的流量变化无法得到抑制和补偿。所以, 比例排量调节的流量得不到精确的控制。当需要精确控制时就要采用比例流量调节变量泵。

8.3   电液比例压力调节型变量泵

电液比例压力调节型变量泵是一种带负载压力反馈的变量泵, 其特点是利用负载压力变化的信息作为泵本身变量的控制信号。泵的出口压力代表了负载大小的信息。当它低于设定压力时, 像定量泵一样工作, 输出最大流量。当工作压力等于设定压力时, 它按变量泵工作, 这时泵输出的流量随工作压力的变化下降很快。任何工作压力的微小变化都将引起泵较大的流量变化, 从而对压力提供了一种反向变化的补偿。当系统的负载压力大于设定压力时, 泵的输出流量迅速减小到仅能维持各处的内、外泄漏, 且维持设定压力不变。可见这种变量泵具有流量适应的特点, 在泵作流量适应调节时, 工作压力变动很小, 基本保持不变。泵的最大供油能力由其最大排量决定, 而泵的出口压力由比例电磁铁的控制电流来设定。这种泵完全消除了流量过剩, 而输出压力又可根据工况随时重新设定, 因而有很好的节能效果。这种泵是流量适应的, 它无需设置溢流阀, 但应加入安全阀来确保安全。

比例压力泵是在 8.1.1 节和 8.1.2 节中所介绍的恒压变量泵和流量敏感型变量泵的基础上开发出来的。用比例溢流阀代替手调溢流阀, 就成了一种直接控制式的比例压力调节型的变量泵, 如图 8.18 所示。如果用比例溢流阀代替先导控制中的手调机构就成了先导控制式的比例压力变量泵, 如图 8.19 所示。直接控制式的压力调节泵, 由于参比弹簧刚度较大, 泵的特性有较大的调压偏差。

8.4   电液比例流量调节型变量泵

电液比例流量调节型变量泵是一种稳流量型的变量泵, 它的输出流量与负载无关, 且正比于输入电信号。虽然电液比例排量变量泵的输出流量也有正比于输入信号的功能, 但由于负载变化所引起的泄漏, 液容的影响无法得到自动补偿, 因此排量调节控制不能保证流量的稳定性。相反, 电液比例流量调节型变量泵以流量为控制对象, 在泵作压力适应变化时, 自动补偿流量的变化, 维持流量稳定。但

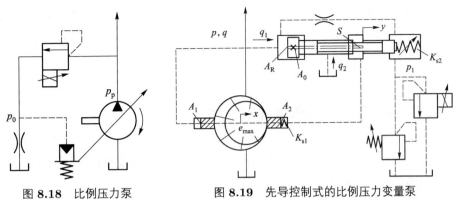

图 8.18 比例压力泵   图 8.19 先导控制式的比例压力变量泵

由于它的恒流量性质是靠容积节流实现的, 大流量时, 其节流损失不容忽视。

图 8.20 所示为比例流量调节型变量泵的职能符号和原理示意图。将该图与流量敏感型稳流量变量泵相比较可知, 除用比例节流阀代替手调节流阀外, 其他是完全相同的, 所以它们的工作原理也完全相同。

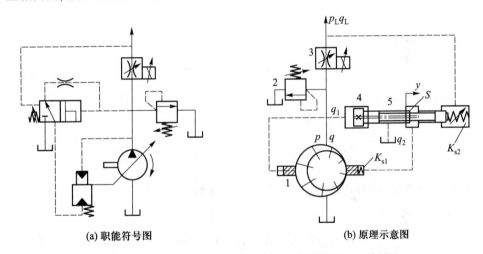

(a) 职能符号图   (b) 原理示意图

1. 变量叶片泵; 2. 安全阀; 3. 比例节流阀; 4. 固定阻尼孔; 5. 控制阀

图 8.20 比例流量调节型变量泵

8.4.1 稳流量调节控制原理

如图 8.20, 在设定的安全压力范围内, 泵的全部流量通过比例节流阀 3 。对于任意设定开口量, 压降随通过节流口的流量的增加而增加。因此, 该压降是泵流量的一个度量信息。控制阀芯 5 两端作用着比例节流阀 3 的进出口压力。出口压力与阀芯右端弹簧腔相通。弹簧通常调定在某一预压缩量下, 这一弹簧力决定了通过比例节流阀的压降。这一压降应使控制阀在控制边 S 处有 0.05 mm 左右的开口量, 使其保持少量溢流。

控制阀芯在正常工作时, 在约 0.1 mm 的行程内不断调整位置。当比例节流

口关小或负载力 p_L 下降时, 入口压力 p 大于出口压力 p_L 与弹簧力之和, 阀芯向右移动, 使溢流量增大。其结果是大柱塞腔部分卸压, 使泵的出流减小, 直至调节阀芯恢复到原来的位置, 保持节流阀压差不变。反之亦然。

8.4.2 电液比例流量调节型变量泵的特性

电液比例流量调节型变量泵的动、静态特性分析与压力调节型的相仿, 可以利用其结果作相应的修改而获得。其主要差别是以压差反馈代替压力反馈。比例流量调节的输入方程为

$$A = K_e i \tag{8.6}$$

式中, A 为比例节流孔通流面积 (m²); K_e 为电流面积转换系数 (m²/A)。

通过节流阀的流量方程为

$$q_L = KA\sqrt{p - p_L} = KK_e i\sqrt{p - p_L} \tag{8.7}$$

式中, K 为节流阀常数。

线性化得到

$$\Delta q_L = K_q \Delta i + K_c \Delta p_L \tag{8.8}$$

式中, K_q 为流量增益 (m³·s⁻¹/A); K_c 为流量 – 压力系数 (m³·s⁻¹/Pa)。

另外, 通节流口 S 及阻尼孔 4 的流量连续方程式为

$$K_q Y = -(K_{eY} + k_{e2})p_c \tag{8.9}$$

对其应作些修改, 因为此时泵的出口压力不是常数。

对

$$q_1 = C_{d1}A_0\sqrt{\frac{2}{\rho}(p - p_c)} \tag{8.10}$$

$$q_2 = C_{d2}Wy\sqrt{\frac{2}{\rho}p_c} \tag{8.11}$$

线性化后代入下式:

$$q_1 = q_2 \tag{8.12}$$

得

$$K_q \Delta y = K_{c1}\Delta p - (K_{c1} + K_{c2})\Delta p_c \tag{8.13}$$

考虑到溢流量 q_1 对输出流量的影响, 出口连续方程为

$$q_L = q - q_1 = q - K_{c1}(\Delta p - \Delta p_c) \tag{8.14}$$

利用以上式子, 比例流量调节变量叶片泵的方框图如图 8.21 所示。

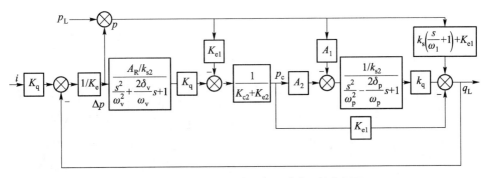

图 8.21 比例流量调节型变量叶片泵的方框图

由图 8.21 可以看出, 负载压力 p_L 作为干扰量影响流量调节精度。对具体情况可对方框图进行适当的简化, 得出实用的传递函数并进行动态特性的分析。

比例流量调节变量泵的静态特性如图 8.22 所示。

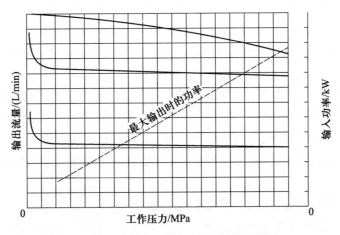

图 8.22 比例流量调节变量泵的静态特性

从特性曲线图 8.22 中可以看到, 随着压力升高不存在截流压力, 即泵不会回到零流量处, 所以这种泵不具流量适应性, 因而系统必须设有足够大的溢流阀。

8.4.3 带流量适应的比例流量调节型变量泵

图 8.23 为带流量适应的比例流量调节型变量泵的原理图。它是在比例流量调节的基础上增加了溢流阀 2 而构成。由于增加了上述元件, 使当工作压力达到溢流阀 2 的调定压力后, 控制阀 3 就失去了保持恒压差的作用。溢流后, 阀 3 的弹簧腔压力被固定在溢流阀调定压力上, 当系统压力继续升高时, 阀芯 3 便左移, 并最终使泵的大控制腔压力为零。在小控制腔液压力的推动下, 变量泵处于零流量位置。

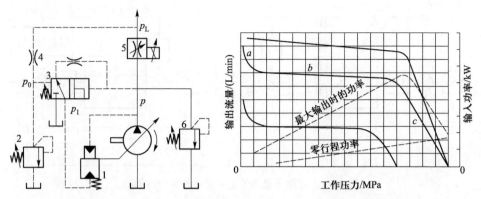

1. 变量机构; 2. 溢流阀; 3. 控制阀; 4. 固定阻尼孔; 5. 比例节流阀; 6. 安全阀
图 8.23　带流量适应的比例流量调节型变量泵的原理图及静态特性曲线

　　压力和流量是两个最基本的液压参数, 它们的乘积就是液压功率。前面介绍的几种比例泵中, 都只有一个参数是可以任意设定的, 另一个参数需要手调设定或自动适应。自动适应控制虽然有它的优点, 但并非总是最佳选择。例如比例压力变量泵有流量适应能力, 但它在作流量适应时, 其代价是供油压力要额外提高, 或者比例流量泵在作压力适应时要损失一定的流量。所以, 从能耗控制的观点来看它们并非最优。

　　比例压力和流量调节型变量泵被称为复合比例变量泵, 能充分地利用电液比例技术的优点。它控制灵活, 调节方便, 在大功率系统中节能效果十分明显。

　　复合比例变量泵可能实现的复合控制功能是通过信号处理来实现的。这样两个基本参数的控制信号并非完全独立, 有时要利用一个算出另一个或限制另一个的取值范围。

　　电液比例压力和流量调节型变量泵大致可分为压力补偿型和电反馈型两种。压力补偿型是以容积节流为基础, 由一个变量泵加上比例节流阀构成, 并由一个特殊的定差溢流阀 (恒流控制阀) 和一个特殊的定压溢流阀 (恒压控制阀) 对变量机构进行控制, 实现压力和流量的比例控制。

　　电反馈型变量泵可以取消比例节流阀, 是纯粹的容积调速。它需要利用流量和压力传感器对被控制压力和流量进行检测和反馈, 构成闭环控制系统, 因而有更好的控制精度和节能效果。

8.5　电液比例压力和流量调节型变量泵

8.5.1　压力补偿型比例压力和流量调节型变量泵

　　由图 8.23 可知, 带流量适应的比例流量调节型变量泵是一种比例流量调节加手动压力调节的变量泵, 因此把其中的手调溢流阀 2 换成比例溢流阀, 便构成了一种比例压力和流量复合调节型变量泵, 其原理图和特性曲线如图 8.24 。当比例溢流阀 2 不溢流时, 变量泵是比例流量调节状态, 节流阀 5 的前后压差被定差溢流阀 3 调定, 这时泵的输出流量决定于弹簧的预紧力 (决定压差) 与节流阀 5 的输入电流 (决定开口面积)。当比例溢流阀溢流时, 定差溢流阀 3 失去定压差的性质, 其阀芯被泵的出口压力推向左, 并使泵的流量变小。这时变量泵是比例压力调节状态。当负载压力继续升高时, 变量机构回到零位移位置, 最终导致变量泵截流。

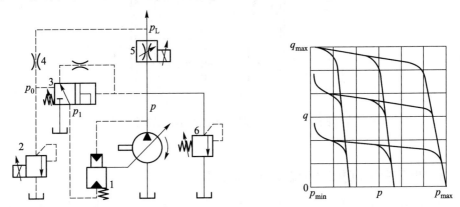

1. 变量机构; 2. 比例溢流阀; 3. 液动换向阀; 4. 节流阀; 5. 比例节流阀; 6. 安全阀

图 **8.24**　共用一个压力补偿阀的 $p - q$ 调节的原理及特性曲线图

这种泵具有较大的流量调节偏差和压力调节偏差。造成这种偏差的原因主要是压力和流量调节共用一个控制阀 3 所致。为了克服上述缺点, 可以采用两个压力补偿阀, 分别进行压力和流量的调节。

这种泵实际上就是前面介绍过的比例压力调节和流量调节的组合, 其职能符号及结构示意图如图 8.25 所示, 其中各控制阀可以采用叠加阀的形式叠加在泵体上。该泵具有明显改善了的调节特性, 它的流量与压力在额定值范围内可随意设定来满足不同的工况。但在作压力调节时存在滞环, 在低压段也存在一个最小控制压力和流量不稳定阶段, 见图 8.26。

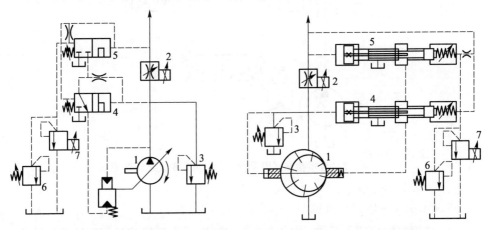

1. 变量液压泵; 2. 比例节流阀; 3. 安全阀; 4/5. 液动换向阀; 6. 溢流阀; 7. 比例溢流阀

图 **8.25**　比例压力和流量调节型变量泵职能符号原理图及结构示意图

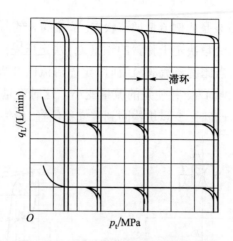

图 8.26 $p-q$ 调节变量泵的静态特性

8.5.2 电反馈型比例压力和流量调节型变量泵

流量和压力－电反馈型比例调节是把流量信息和压力信息通过传感器转换成相应的电信号, 并反馈到输入端, 见图 8.27 。把实际输出值与给定值进行比较, 得出控制排量改变的信号, 通过改变排量来控制输出的流量与压力符合要求。与压力补偿型调节相比, 它可以取消比例节流阀, 从而消除了节流损失, 是完全的比例容积控制。压力的检测通常利用压力传感器直接检测。而流量的直接检测较为困难, 可以利用流量传感器来直接检测, 也可以对变量机构的位移或倾角作间接检测, 见图 8.28 。

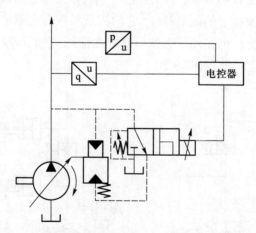

图 8.27 直接检测式电反馈 $p-q$ 调节变量泵原理图

电反馈型比例压力和流量调节型变量泵的特点如下:

(1) 能同时输出流量反馈 (间接检测) 和输出压力反馈信号, 因而可以利用电控器进行 $p-q$ 函数的运算处理, 实现复杂的多种控制功能。

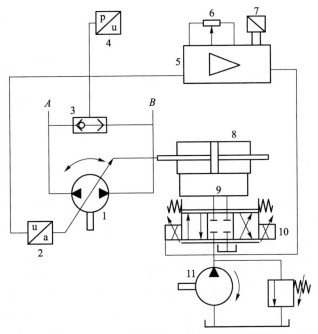

1. 双向变量轴向柱塞泵; 2. 位移传感器; 3. 梭阀; 4. 压力传感器; 5. 电控器;
6. 输入信号电位器; 7. 直流稳压电源; 8. 双向变量机构; 9. 节流口;
10. 三位四通比例换向阀; 11. 先导压力油源

图 8.28 电反馈型 $p-q$ 调节变量泵原理图

(2) 由于是双向变量机构, 所以必须采用辅助先导油源向比例阀供油, 以保证泵在排量为零的情况下控制及反馈工作正常。

图 8.29 为该泵的静态特性曲线。

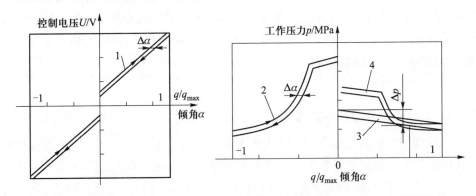

1. 比例排量调节特性曲线; 2. 恒功率调节曲线; 3. 横压力调节曲线; 4. $q-N-P$ 型调节曲线

图 8.29 位移及压力电反馈比例 $p-q$ 调节变量泵的特性曲线

其中, 曲线 1 为比例排量调节时控制电压与缸体倾角的关系曲线。由于先导阀芯的力平衡、阀口遮盖量、摩擦力等的影响, 曲线上可见有约 ± 10%～15% 的死区, 因而需要起始控制电压 u_o 来克服死区的影响。图中滞环 $\Delta \alpha_{max}$ 约为最大倾角的 3%, 重复精度约为 2%; 曲线 2 是通过对反馈的倾角位移信号及压力信号实行运算后实现的恒功率控制的情况; 曲线 3 是实现恒压控制时的压力与倾角之间的关系曲线, 曲线 4 是 $q - N - P$ 型调节特性。

由以上可见, 电反馈型比例压力和流量调节变量泵比普通的压力和流量反馈控制更具灵活性。一泵多能, 能够适应不同的工况, 在大流量的条件下具有很好的节能效果。

8.6　二次静压调节技术

上述内容中分析了液压系统常见的机构, 利用这些机构可以实现液压系统的流量、压力以及功率等的控制, 从而满足工业应用的需要。但是, 从分析中我们也发现液压系统的能耗较大, 它的效率一般在 30% 左右。效率低使得设计液压系统的需求功率很大, 真正作有用功的功率部分很少, 而大部分功都损失变为热能, 因为液压系统工作的最佳温度是 40 ℃, 这样损失的热能又得靠增加冷却器的散热面积来平衡, 使得液压系统的设计投资很大。电机、液压泵、油箱等的规格大大增加, 这样不仅增加了设计成本而且增加了运行成本。因此, 提高液压系统的效率是液压研究领域重中之重, 也就是要研究节能型液压系统。

针对液压系统能耗的问题, 德国汉堡国防工业大学的 Nikolaus 教授 1977 年首先提出了二次调节传动的概念。二次调节传动系统是工作在恒压网络的压力耦联系统, 能在四个象限内工作, 回收与重新利用系统的制动动能和重力势能。在系统中液压马达能无损耗地从恒压网络获得能量, 系统中可以同时并联多个负载, 在各负载段可同时实现互不相关的控制规律; 扩大了系统的工作区域, 改善了系统的控制性能, 减少了设备的总投资, 降低了工作过程中的能耗和冷却费用。因为它既没有节流损失又没有溢流损失, 还回收系统的制动动能和重力势能, 所以其节能效果比上述的回路系统都优越。

8.6.1　二次静压调节技术的概述

二次调节是将液压能与机械能互相转换的液压元件进行调节, 实现能量转换和传递的技术。如果把静液传动系统中机械能转化为液压能的元件 (液压泵) 称为一次元件或初级元件, 则可把液压能和机械能相互转换的元件 (液压马达 / 泵) 称为二次元件或次级元件。在静液传动系统中可以把液压能转换成机械能的液压元件是液压缸和液压马达, 液压缸的工作面积是不可调节的, 所以二次元件主要是指液压马达。同时, 为了使二次调节静液传动系统能够实现能量回收, 所需要的二次元件必须是可逆的静液传动元件。因此, 对这类静液传动元件可称为液压马达 / 泵。但是, 为了使许多不具备双向无级变量能力的液压马达和往复运动的液压缸也能在二次调节系统的恒压网络中运行, 目前出现了一种 "液压变压器", 它类似于电力变压器用来匹配用户对系统压力和流量的不同需求, 从而实现液压系统的功率匹配。

二次调节静液传动技术的实现是建立在恒压系统基础之上, 目前对二次调节传动技术的研究可以分为以下两大部分。

一是利用二次调节传动技术的能量回收原理, 一般用在被控对象频繁起停、重力势能变化大的工况, 如摩天大楼的电梯、城市公交车和抽油机等, 在国外有成功的应用实例。

二是从控制的角度出发, 利用一些复杂的算法改善液压泵 / 马达的动态特性。

二次调节对改善液压系统的传动效率非常有效, 它与负载敏感回路的主要区别是不但实现了功率适应, 而且还可以对工作机构的制动动能和重力势能进行回收和重新利用, 同时多个执行元件可以并联在恒压网络上, 并分别进行控制。

基于能量回收与重新利用而提出的二次调节概念, 对改善静液传动系统的效率非常有效。具有势能变化的液压驱动卷扬起重机械, 采用二次调节技术可以回收势能。对于周期性液压车辆、机械, 采用二次调节技术, 不仅能储存其制动过程中的惯性能, 而且可以在启动时释放回收的能量急速启动。同时, 在恒压网络开式回路上可以连接多个互不相关的负载, 在驱动负载的二次元件上直接来控制其转角、转速、转矩或功率。二次调节静液传动系统在控制与功能上的特点为解决静液传动技术中目前尚未解决的某些传动问题和替代有关传动技术提供了有利的条件。

二次调节静液传动技术由于提供了能量回收和重新利用的可能性, 改善了液压系统的传动效率, 在许多领域都有应用前景, 特别是在能源日益紧张的今天具有重要的理论研究意义和实际应用价值。国外对此项技术的理论研究及应用日趋成熟, 已将其成功应用于造船工业、钢铁工业、大型试验台、车辆传动等领域。

8.6.2 二次调节静液传动的工作原理

二次调节系统与传统的液压控制系统不同, 它是一种压力耦合系统, 是对将液压能与机械能转换的液压元件所进行的调节。这种调节的基本原理是, 通过调节可逆式轴向柱塞元件 (二次元件) 的斜盘倾角来适应外负载的变化, 类似于电力传动系统在恒压网络中传递能量。图 8.30 为二次调节系统的系统原理图。

其工作原理如下: 当外负载增大时, 将引起二次元件转速的下降, 该变化由转速传感器检测送给控制器, 再由控制器进行计算和判断, 然后输出一个电信号给伺服阀, 由伺服阀驱动变量缸使二次元件的斜盘倾角增大, 从而使二次元件的排量增大, 转矩增大, 转速升高, 以适应增大了的外负载。反之亦然。由于恒压油源部分的动态特性较好, 所以在对二次调节静液传动系统进行分析与研究时, 可以不考虑油源部分的动态性能对系统输出的影响, 并且可以认为恒压网络中的压力基本

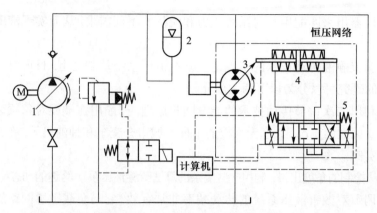

1. 恒压变量泵; 2. 蓄能器; 3. 二次元件; 4. 变量液压缸; 5. 电液比例 (伺服) 阀

图 8.30　二次调节系统的原理图

保持恒定不变。其中二次元件不经过任何能引起能量损失的液压控制元件而直接与恒压网络相连, 因而, 可以无损失地从恒压网络中获取能量, 从而达到节能的目的。

8.6.3　二次调节系统的转速控制

　　二次调节系统的转速控制就是在二次元件的输出端增加一个测速传感器, 如测速电机或光电码盘, 与控制器构成一个电反馈二次元件转速控制系统。实际工程中, 为了能够改善系统性能, 常将变量液压缸的运动通过机械反馈和力反馈的形式加入到二次调节系统中。转速控制是二次调节静液传动系统中最基本的控制方案, 位置、转矩和功率控制等其他方案都是在转速控制的基础上增加反馈通道完成的, 而且转速必须得到监控或控制。

　　图 8.31 为转速控制系统的原理图, n_i 为设定转速。当实测转速与设定转速不符时, 它们的差值通过控制器驱动比例阀, 比例阀的输出流量控制变量液压缸, 而

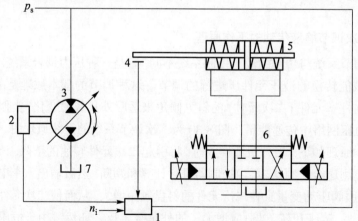

1. 控制器; 2. 转速测量仪; 3. 二次元件; 4. 位移传感器;

5. 变量液压缸; 6. 电液比例阀; 7. 油箱

图 8.31　二次调节转速控制原理图

变量液压缸的移动调节二次元件的斜盘倾角, 改变二次元件的排量, 使其输出转矩与负载转矩相一致, 即达到设定转速。例如当负载转矩增大, 输出转矩小于负载转矩时, 二次元件的转速必然下降。这样实测转速小于设定转速, 这两个转速之差通过控制器, 使比例阀增大变量液压缸的位移, 也就增大了二次元件排量, 进而增大了输出转矩, 最终使驱动转矩和负载转矩相符, 转速恢复到设定值, 二次元件又在设定转速下工作。

通常情况下, 二次调节系统的黏性阻尼较小, 并且不是真正需要调速的负载, 因此可以把它看做是二次元件的内部损耗。忽略二次元件的弹性负载, 则二次元件的力矩平衡方程为

$$M = J\omega + M_2 \tag{8.15}$$

$$M = Vp_L - B\omega \tag{8.16}$$

式中, M 为二次元件输出转矩 (N·m); J 为二次元件和负载的总转动惯量 (kg·m^2); ω 为二次元件输出转速 (rad/s); M_2 为负载转矩 (N·m); V 为二次元件排量 (m^3); p_L 为负载压差 (Pa); B 为二次元件和负载的黏性阻尼系数 [N/(m·s^{-1})]。

假定系统处于平衡状态, 如果负载转矩 M_2 变大, 由式 (8.16) 可知, 转速 ω 的变化率为负, ω 下降, 测速泵转速 ω_{st} 下降, 变量缸右移, 使得二次元件排量 V 增大, 二次元件输出转矩 M 上升, 输出转速 ω 回升, 直到回到原平衡值为止。

8.6.4 二次调节系统的转矩控制

在二次调节转速控制系统的基础上增加一个马达输出轴的转矩传感器, 即可构成转矩反馈回路, 即一个电反馈二次元件的转矩控制系统。二次调节转矩控制系统的基本工作原理是: 在恒压网络中, 通过调节二次元件斜盘倾角来改变二次元件排量, 以适应负载 (工作机构) 转矩的变化。对于工作在恒压网络的二次调节系统, 其系统工作压力近似为常量, 只需通过调节二次元件的斜盘倾角改变其排量, 即可实现调节转矩的目的。

二次元件的输出转矩表达式如下:

$$M_2 = \frac{p_0 V_2}{2\pi} \tag{8.17}$$

$$M_2 = p_0 V_{2\max} \frac{\alpha_2}{\alpha_{2\max}} = p_0 V_{2\max} \frac{y}{y_{\max}} \tag{8.18}$$

二次元件的力矩平衡方程如下:

$$p_0 V_2 = J\frac{\mathrm{d}^2\phi}{\mathrm{d}t^2} + R_H\frac{\mathrm{d}\phi}{\mathrm{d}t} + M_L \tag{8.19}$$

于是得

$$\frac{\mathrm{d}^2\phi}{\mathrm{d}t^2} = \frac{1}{J}\left(\frac{p_0 V_{2\mathrm{max}}}{2\pi}\frac{\alpha_2}{\alpha_{2\mathrm{max}}} - M_\mathrm{R} - M_\mathrm{L}\right) \tag{8.20}$$

式中, M_2 为二次元件输出转矩 (N·m); p_0 为恒压网络工作压力 (Pa); V_2 为二次元件的排量 (m³); $V_{2\mathrm{max}}$ 为二次元件最大排量 (m³); α_2 为二次元件斜盘倾角 (rad); $\alpha_{2\mathrm{max}}$ 为二次元件最大斜盘倾角 (rad); ϕ 为二次元件输出转角 (rad); J 为二次元件和负载转动惯量之和 (kg·m²); y 为液压缸活塞位移 (m); y_{max} 为液压缸活塞最大位移 (m); M_R 为摩擦转矩 (N·m); M_L 为负载转矩 (N·m); R_H 为二次元件阻尼系数 [N·m/(rad·s⁻¹)]。

可见, 改变斜盘倾角大小和方向, 就可以线性地改变输出转矩的大小和方向。若负载转矩一定, 通过改变二次元件的斜盘倾角使二次元件输出转矩大小和方向改变, 即可实现对负载加速或减速、正转或反转的控制。转矩控制系统的原理如图 8.32 所示。

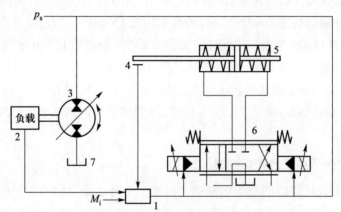

1. 控制器; 2. 转矩转速仪; 3. 二次元件; 4. 位移传感器;

5. 液压缸; 6. 电液比例阀; 7. 油箱

图 8.32   二次调节转矩控制系统原理图

8.6.5   二次调节系统的功率控制

液压装置传递的功率往往较大, 所以在设计液压系统时需要根据输出端的负载情况考虑经济性、效率和安全性等问题。液压系统的功率控制可以分为省功率控制、过载保护控制和恒功率控制。液压系统控制恒功率主要有两种情况, 一种是必须按一定功率驱动负载的情况, 另一种是经常在原动机 (发动机或电动机) 最大输出功率状态下使用的情况。前者的负载驱动条件有恒功率限制, 后者的主要目的是提高工效。此外, 还有一种需把包括原动机与传动装置在内的驱动源的功率效率经常保持在最大值的控制方式, 当负载速度和力矩的变化范围较大时, 这种方式在提高效率方面是有利的。控制恒功率的方法可以通过控制旁通流量、控制泵排量、控制马达排量、控制原动机速度以及把它们组合起来的方法来实现。

二次调节静液传动系统的功率控制主要包括系统的过载保护控制和恒功率控制。过载保护控制是在通常的二次调节静液传动系统中，进行转角、转速或转矩控制时，当负载转矩过大或转速过高使得系统的输出功率超出系统动力源的额定功率时，需要降低执行元件的转速，此时可以设定一个功率值 P_n，当系统的输出功率值大于 P_n 时采用恒功率控制，小于 P_n 时采用转角、转速或转矩控制。

二次调节恒功率控制是指二次元件通过自身的闭环反馈控制来实现输出功率的控制。由于二次调节系统属于马达排量控制方式，根据

$$P_i = p_s q_2 \tag{8.21}$$

及

$$P_0 = M_2 \omega_2 \tag{8.22}$$

式中，P_i 为二次元件输入功率 (W)；p_s 为系统压力 (Pa)；q_2 为二次元件输入流量 (m³/s)；P_0 为二次元件输出功率 (W)；M_2 为二次元件输出转矩 (N·m)；ω_2 为二次元件转速 (rad/s)。

可知实现系统的恒功率控制方法如下。

(1) 通过检测二次元件的输入流量并反馈到控制器，与实际要求值相比较，用这个差值来控制二次元件的排量，使输出功率与期望值相符，见图 8.33。

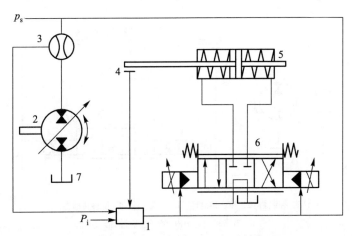

1. 控制器；2. 二次元件；3. 流量计；4. 位移传感器；

5. 变量液压缸；6. 电液比例阀；7. 油箱

图 8.33 二次调节流量检测恒功率控制系统原理图

(2) 通过检测二次元件的输出转矩与转速，然后用二者的乘积与实际要求值进行比较，来调节二次元件的排量。当使转速处于某一合理范围 (不为零、不超速) 时，此方式可实现较精确的功率控制，见图 8.34。

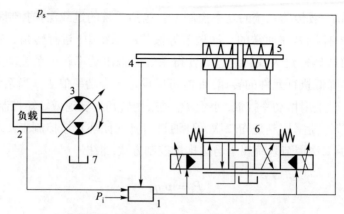

1. 控制器; 2. 转矩转速仪; 3. 二次元件; 4. 位移传感器;
5. 变量液压缸; 6. 电液比例阀; 7. 油箱

图 8.34　二次调节转矩、转速检测恒功率控制系统原理图

(3) 通过检测二次元件的转速与变量液压缸的位移 (转矩), 然后用二者的乘积 (功率) 与实际要求值进行比较, 来调节二次元件的排量, 见图 8.35。在用液压缸位移 (斜盘倾角) 来表示转矩时, 因摩擦转矩的存在, 有一定的误差。此途径的检测量实现较为容易, 同时, 这些检测量也可以用在其他控制方式中, 故试验研究中常采用该方法。

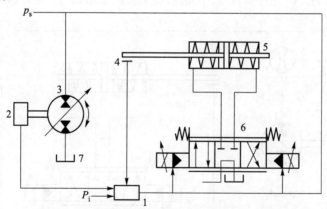

1. 控制器; 2. 转速传感器; 3. 二次元件; 4. 位移传感器;
5. 液压缸; 6. 电液比例阀; 7. 油箱

图 8.35　二次调节转速、摆角检测恒功率控制系统原理图

8.6.6　二次调节静液传动系统的特点

二次调节静液传动系统的特点如下:

(1) 自身可以作为能量的输出者 (回馈惯性能、重力势能), 向系统提供能量并在必要时储存能量, 从而降低了整个系统的能量消耗。

(2) 它是压力耦联系统, 系统中的压力基本保持不变, 恒压油源的工作压力直接与二次元件相连。因此, 在系统中没有原理性的节流损失, 提高了系统效率。

(3) 通过加入液压蓄能器可以使加速功率提高到数倍于一次元件的输出功率，因此可装用较小的一次元件，节约了成本。

(4) 带能量回收的制动过程可以精细地控制，并可省去昂贵的防抱死延迟制动系统，同时也不存在系统过热的问题。

(5) 液压蓄能器使系统中不会形成压力尖峰，从而保护了液压元件不受尖峰压力的冲击，从而延长了元件的寿命。

(6) 二次元件工作于恒压网络，可以并联多个互不相关的负载，实现互不相关的控制规律，而液压泵站只需按负载的平均功率之和进行设计安装。

(7) 由于载荷均匀，泵组的工况变化有限，噪声状况得到改善。

8.6.7 二次调节技术的主要应用

由于二次调节静液传动系统具有许多优点，使它在很多领域得到广泛的应用。国外已将其成功应用于造船工业、钢铁工业、大型试验台、车辆传动等领域。第一套配备有二次调节闭环控制的产品是无人驾驶集装箱转运车 CT40，它建在鹿特丹的欧洲联运码头 (ECT)。

德国的海上浮油及化学品清污船一科那西山特号，其液压传动设备配置有二次调节反馈控制系统。该系统可以使预选的撇沫泵和传输泵设备的转速保持恒定，并使之不受由于传输介质黏度的变化而引起的外加转矩的影响。

德累斯顿工业大学建立的通用试验台，应用了二次调节反馈控制的特点、可以进行能量回收并具有高反馈控制精度，满足实际中的严格要求。

用于汽车撞击试验的试验台由于采用了二次调节技术，不仅能够使汽车按照规定的曲线加速，而且由于在高压管道上没有节流点，而达到最高的效率，整个设备的液压油不需要进行冷却。

市内公交汽车在频繁启动过程中，大量的动能被白白浪费掉。力士乐公司为老式公交汽车配备的驱动装置应用了二次调节技术，当汽车刹车时，二次元件进入泵工况，受负载拖动，向蓄能器回馈能量。而当汽车启动时，二次元件进入马达工况，蓄能器和恒压变量泵一起向马达输出能量，从而缩短启动过程。显然这种驱动方式可以降低汽车的成本，节约燃料，更主要的是减轻城市污染。

除了汽车领域和试验台应用，力士乐公司还将二次调节技术应用在石油行业。通常采用的抽油机是一套齿轮传动系统，具有相同的提升和下降速度。这种系统的效率，特别是在开采高黏度石油时很低。而采用二次调节技术的开发设备具有高填充率和高的循环频率，并且可以回收活塞杆下降时的势能。

总结二次调节系统的应用，主要体现在以下几个方面：

(1) 回收液压驱动卷扬机械的势能。

(2) 回收液压驱动摆动机械的惯性能。

(3) 群控作业机械和试验装置的综合节能。

下面介绍几个关于二次调节技术的例子。

1. 公交车二次调节技术的应用

如图 8.36 所示为公交车二次调节系统简图。当车辆开始制动状态时, 通过控制器控制使二次元件的斜盘倾角发生变化, 转变为泵工况, 二次元件作为泵工况开始向系统输入能量, 直到车辆完全停止, 完成能量的回收。当车辆再次处于起步状态时, 制动时储存在液压蓄能器的能量释放出来, 与一次元件共同提供起步动能。

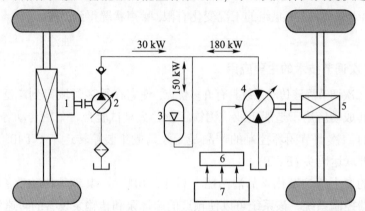

1. 发动机; 2. 一次元件; 3. 蓄能器; 4. 二次元件; 5. 汽车后桥; 6. 控制器; 7. 传感器信号

图 8.36　公交车二次调节系统简图

该系统的工作原理如图 8.37 所示, 系统的控制器可以接受系统的反馈量, 包括二次元件的转速、二次元件输出轴的转矩信号、系统压力和使用者的操作意图

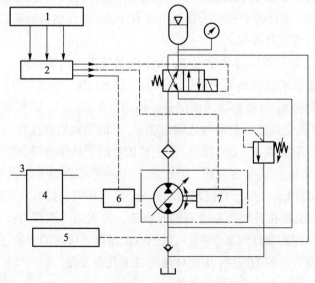

1. 传感器输入信号; 2. 控制器; 3. 传动轴; 4. 分动器; 5. 恒压控制回路; 6. 离合器; 7. 变量机构

图 8.37　公交车二次调节系统工作原理图

等相关传感器信号, 综合处理后对系统进行控制。能量的回收与利用主要是通过二次元件实现, 当二次元件由马达转为泵工况时, 换向阀动作, 蓄能器储存能量。

系统中的离合器的作用是在能量回收时, 将发动机与传动系统间动力切断, 消除减速制动过程中发动机的影响。

2. 抽油机二次调节技术的应用

如图 8.38 所示, 当抽油机工作时, 驴头悬点上作用的负载是变化的。工作分为两个冲程, 抽油机上冲程时, 驴头悬点需提起抽油杆柱和液柱, 在抽油机未进行平衡的条件下, 电动机就要消耗很大的能量, 这时电动处于能量输出状态。在下冲程时, 抽油机杆柱转拉动对电动机做功, 使电动机处于发电机的运行状态。抽油机未进行平衡时, 上、下冲程的负载极度不均匀, 这样将严重地影响抽油机的四连杆机构、减速箱和电动机的效率和寿命, 恶化抽油杆的工作条件, 增加它的断裂次数。为了消除这些缺点, 一般在抽油机的游梁尾部或曲柄上或两处都加上了平衡重。这样一来, 在悬点下冲程时, 要把平衡重从低处抬到高处, 增加平衡重的势能。为了抬高平衡配重, 除了依靠抽油杆柱下落所释放的势能外, 还要电动机付出部分能量。在上冲程时, 平衡重由高处下落, 把下冲程时储存的势能释放出来, 帮助电动机提升抽油杆和液柱, 减少了电动机在上冲程时所需给出的能量。

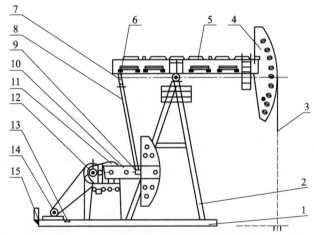

1. 底座; 2. 支架; 3. 悬绳器; 4. 驴头; 5. 游梁; 6. 横梁轴承座;
7. 横梁; 8. 连杆; 9. 曲柄销装置; 10. 曲柄装置; 11. 减速器; 12. 刹车保险装置;
13. 刹车装置; 14. 电动机; 15. 配电箱

图 8.38 常规曲柄平衡抽油机

二次调节液压抽油机的工作原理如图 8.39 所示。该系统中的两个液压泵/马达与一个电动机刚性连接。在液压缸上行的过程中, 液压泵/马达从液压蓄能器中获取能量与电动机一起带动液压泵/马达工作在泵工况输出高压油, 使液压缸上行; 在液压缸下行的过程中, 液压缸输出高压油相当于一个液压泵在工作, 输出的高压油驱动液压泵/马达工作在马达状态, 与电动机一起驱动液压泵/马达工作在泵工况, 将能量回收至液压蓄能器中。储存在液压蓄能器中的能量在下一个提升负载周期时释放, 带动工作于液压马达工况的液压泵 / 马达, 与电动机一起带动液压泵 / 马达工作, 为液压缸提供所需能量, 实现回收能量的再利用。

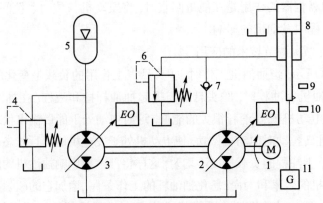

1. 电动机; 2/3 液压泵 / 马达; 4/6 溢流阀; 5. 液压蓄能器;

7. 单向阀; 8. 液压缸; 9/10 行程开关; 11. 负载

图 8.39　二次调节液压抽油机工作原理图

第9章　电液比例控制基本回路

在液压系统中, 由若干个液压元件按照一定的规律组合构成的, 能完成某一特定功能的液压回路结构被称为液压基本回路。如果在一个液压基本回路中含有比例元件, 则该回路就是比例控制基本回路。

由于液压比例元件与液压传动元件在性能和功能上有较大的区别, 所以由它们构成的具有相同功能的基本回路在结构上和性能上也有所区别。在一定的情况下, 液压比例元件的应用可以大大地简化液压回路结构。

9.1　比例压力控制回路

压力控制回路所完成的控制功能是在正常工况下向系统提供液压执行元件需要的、具有合适压力的油液, 使它们输出系统要求的力或力矩。同时在异常工况下可以使系统卸荷或者在安全压力下溢流。

电液比例压力控制回路可以灵活地控制系统的压力参数, 在提高了系统的性能的同时又使系统大大简化, 但是相应的电气控制技术较复杂, 成本也较高。

9.1.1　比例溢流调压回路

比例溢流调压回路是将比例溢流阀并联到泵的出口, 通过改变比例溢流阀的输入电信号, 在比例溢流阀的调节范围内对系统压力进行调节。

9.1.1.1　使用直动式比例溢流阀的比例调压回路

图 9.1 中, 直动式比例溢流阀并联在液压泵的出口构成比例调压回路。传统直动式溢流阀用作安全阀, 在比例溢流阀失调时可以起保护系统的作用。

图 9.2 中, 直动式比例溢流阀与传统先导式溢流阀的遥控口连接。传统先导式溢流阀用来给系统调压及保护系统安全, 直动式比例溢流阀则可远程调压。

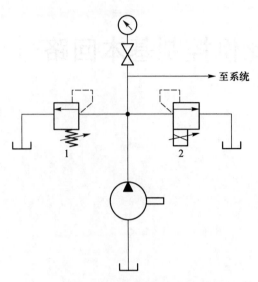

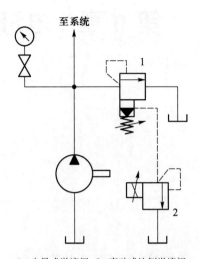

1. 直动式溢流阀; 2. 直动式比例溢流阀

图 9.1 使用直动式比例溢流阀的
比例调压回路

1. 先导式溢流阀; 2. 直动式比例溢流阀

图 9.2 使用直动式比例溢流阀与传
统先导式溢流阀组成的比例调压回路

9.1.1.2 先导式比例溢流阀的比例调压回路

在图 9.3 中, 直动式溢流阀与先导式比例溢流阀的遥控口连接。先导式比例溢流阀用来给系统调压及系统卸荷, 直动式溢流阀用作安全阀。

在图 9.4 中, 先导式比例溢流阀用来给系统调压及系统卸荷, 由于自带限压阀, 可以省略作为安全阀的直动式溢流阀。

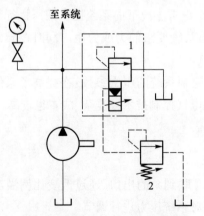

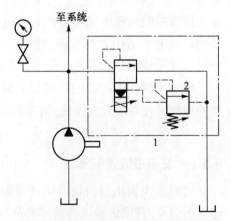

1. 先导式比例溢流阀; 2. 直动式溢流阀

图 9.3 使用先导式比例溢流阀和
直动式溢流阀组成的比例调压回路

1. 带限压阀的先导式比例溢流阀; 2. 限压阀

图 9.4 使用带限压阀的先导式
比例溢流阀的比例调压回路

直动式比例溢流阀由于流量较小, 大多应用在小型液压比例系统中。直动式比例溢流阀也可以用来控制先导式溢流阀, 对系统或某个支路上的压力作比例控制或者远距离控制。当系统的流量较大以及控制性能要求较高时, 就要选用专门设计和制造的先导式比例溢流阀。与由直动式比例溢流阀遥控的先导式溢流阀相比, 虽然其主阀结构基本相同, 但是先导式比例溢流阀在设计时, 其性能参数进行了优化, 其控制性能相对较高。

9.1.2 比例容积调压回路

比例容积调压回路是指采用比例压力调节变量泵来对回路进行压力控制的回路。

在液压回路中使用比例调节的恒压变量泵, 可以构成比例压力调节回路, 如图9.5 所示。在系统压力未达到设定压力时, 泵以最大流量供油, 这时供油压力随负载变化; 当系统压力达到阀 4 所设定压力时, 变量泵进行比例容积调压, 流量适应负载要求。此时系统的设定压力即变量泵的截流压力, 由比例溢流阀的控制电信号来控制。

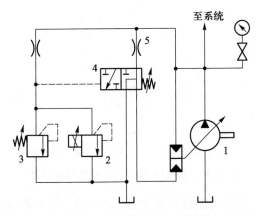

1. 由比例溢流阀调节的恒压变量泵; 2. 比例溢流阀; 3. 安全阀; 4. 液动换向阀; 5. 节流器

图 9.5　使用恒压变量泵的比例容积调压回路

9.1.3 比例减压回路

在比例减压回路中, 通过改变比例压力阀的输入信号, 可以对该阀所控制的支路中的压力进行减压调节。

9.1.3.1 使用直动式比例溢流阀的比例减压回路

直动式比例溢流阀与传统先导式减压阀的遥控口相连接, 用来控制减压阀的设定压力, 从而实现局部回路的减压, 见图9.6 。

9.1.3.2 使用比例减压阀的比例减压回路

两通式减压阀只能在一个方向上控制减压, 在回程时应该有单向阀使油液快速地回流, 见图9.7 。

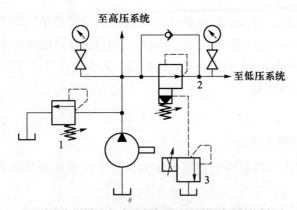

1. 直动式溢流阀; 2. 先导式减压阀; 3. 直动式比例溢流阀

图 9.6 使用直动式比例溢流阀的比例减压回路

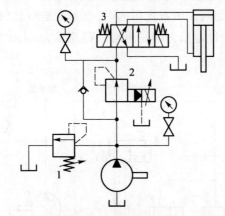

1. 直动式溢流阀; 2. 先导式比例减压阀; 3. 换向阀

图 9.7 使用比例减压阀的比例减压回路

三通减压阀有一个通道直接回油箱, 因此可用于活塞双向运动回路的恒压控制, 同时拥有较高的控制精度, 见图9.8。

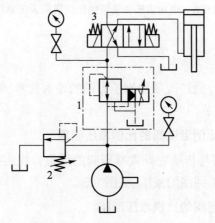

1. 三通比例减压阀; 2. 先导式比例减压阀; 3. 换向阀

图 9.8 使用三通比例减压阀的比例减压回路

9.1.4 比例压力控制回路应用

钻深孔时, 需对心轴的夹紧力进行自动控制, 以避免损坏昂贵的刀具。控制信号由 CNC (计算机数控) 系统产生, 比例阀上装有内装压力传感器和闭环控制用的电子器件, 见图 9.9 。

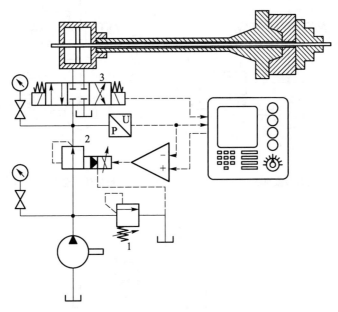

1. 直动式溢流阀; 2. 先导式比例减压阀; 3. 电磁换向阀

图 9.9 心轴夹紧压力控制

9.2 电液比例速度控制回路

通过改变执行元件的流量或改变液压泵及执行元件的排量即可实现液压执行元件的速度控制。

9.2.1 比例节流流量控制回路

传统的比例节流回路采用定量泵供油, 使用电液比例流量阀（比例节流阀、比例调速阀）作为控制元件, 通过改变节流口的开度, 实现对流量的调节和控制, 见图 9.10 。由于节流损失较大, 比例节流回路不宜使用在大功率场合。

比例节流流量控制回路与传统节流回路相比更为方便灵活, 可以实现较为复杂的流量控制功能。

由于进油节流调速、回油节流调速以及旁路节流调速回路在速度负载特性及功率特性上各有自己的特点, 在使用时可按照承受负载变化的能力、运动平稳性及启动性能的要求选用。

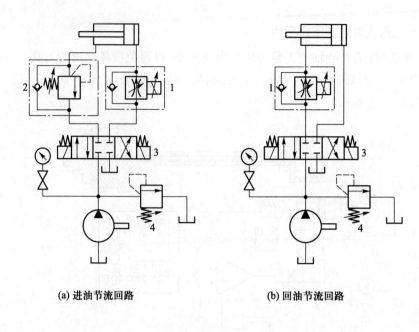

(a) 进油节流回路   (b) 回油节流回路

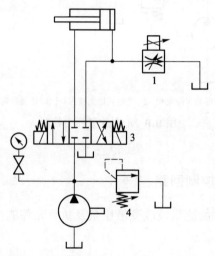

(c) 旁路节流回路

1. 单向比例节流阀; 2. 背压阀; 3. 换向阀; 4. 溢流阀

图 9.10　比例节流流量调节回路

9.2.2　比例容积式流量控制回路

比例容积式流量控制回路可以采用比例排量调节变量泵与定量执行元件, 或定量泵与比例排量调节马达等的组合来实现, 通过改变泵或马达的排量实现调速。

比例排量调节变量泵调速回路属于容积调速回路, 其应用基本回路如图 9.11 所示。通过改变泵的排量来改变进入液压执行元件的流量, 从而达到调速的目的。

该回路的优点是效率高, 适用于大功率系统, 但是在调节速度及控制精度上都不如节流调速。该系统中不存在截流压力, 故需在回路中设置安全阀。

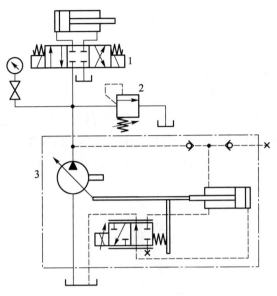

1. 电磁换向阀; 2. 溢流阀; 3. 比例排量调节变量泵

图 **9.11**　使用变量泵的比例容积式流量调节回路

9.2.3　比例容积节流式流量控制回路

为了能够同时获得节流调速回路与容积调速回路的优点, 通常将容积调速与节流调速结合起来, 构成比例容积节流式流量调节回路, 见图 9.12 。

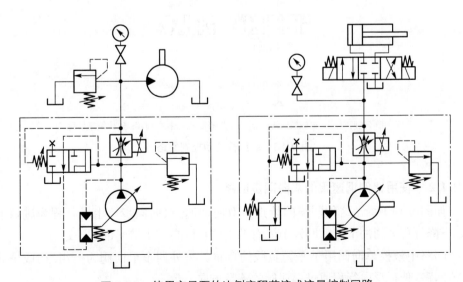

图 **9.12**　使用变量泵的比例容积节流式流量控制回路

比例流量调节变量泵内部有负载压力补偿, 它的输出流量与负载无关, 具有很高的稳流精度, 可以方便地用电信号控制系统各工况所需流量, 并同时使得泵的出口压力与负载压力相适应。加入压力控制后, 当压力达到调定值时, 泵自动减小输出流量, 维持输出压力近似不变, 直至截流。

9.2.4 比例流量控制回路应用

9.2.4.1 纺织机制动控制回路

在纺织机上, 拉力控制是由调整制动力的比例控制系统实现的, 见图 9.13 。比例阀上装有集成电子器件, 在闭环控制中, 由传感器送来的反馈信号可控制制动力。与传统的压力系统不同的是这个系统具有从零压开始精确调整的特点。

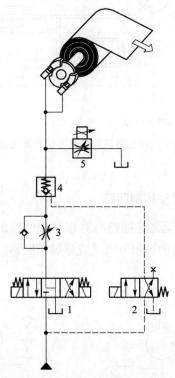

1. 电磁换向阀; 2. 电磁换向阀; 3. 单向节流阀; 4. 液控单向阀; 5. 比例流量阀

图 9.13 纺织机制动控制回路

9.2.4.2 使用比例调速阀的双向同步回路

如图 9.14 所示, 这种回路的特点是双向调速, 双向同步。上升行程为进口节流, 下降行程为回油节流。回油节流有助于防止因自重下滑时的超速运行。

回路中液控单向阀用于平衡负载的自重。另外四个单向阀为一组, 构成桥式整流回路, 使正反向行程通过调速阀的流量方向一致。

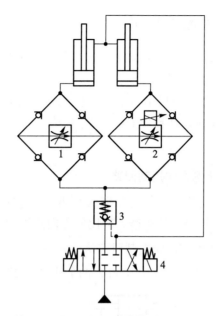

1. 调速阀; 2. 比例调速阀; 3. 液控单向阀; 4. 电磁换向阀

图 **9.14** 使用比例调速阀的双向同步回路

9.2.4.3 使用比例排量变量泵的双向同步回路

如图 9.15 所示, 比例元件需采用比例排量变量泵或比例流量变量泵。它也是一种具有双向调速、双向同步功能的回路。

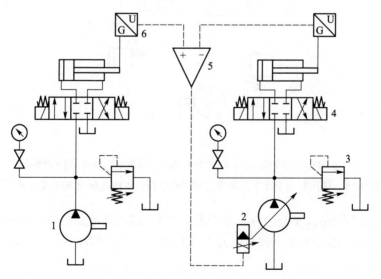

1. 方向阀; 2. 比例排量变量泵; 3. 安全阀; 4. 电磁换向阀; 5. 放大器; 6. 位移传感器

图 **9.15** 使用比例排量变量泵的双向同步回路

调速与同步控制采用电气遥控设定。由于是容积控制, 没有节流损失, 适用于大功率系统和高速的同步系统。

9.3 电液比例方向速度控制回路

与传统的方向阀不同,比例方向阀兼有方向控制与流量控制双重功能,可以实现液压系统的换向以及速度的比例控制。

使用比例方向阀一方面可以节省调速元件,另一方面能迅速、准确地实现工作循环,避免液压冲击及满足切换性能的要求,延长元件的使用寿命。

9.3.1 对称执行元件比例方向控制回路

对称执行元件可由对称开口的封闭型（O 型中位机能）、加压型（P 型中位机能）以及卸压型（Y 型中位机能）的比例方向阀进行控制。

9.3.1.1 使用封闭型比例方向阀控制对称执行元件的比例方向速度控制回路

如图 9.16 所示,阀 4 用于吸收压力冲击,两个补油单向阀用于出现吸空时补油。

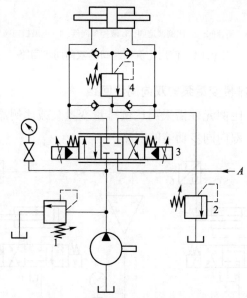

1. 溢流阀; 2. 背压阀; 3. 电液比例换向阀; 4. 溢流阀; A. 其他回路来的补油

图 9.16 使用封闭型比例方向阀控制对称执行元件的比例方向速度控制回路

如果这个回路只是整个液压系统的一部分,那么其他部分的回油可与补油单向阀的进油口相连,并加上调整压力为 0.3 MPa 左右的背压阀 2,这样可使防吸空保护更为理想。

9.3.1.2 使用加压型比例方向阀控制对称执行元件的比例方向速度控制回路

如图 9.17 所示,加压型比例方向阀在中位时, A 、 B 油口与 P 油口是几乎关闭的,只允许小流量通过,并对两腔加压,而 T 油口是完全关闭的。

这种回路的优点是中位时能提供小量的油流,补偿执行元件的泄漏。

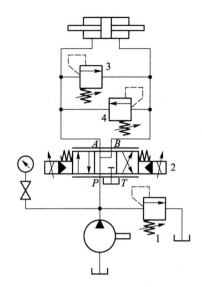

1. 溢流阀; 2. 电液比例换向阀; 3、4. 溢流阀

图 **9.17** 使用加压型比例方向阀控制对称执行元件的比例方向速度控制回路

9.3.1.3 使用卸压型比例方向阀控制对称执行元件的比例方向速度控制回路

如图 9.18 所示, 卸压型比例方向阀在中位时, A 、 B 油口与 T 油口是相通的, 执行元件可以浮动。而 P 油口是完全关闭的, 使系统的其他部分工作。

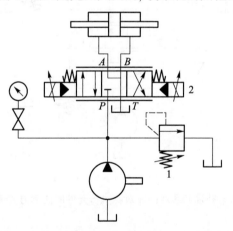

1. 溢流阀; 2. 电液比例换向阀

图 **9.18** 使用卸压型比例方向阀控制对称执行元件的比例方向速度控制回路

9.3.2 非对称执行元件的比例方向控制回路

这里的非对称执行元件指面积比为 2∶1 或接近 2∶1 的单出杆液压缸, 它主要由开口面积比为 2∶1 的释压型（ Y 型）的比例方向阀来控制。

如图 9.19 所示, 释压型电液比例换向阀处中位时, 连通两工作腔的开口很小, 不足以通过较大的流量, 容易产生吸空状态和惯性引起的压力冲击。

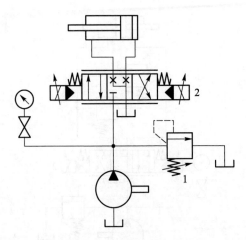

1. 溢流阀; 2. 释压型电液比例换向阀

图 **9.19**　非对称执行元件的比例方向速度控制回路

为了防止产生吸空状态和惯性引起的压力冲击, 添加补油和缓冲回路, 见图 9.20 。

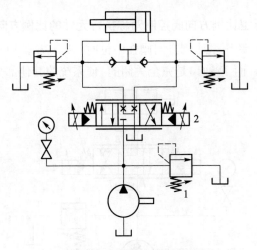

1. 溢流阀; 2. 释压型电液比例换向阀

图 **9.20**　考虑补油和缓冲的非对称执行元件的比例方向速度控制回路

两单向阀用于吸空时补油, 它们的开启压力应很低。两个溢流阀把工作腔与油箱相连用于压力保护。

9.3.3　比例差动方向速度控制回路

比例差动回路可以对差动速度进行无级调节, 所使用的比例阀芯的形式通常是 Y 型和 YX3 型。

由于比例阀的阀芯工作位置是连续的, 很容易制造成专门适合于实现差动控制的阀芯, 使差动回路获得简化。

9.3.3.1 使用 YX3 型比例方向阀的差动比例方向速度控制回路

YX3 型阀芯是可以实现差动回路的, 而且只需使用一个单向阀, 见图 9.21 。

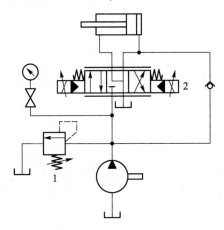

1. 溢流阀; 2. YX3 型电液比例换向阀

图 **9.21** 使用 YX3 型比例方向阀的差动比例方向速度控制回路

9.3.3.2 使用特殊阀芯的比例方向阀的差动比例方向速度控制回路

使用特殊阀芯的比例方向阀的差动比例方向速度控制回路可以对外伸运动实现连续无级调速, 见图 9.22 。其最大速度由差动回路确定, 因而加大了调速范围。

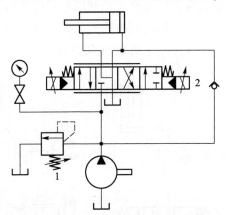

1. 溢流阀; 2. 使用特殊阀芯的电液比例换向阀

图 **9.22** 使用特殊阀芯的比例方向阀的差动比例方向速度控制回路

差动连接平滑地过渡到最大推力连接, 使回路大为简化。

9.3.4 其他使用比例方向阀的实用回路

9.3.4.1 重力平衡回路

在垂直运动的重物或超越负载的场合下, 运动部件的运动速度会超过供油能力所能达到的速度, 这时液压缸供油腔可能出现吸空, 使运动部件超速失控。

如图 9.23 所示, 在使用比例方向阀的回路中, 可以使用溢流阀作为平衡阀。溢流阀的调整压力应稍大于运动部件自重在液压缸下腔形成的压力, 而且平衡用的溢流阀应采用球形式锥形阀芯的直动式溢流阀, 减小或消除因泄漏造成的缓慢下降。

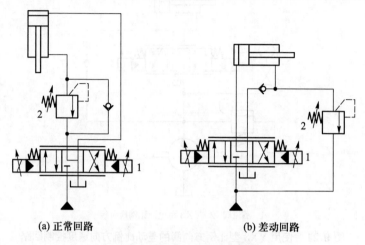

(a) 正常回路　　　　　　　　(b) 差动回路

1. 比例方向阀; 2. 直动式单向溢流阀

图 **9.23**　典型重力平衡回路

9.3.4.2　使用比例方向阀的同步回路

对比例同步回路, 位置误差的检测可以利用位置传感器来进行, 因而位置同步精度高, 容易实现双向同步。采用比例方向阀的同步回路, 按比例方向阀在回路中是控制进油还是回油可分成两种, 见图 9.24 和图 9.25 。

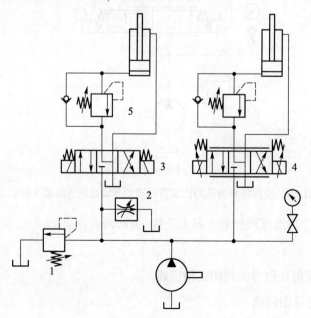

1. 溢流阀; 2. 调速阀; 3. 三位四通电磁换向阀; 4. 电磁比例方向阀; 5. 背压阀

图 **9.24**　进油同步回路

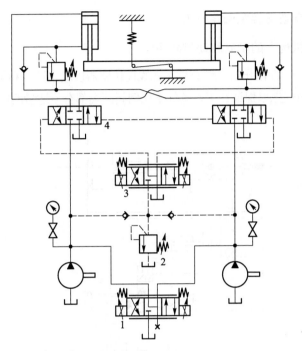

1. 电磁比例方向阀; 2. 溢流阀; 3. 电磁比例方向阀; 4. 液控换向阀

图 **9.25** 放油同步回路

9.3.4.3 使用比例方向阀的节流回路

比例方向阀可以作为节流阀来使用, 其连接方式有两种, 见图 9.26 。

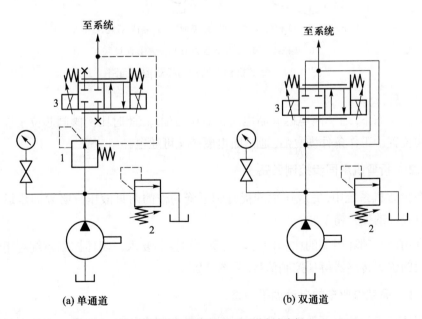

(a) 单通道   (b) 双通道

1. 减压阀; 2. 溢流阀; 3. 电磁比例方向阀

图 **9.26** 比例方向阀作比例节流阀的调速回路

9.3.5 比例方向速度控制回路应用

9.3.5.1 传送机构上的轴向移动控制回路

如图 9.27 所示,在液压缸上装有数字式线性传感器以输出速度和位置反馈信号,储能系统保持油压恒定,以保证在工作条件下比例阀两端都有一适量的压降 Δp 。

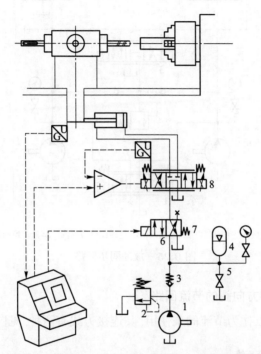

1. 液压泵; 2. 溢流阀; 3. 单向阀; 4. 蓄能器; 5. 蓄能器卸压截止阀;

6. 电磁换向阀; 7. 压力继电器; 8. 比例换向阀

图 9.27 传送机构上的轴向移动控制回路

紧急状态下,通 / 断电磁阀断电而切断压力油源,此时比例阀阀芯位于零遮盖的中间位置。工作条件恢复后,通 / 断电磁阀又可通电。

9.3.5.2 折弯机用同步控制回路

在折弯机系统中,完成压梁的提升和下降动作的两只液压缸必须同步运动并应具有较高的位置精度。

利用两只闭环控制的比例阀可以实现上述控制要求。闭环控制系统利用装在压梁上的位置传感器得到控制信号,见图 9.28 。

9.3.5.3 高空作业车的自动调平回路

用一套专用的电子器件控制的比例阀来控制平台的自动调平。这套电子器件包括角位移传感器以及以闭环方式工作的电子放大器。

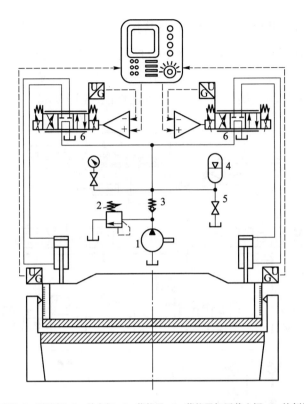

1. 液压泵; 2. 溢流阀; 3. 单向阀; 4. 蓄能器; 5. 蓄能器卸压截止阀; 6. 比例换向阀

图 **9.28** 折弯机用同步控制回路

整个电液控制系统是结构紧凑的模块, 可直接装在车上使用, 见图 9.29 。

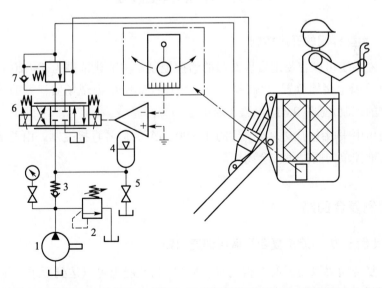

1. 液压泵; 2. 溢流阀; 3. 单向阀; 4. 蓄能器; 5. 蓄能器卸压截止阀; 6. 比例换向阀; 7. 顺序阀

图 **9.29** 高空作业车的自动调平回路

9.3.5.4 三通比例插装阀在注塑机上的应用

在注塑机中,插装式比例阀实现三个控制功能,即注射速度、挤压成形和锁模。电控通过集成有电子器件和位置传感器的比例阀实现,其位置传感器在主阀芯上形成闭环,实现精确控制并具有高动态性能, 见图 9.30 。

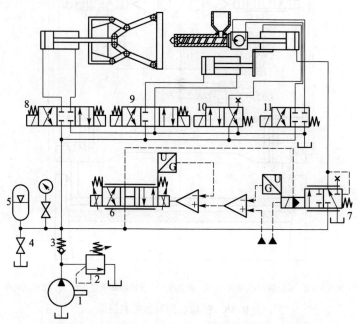

1. 液压泵; 2. 溢流阀; 3. 单向阀; 4. 蓄能器安全阀; 5. 蓄能器;
6/7. 比例换向阀; 8 、 9 、 10 、 11. 电磁换向阀

图 9.30　注塑机比例液压系统

9.3.5.5 大型蝶阀的开度控制

用电液系统可以容易地实现阀门的遥控控制。由变化范围为 4~ 20 mA 的给定输入电流确定初始位置,比例阀即可在闭环控制中根据现场监视器的输出信号进行可靠的控制, 见图 9.31 。

阀门可由集成电子放大器产生的 4~ 20 mA 的信号直接控制。由通 / 断电磁阀操纵的液控单向阀提供安全闭锁。

9.4　比例复合回路

9.4.1　比例压力 – 流量复合阀调压调速回路

使用复合阀可以使系统变得简单,并且控制性能也可以达到要求。压力 – 流量复合阀利用定差溢流阀来做压力补偿,使泵的输出压力适应负载压力,从而使泵供油时没有过剩的压力。

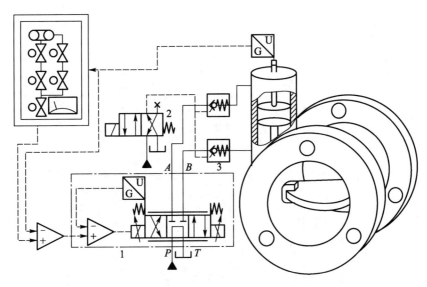

1. 比例方向阀; 2. 电磁换向阀; 3. 液控单向阀

图 9.31 阀门定位液压系统

　　如图 9.32 所示, 所需的流量控制由比例流量阀 3 进行控制; 主溢流的先导式溢流阀 2 按系统最高压力来调定, 保证系统的安全; 在各个工况, 系统的压力可以由比例溢流阀 4 进行调整。

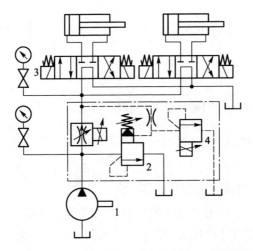

1. 定量泵; 2. 先导式溢流阀; 3. 比例流量阀; 4. 比例溢流阀

图 9.32 比例压力 − 流量复合阀调压调速回路

9.4.2 比例压力 − 流量调节型变量泵回路

　　如图 9.33 所示, 在比例压力 − 流量调节型变量泵系统中, 压力由比例压力阀 1 进行控制, 输出流量由比例流量阀 2 来控制, 从而使变量泵压力和流量都能适应负载的变化。

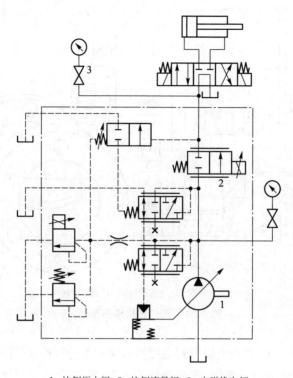

1. 比例压力阀; 2. 比例流量阀; 3. 电磁换向阀

图 9.33 比例压力 – 流量调节型变量泵

该变量泵系统使用在工作循环复杂、工况变化频繁, 动静特性要求较高的场合。

9.5 应用于比例节流的压力补偿回路

为了提高比例节流元件（包括比例节流阀、比例方向阀）流量的控制精度, 需要在控制节流口的面积的同时对节流口两端的压差进行控制, 保证控制流量尽可能地不受负载或者供油压力变化的影响。

压力补偿的原理是利用节流阀的出口压力作为参考压力, 采用定差减压阀或溢流阀来调节节流阀的进口压力, 使它与节流阀的出口压力的差值稳定在一个恒定的值上。

9.5.1 进口节流压力补偿回路

9.5.1.1 使用进口压力补偿阀的进口压力补偿回路

进口压力补偿阀是专门用于对比例方向阀的节流口进行压力补偿的元件。进口压力补偿阀分为叠加式和插装式, 而叠加式又分为单向压力补偿和双向压力补偿两类。

单向压力补偿阀的补偿元件是三通定差减压阀, 见图 9.34; 两通双向压力补偿阀的补偿元件是定差减压阀, 见图 9.35a; 三通压力补偿阀的补偿元件是定差溢流阀, 见图 9.35b 。

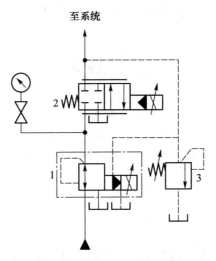

1. 三通比例减压阀; 2. 比例换向阀; 3. 直动式溢流阀

图 9.34 单向压力补偿阀应用回路

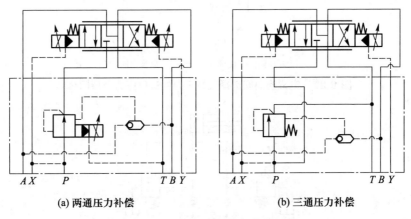

(a) 两通压力补偿　　　　　　　　　　(b) 三通压力补偿

图 9.35 双向压力补偿阀应用回路

9.5.1.2 使用普通减压阀的进口压力补偿回路

该回路存在梭阀能否正确选择反馈压力的问题（见图 9.36 ）, 所以只能使用在速度变化慢、运动部件质量不大, 以摩擦负载为主的场合。

以电磁换向阀代替梭阀选择反馈压力, 可以避免压力反馈异常的问题, 见图 9.37 。

为了使梭阀只感应正确的负载压力, 并且防止减速制动时出现的高压, 在回路中设置了压力保护回路, 见图 9.38 。

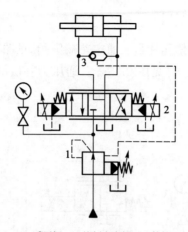

1. 减压阀; 2. 比例方向阀; 3. 梭阀

图 9.36　使用普通减压阀的进口压力补偿回路

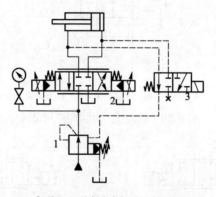

1. 减压阀; 2. 比例方向阀; 3. 电磁换向阀

图 9.37　电磁换向阀选择反馈压力的进口压力补偿回路

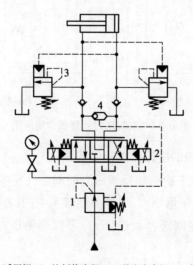

1. 减压阀; 2. 比例换向阀; 3. 溢流安全阀; 4. 梭阀

图 9.38　带压力保护的双向压力补偿阀应用回路

9.5.2　出口节流压力补偿回路

出口节流压力补偿回路可以利用减压阀来设计,也可以采用专用的出口压力补偿器。

通过比例方向阀的压差可以由减压阀来调整,从而可在较低的压差下获得较高的流量控制精度。如果需要在两个方向上进行精确的调速,在油孔一侧串入一只相同的减压阀即可,见图 9.39 。

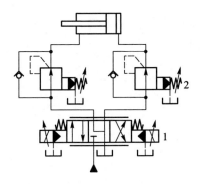

1. 比例换向阀; 2. 减压阀

图 9.39　双向出口节流压力补偿回路

第 10 章   电液比例控制
技术的工程应用

10.1   电液比例控制技术在钢管水压试验机上的应用

钢管水压试验机是制管生产线上的关键设备, 用于试验钢管承受的压力, 以保证钢管满足输送石油、天然气等的要求。在进行钢管水压试验时必须给钢管两端施加与管内水压值相适应的作用力, 以保证管内试验水压达到要求的值。该作用力太大, 就有可能使钢管管体变形, 甚至压弯钢管; 力太小, 管内的压力水就会从管端渗漏, 甚至喷出伤人, 同时还会破坏密封。因此要求施加在管端上的力在试压过程中要随着管内水压值的变化而变化。为了满足此要求, 在钢管水压机中应设有一套压力同步控制装置, 以实现钢管试压过程中的水压力平衡, 如图 10.1 所示。

工作原理如下。

增压部分: 当电磁换向阀 6 右侧带电时, 增压缸 5 的活塞右行, 右侧输出高压水经过单向阀进入钢管内, 从而逐次建立起试验压力 (图中的低压水通道可用于在打压开始前向被试钢管内充水作业); 电磁换向阀 6 左侧带电时, 增压缸左侧输出高压水。

压力同步: 为满足不同规格钢管的试压要求, 通过调节杠杆支点 a 的位置来改变油压与水压值的比例关系; 调节好后支点 a 不再动, b 点随压力油 $p_{油2}$ 的变化而变化, c 点随 b 点而动, c 点的上下移动改变了溢流阀的溢流压力, 也就改变了 $p_{油1}$ 的压力。

这种机械杠杆式压力同步控制装置存在诸多缺点: 灵敏度差且难于精确调整; 只适于试管加压过程中的压力同步控制, 不适用于压机卸压过程的压力同步; 对于不同口径规格的钢管试压都要调整好该装置的杠杆支点, 而且往往不能一次调整好平衡, 给操作者带来很大不便, 钢管试压效率很低。

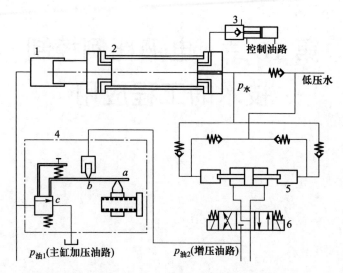

1. 主加压液压缸; 2. 被试钢管; 3. 放气装置; 4. 压力同步装置; 5. 增压缸; 6. 换向阀

图 10.1 机械杠杆式压力同步控制装置

采用电液比例控制技术可以很好地解决上述问题, 如图 10.2 所示。

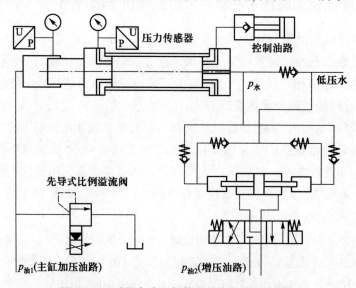

图 10.2 采用电液比例控制技术的液压原理图

在图 10.2 中, 采用电液比例溢流阀取代机械杠杆压力同步控制装置, 并与比例放大器、压力传感器等组成压力反馈的闭环电液比例控制系统, 其控制系统工作原理如图 10.3 所示。

根据钢管试压的力平衡要求, 有

$$A_{缸}p_{油} = A_{管}p_{水}$$

$$p_{油} = Kp_{水}$$

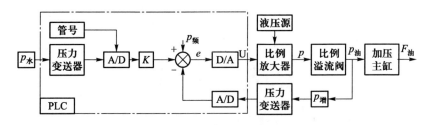

图 10.3　控制系统工作原理方框图

式中, $p_{油}$ 为加压主缸内油压值 (Pa); $p_{水}$ 为被试钢管内水压值 (Pa); $A_{缸}$ 为加压主缸活塞面积 (固定值)(m²); $A_{管}$ 为被试钢管的内径面积 (不同的规格有不同的值)(m²); K 为比例系数, $K = A_{管}/A_{缸}$。

不同的钢管管径规格对应不同的 K 值, 对于不同壁厚的钢管可适当调整 K 值。$p_{预}$ 是为了保证钢管在充低压水时, 不从管端渗漏而人为地施加于主缸的力, 一般凭经验确定。

可编程控制器 (PLC) 内存有不同钢管管径规格所对应的比例系数 K 值, 在试压前, 先将被试管的管号通过拨码开关输入给 PLC (管号对应于钢管的管径规格), PLC 可根据输入的管号从内存中找到相对应的 K 值。在整个试压过程中, PLC 不断对钢管内的水压 ($p_{水}$) 和加压主缸内的油压 ($p_{油}$) 进行采样, 并通过内部运算输出相应值, 控制比例溢流阀, 调节加压缸内的油压值。在钢管试压的加压和卸压过程中, 主缸内的油压值始终随钢管内水压值的变化而按一定的比例相应变化, 从而保持油水压力的平衡关系。

10.2　电液比例控制技术在 CVT 中的应用

随着电子技术和自动控制技术的性能迅速发展, 车用变速器的技术也越来越完善, 形式也更加多样化, 在越来越多的车辆上得到应用。

车用无级变速器CVT 避免了齿轮传动比不连续和零件数量过多的缺点, 能够实现真正的无级变速。它具有传动比连续、传递动力平稳、操纵方便、可使汽车行驶过程中经常处于良好的性能状态、节省燃油、改善汽车排放等特点。

金属带式无级变速器属于摩擦传动式无级变速器, 它主要利用两个锥形带轮来改变传动比, 从而实现无级变速。由图 10.4 可见, 发动机输出的动力经输入轴传到主动轮上, 主动轮锥盘通过与金属带的 V 形摩擦片的侧面接触产生的摩擦力向前推动摩擦片, 这样就使后一个摩擦片推压前一个摩擦片, 在二者之间产生推压力。该压力形成于接触弧的始端, 至终端逐渐加大, 这种推力经金属带的摩擦片作用在从动轮上, 由摩擦片通过与从动轮锥盘的接触产生的摩擦力带动从动轮旋转, 这样就将动力传到了从动轴上。

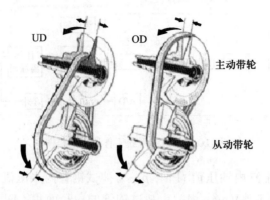

图 10.4　金属带 CVT 原理示意图

　　金属带的主动轮、从动轮皆由可动锥盘部分和不可动锥盘部分构成, 它们的中心距是固定的。工作中, 当主、从动轮的可动锥盘作轴向移动时, 改变了金属传动带的工作半径, 从而改变了传动比。可动锥盘的轴向移动量是根据发动机使用要求的变速比, 通过液压控制系统分别调整主、从动轮上作用液压缸的压力来调节的。由于工作节圆半径可连续调节, 所以可实现无级变速。

　　无级变速器外观图如图 10.5 所示, 其电液比例控制系统如图 10.6 所示, 速比控制和夹紧力采用同一压力源, 由发动机带动泵运行。本系统主要由比例溢流阀, 比例方向阀, 油泵, 主、从动轮液压缸和电子控制块组成。比例溢流阀根据控制系统的指令实时控制系统的压力。液压油通过比例方向阀控制进入主动缸的流量, 进一步控制主动轮可动锥盘部分前进的位移, 通过金属带进一步改变从动轮可动锥盘部分的位置, 从而间接改变传动比。作为电子控制块的输入信号, 可以使用发动机转速传感器和转矩传感器、主动带轮的位移传感器以及被动带轮的压力传感器。通过测量发动机的转速来调整速比, 从而控制发动机转速满足要求。

图 10.5　无级变速器外观图

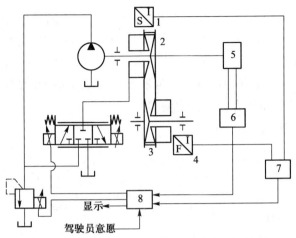

1. 位移传感器；2. 主动轮；3. 从动轮；4. 压力传感器；5. 发动机；
6. 发动机传感器；7. 传动传感器；8. 电子控制块

图 10.6　无级变速器控制原理图

10.3　管拧机浮动抱钳夹紧装置电液比例控制系统

在石油套管的生产过程中，拧套管是一道重要的工序。其中管拧机浮动拧抱钳夹紧装置的夹紧效果直接影响到石油套管的连接质量和生产效率。在生产过程中，浮动拧抱钳夹紧装置的卡爪将预先定位的钢管夹紧，并沿接箍卡爪的中心线做轴向移动；在整个工作过程中，卡爪将钢管夹紧固定。管拧机浮动抱钳夹紧装置的外观如图 10.7 所示。

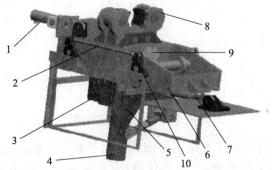

1. 减振液压缸；2. 水平传力机构；3. 小箱体；4. 夹紧缸；5. 竖直传力机构；
6. 大滑台；7. 水平驱动缸；8. 夹爪体；9. 支撑轴；10. 凸轮随动轴承

图 10.7　管拧机浮动抱钳夹紧装置的外观图

管拧机是用于生产石油套管的关键设备，夹紧装置为其主要部件。其工作原理为：首先，经步进梁输送过来的带有经过预拧的管箍的钢管进入抱钳位置，夹紧液压缸 4 活塞杆伸出，带动由夹爪体 8 等组成的四杆机构夹紧钢管；然后，水平液压缸 7 带动整个滑台向接箍卡盘移动；到达位置后，卡盘夹紧管箍并带动其绕卡盘中心旋转，由于钢管在夹紧装置加紧下固定，这样，管箍被拧紧。

　　在拧紧管箍过程中, 拧箍力所产生的沿水平径向力通过竖直传力机构转化为竖直径向力, 竖直径向力直接传递给大滑台。这样, 钢管拧箍力均转化为竖直向下的力。凸轮随动轴承 10 为大滑台支撑导向轮。在水平传力机构的作用下, 所有的竖直力均转化为水平力传递给液压减振液压缸而被液压减振系统吸收。保证在加紧钢管的同时, 允许钢管存在一定的偏心。

　　液压系统原理见图 10.8 。

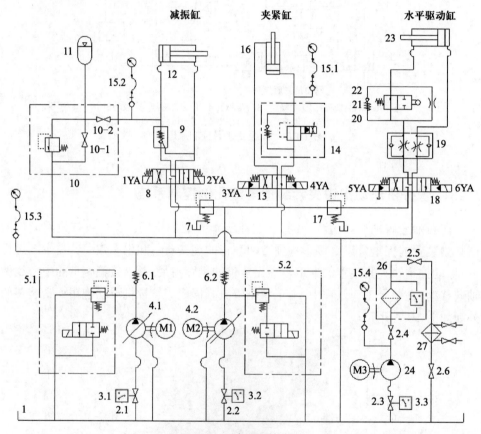

图 10.8　液压系统原理

　　液压站: 变量柱塞泵 4 和电磁溢流阀 5 用于泵的空载启动, 工作时起安全保护作用; 过滤冷却采用旁置式, 模块化设计, 系统不工作时仍可以单独进行过滤冷却。

　　(1) 减振支路: 换向阀 8 右位工作时, 油液推动液压缸 12 活塞杆伸出, 推动水平传力机构调节滑台及钢管位置。达到理想位置后, 换向阀 8 切换到中位。工作时, 通过传力机构传递过来的力向后挤压活塞杆, 无杆腔油液流向蓄能器, 蓄能器内压力升高, 油液的压力对活塞杆产生的推力与水平传力机构的力平衡, 此刻, 活塞杆停止运动。在这个过程中, 外力均被蓄能器吸收。

　　(2) 夹紧支路: 夹紧支路用于夹紧钢管, 保证在拧箍的时候钢管不会发生打滑现象。通过调节两位四通电液换向阀来达到夹爪体松开和夹紧动作。活塞杆伸出,夹爪体夹紧钢管,夹持钢管的力通过调节比例减压阀 14 来实现。这样,就可以根据不同规格的钢管设置不同的压力级别,避免因调定压力不变而在加工不同钢管的规格时出现夹坏钢管或出现打滑现象。

(3) 水平支路: 在接箍拧紧过程中,换向阀 18 处于中位状态,此时液压缸浮动。在接箍及钢管螺纹螺旋传动的作用下,钢管带动滑台向前移动,液压缸被滑台驱动。

10.4 带钢对中装置电液比例控制系统

在酸洗生产线中,带钢对中装置通过控制进入圆盘剪的带钢的位置来控制圆盘剪剪切带钢废边的宽度。带钢对中装置具有非常重要的作用,国内有些冷轧薄板酸洗生产线原有的带钢对中装置采用人工目测、手工调节对中,宽度确定后夹紧带钢的控制方式,很难保证产品的质量,以致经常出现废料,极大地影响了该机组乃至整个生产线的产能。该对中装置存在着一些固有的缺点: 一是压力设定不连续,系统压力无法根据带钢厚度自动调节; 二是带钢宽度变化引起的作用力通过液压缸反作用于液压系统,液压缸只起到一定的缓冲作用,而不能实现随带钢宽度自动调节。为了克服这些缺点,带钢对中装置的液压系统采用了电液比例控制技术,其液压原理见图 10.9 。

主泵采用恒压变量泵,为系统提供恒压油源并能使输出流量随负载需要的流量变化,使泵源处无节流损失,最大限度地降低能耗。电磁溢流阀 3 在泵启动时卸荷,以保证泵空载启动; 在泵正常工作的时候作为安全阀使用。蓄能器 5 采用皮囊式蓄能器,具有减小柱塞泵输出压力脉动、稳定比例伺服阀入口压力的作用。泵的出口设置单向阀 3,用以防止蓄能器对泵造成反向冲击而损坏液压泵。高压精密过滤器用于保证进入比例伺服阀的油液的清洁度。比例伺服阀 8 采用两级控制器输出的电流信号用于控制比例伺服阀完成相应的阀口开口度,进而控制液压缸 9 完成相应的动作。旁置过滤冷却系统 15 由抗污染能力强的螺杆泵、带有污染发讯装置的精密过滤器、冷却风扇和安全阀组成。冷却风扇的起、停由温控器来控制,以使控制系统工作在合适的温度范围内。

在带钢对中装置的前部安装有带宽检测光栅 13,用以检测带钢的实际宽度 W_1 。液压伺服缸 9 的活塞杆伸出端上安装磁致伸缩式位移传感器,其检测精度可以达到 ± 0.025 mm,用以检测夹辊的实际位置 W_2 。

由位移传感器得到的位移信号经过一定的转换关系,转化为夹紧槽的宽度信号后反馈给控制器。在控制器内, W_1 和 W_2 经过运算后将偏差信号输入给数字调节器,经过调节器运算后的信号由控制器的模拟量输出端输出给伺服阀,以调节比例伺服阀的开度,进而控制液压缸完成相应的动作,使夹辊随带钢的宽度而随动动作。

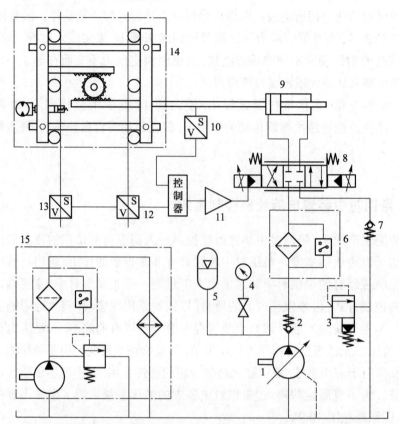

1. 恒压变量泵; 2/7. 单向阀; 3. 先导式溢流阀; 4. 压力表及其开关; 5. 蓄能器;
6. 高压精过滤器; 8. 电液比例阀; 9. 液压缸; 10. 位移传感器; 11. 放大器;
12. 控制器; 13. 测宽光栅; 14. 带钢对中装置; 15. 过滤冷却装置

图 10.9　带钢对中装置电液比例控制系统液压原理图

工作原理为: 液压马达带动导板和导辊沿水平方向左右移动, 来调整带钢中心线所在位置, 并由制动器保证其位置不变。导板位置调整完毕、制动器锁死之后, 带钢运动的中心线即被控制在该导板纵向中心线位置。液压缸 9 可以带动齿条齿轮机构来完成夹棍夹紧及松开带钢动作。

对中装置前端安装的检测光栅 13 用来实时检测带钢的实际宽度 W_1, 作为输入信号输送给 PLC。安装在液压缸活塞杆上的位移变送器, 测量出来的信号经过一定的转化关系转化为夹紧槽宽度信号反馈给 PLC。两个信号在 PLC 内部经计算后, 输出信号给比例放大板, 进而控制比例阀完成相应动作, 使夹棍随带钢的宽度而改变, 保证夹紧带钢而不出现翻边。

10.5　矫直机比例控制系统

对金属塑性加工产品的形状缺陷进行的矫正, 是重要的精整工序之一。轧材在轧制过程或在以后的冷却和运输过程中经常会产生种种形状缺陷, 诸如棒材、型材和管材的弯曲, 板带材的弯曲、波浪、瓢曲等。通过各种矫直工序可使弯曲等缺陷在外力作用下得以消除, 使产品达到合格的状态。

矫直机是对金属棒材、管材、线材等进行矫直的设备 (见图 10.10)。矫直机通过矫直辊对棒材等进行挤压使其改变直线度。一般有两排矫直辊, 数量不等。也有两辊矫直机, 依靠两辊 (中间内凹, 双曲线辊) 的角度变化对不同直径的材料进行矫直。其主要类型有压力矫直机、平衡辊矫直机、斜辊矫直机、旋转反弯矫直机等。

图 10.10　矫直机外观图

这种矫直机的矫直过程是: 辊子的位置与被矫直制品运动方向成某种角度, 两个或三个大的是主动压力辊, 由电动机带动作同方向旋转, 另一边的若干个小辊是从动的压力辊, 它们是靠着旋转着的圆棒或管材摩擦力使之旋转的。为了达到辊子对制品所要求的压缩, 这些小辊可以同时或分别向前或向后调整位置, 一般辊子的数目越多, 矫直后制品精度越高。制品被辊子咬入之后, 不断地作直线或旋转运动, 因而使制品承受各方面的压缩、弯曲、压扁等变形, 最后达到矫直的目的。

图 10.11 所示为某电液比例控制 12 辊矫直机主机, 采用比例阀控缸系统进行矫直辊的位置控制, 采用比例溢流阀进行管材保护控制。对于每种型号的管材, 在上位机中建立相应的数据库, 用于存储保护压力参数、辊缝参数以及相应的控制器参数, 在改变矫直管材时, 只需调用相应参数, 则辊缝以及保护压力由比例阀自动调节, 无需手工调节, 自动化程度高。其液压系统原理如图 10.12 所示。

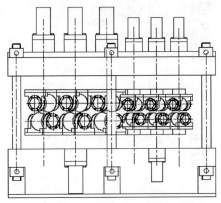

图 10.11　矫直机结构图

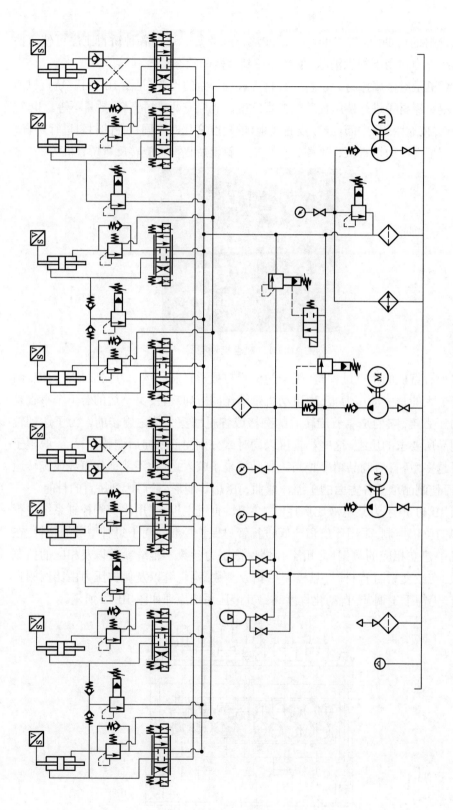

图10.12　矫直机液压系统原理图

液压矫直机采用比例阀控缸系统,采用位移传感器作为矫直辊的辊缝检测装置。该机组采用全液压操作,运用压力、位置预置双控技术,避免在矫直小规格薄壁管时出现压扁现象。

10.6 飞机拦阻器电液比例控制系统

飞机拦阻器 (见图 10.13) 是飞机着陆控制的辅助措施之一, 主要用于陆基飞机的应急拦阻以及舰基飞机的自由飞着陆和舰基自由飞失败后的应急拦阻。目前,国外较先进的某飞机拦阻器是纯机液系统,以拦阻网或拦阻钢缆连接在一起沿机场跑道对称布置,将被拦阻飞机本身巨大的动能转化成液压能而生成使飞机制动的摩擦力。

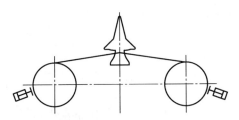

图 10.13　飞机拦阻器的简易模型

1. 改进前液压系统

图 10.14 为国外某飞机拦阻器的液压系统原理图,它包括静压和动压两部分。静压部分由 6、7、8、9、10、11 组成,由蓄能器 11 提供具有一定压力的油保证飞机拦阻器在不工作时处于锁紧状态,手动泵可以补油。动压部分为能量转换装置,在飞机撞网带动尼龙带盘转动的同时,也带动液压泵 12 转动,输出压力油,产生使飞机制动的摩擦力。节流阀 18 为一手动针阀,通过预先调节其开口量大小来适应不同质量、不同撞网速度飞机的拦阻,拦阻过程中节流口大小不变; 节流阀16 与一套凸轮机构 17 连接在一起,靠凸轮型面的变化来改变节流阀的通流能力,以控制刹车压力。通过调节凸轮起始工作角来调节拦停距离。

纯机液拦阻器中流入摩擦片组件的油液受节流阀 16 及 18 的控制。对纯机液拦阻器,当飞机撞网状况发生变化时 (如飞机撞偏、不同飞机的质量差异、刹车片摩擦系数变化等),拦阻不能达到预期效果。节流阀 16 与一套凸轮机构连接在一起,靠凸轮型面的变化来改变节流阀的通流能力,以控制刹车压力。可以通过调节凸轮起始工作角来调节拦停距离。若凸轮型面受损,拦停效果也会受到极大影响,控制精度不高。

2. 改进后的液压系统

改进后的电液比例拦阻系统仍包括静压和动压两部分 (见图 10.15) 。系统的静压部分不做改动,起到拦阻前保持拦阻器稳定状态以及飞机刚撞网时避免对系

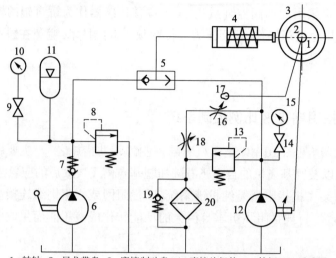

1. 转轴; 2. 尼龙带盘; 3. 摩擦制动盘; 4. 摩擦片组件; 5. 梭阀; 6. 手动泵;
7. 单向阀; 8. 安全阀; 9. 压力表开关; 10. 压力表; 11. 蓄能器; 12. 泵源;
13. 安全阀; 14. 压力表开关; 15. 压力表; 16. 节流阀 (由凸轮机构调节);
17. 凸轮机构; 18. 节流阀 (手动调节); 19. 单向阀; 20. 回油过滤器

图 10.14　飞机拦阻器纯机液系统原理图

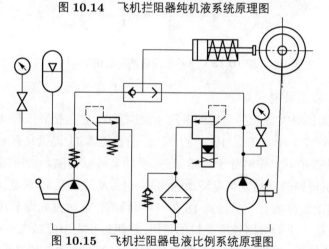

图 10.15　飞机拦阻器电液比例系统原理图

统造成冲击的作用。动压部分将凸轮调节的节流阀改成电液比例溢流阀, 这样通过调节比例溢流阀的输入电信号来改变系统输出压力, 从而控制使飞机制动的摩擦力。引入电信号更便于用计算机构成自动控制系统。对于不同型号、不同拦停距离的飞机, 只要事先计算出拦阻期间拦停位移与系统所需要达到的压力之间的关系, 当拦阻飞机到达设定位移时, 通过改变电信号的输入来改变系统输出压力 (即刹车力) 的大小, 即可实现拦阻, 达到拦停要求。

10.7　风力发电机的变桨距比例控制系统

变桨距控制系统的主要功能是通过调整桨叶节距, 改变气流对叶片的攻角, 在风力发电机的启动过程提供启动转矩, 在风速过高的时候改变风力发电机获得的空气动力转矩, 从而保持功率输出恒定。风力发电机实物及示意图见图 10.16。

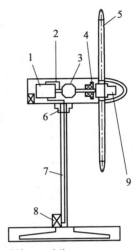

1. 发电机; 2. 控制柜; 3. 齿轮箱; 4. 刹车; 5. 叶片;
6. 偏航系统; 7. 塔架; 8. 电网引线; 9. 旋转头

图 10.16　风力发电机实物及示意图

变桨距控制技术的发展经历了一段曲折的过程。最初研制的风力发电机组都被设计成可以全桨叶变距的, 但是由于设计人员对空气动力特性和运行工况考虑不足, 可靠性远不能满足实际要求, 灾难性飞车事故不断发生, 变桨距控制技术一度被摒弃。随着长期的实践和技术发展, 在现代大型风力发电机组设计中, 变桨距控制技术重新获得了重视和广泛应用。新型的变桨距控制系统可以使桨叶和整机的负载受力的状况大为改善。同时, 变速恒频技术与变桨距控制系统相配合, 可以提高机组的发电效率和电能质量。

风力发电中实现变桨距控制的液压系统工作原理如下:

液压变桨距控制机构属于电液比例控制系统。典型的变桨距液压执行机构如美国 Zond 公司的 Z-40 型变桨距风力发电机组, 其原理如图 10.17 所示。桨叶通过机械连杆机构与液压缸相连接, 节距角的变化同液压缸位移基本成正比。当液压缸活塞杆向左移动到最大位置时, 节距角为 88°, 而活塞向右移动到最大位置时, 节距角为 −5°。在系统正常工作时, 两位三通电磁换向阀 A、B、C 都通电, 液控单向阀打开, 液压缸的位移由电液比例换向阀进行精确控制。在风速低于额定风速时, 不论风速如何变化, 电液比例换向阀维持桨叶节距角为 3°, 考虑到液压缸的泄漏, 电液比例换向阀进行微调, 保持节距角不变; 当风速高于额定风速时, 根据输出功率, 利用电液比例换向阀精确改变输出流量, 从而控制桨叶的节距角, 使输出功率恒定。变桨距机构及其控制器的控制系统结构如图 10.18 所示。通常的变桨距控制系统采用一个 FET 电子开关对功率给定和桨距角给定两种运行模式进行硬件电路的切换。

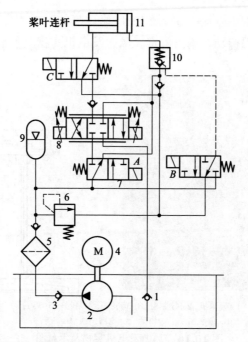

1. 油箱; 2. 液压泵; 3. 单向阀; 4. 电机; 5. 过滤器; 6. 溢流阀; 7. 两位三通电磁阀;
8. 电液比例阀; 9. 蓄能器; 10. 液控单向阀; 11. 液压缸

图 10.17　液压驱动变桨距机构原理简图

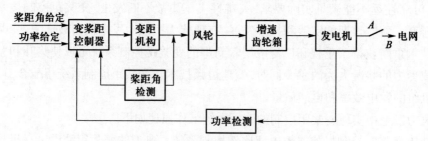

图 10.18　变桨距控制系统框图

第 11 章 液压伺服与比例控制系统的分析与设计

11.1 液压伺服与比例控制系统的设计流程与要求

11.1.1 设计流程

液压伺服与比例控制系统的设计多采用频率特性法,其理论基础是自动控制理论。实际设计工作中,可按图 11.1 的流程来进行。其中动态设计可用伯德图法近似分析,也可用计算机采用各种控制策略进行系统动态仿真,仿真工具有 MATLAB 等软件可供选择。

由于不同的系统面对的问题不同,使得处理问题的方法和步骤有所不同,即便对同一个系统,由于设计着眼点的不同、各类主机设备对系统要求的不同及设计者经验的多寡,步骤也不会是单方向的,图 11.1 中的有些内容与步骤可以省略和从简,或将其中某些内容与步骤合并交叉进行。但对于重大工程的复杂系统,往往还需在初步设计的基础上进行计算机仿真试验或进行局部实物试验并反复修改,才能确定设计方案。

电液比例控制系统有开环控制和闭环控制之分。二者的设计思想、数学模型、设计内容和步骤、设计和分析的手段都有相当大的差别。总的来说,开环控制系统的设计主要参考液压传动系统 (开、关控制) 的设计方法,闭环控制系统的设计采用自动控制系统的设计方法。

11.1.2 控制系统的设计要求

在液压伺服与比例控制系统的设计过程中,首先要明确对所设计的控制系统的主要技术要求与各项限制因素。主要包括以下几点:

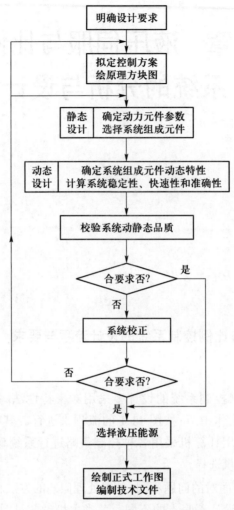

图 11.1　液压伺服系统设计流程

(1) 被控制量的类型: 位置控制、速度控制、加速度控制、力或压力控制、温度控制、功率控制等。

(2) 控制规律: 恒值、恒速、等加速、阶梯状或任意变化规律的控制。

(3) 负载特性: 负载的类型主要有惯性负载、弹性负载、黏性阻尼负载、各种摩擦负载 (静摩擦、动摩擦) 及重力负载和其他不随时间、位置等参数变化的恒值负载、大小及其运动规律, 包括负载最大位移、最大速度、最大加速度、最大消耗功率等。

(4) 动态品质要求: 包括稳定性和快速性。相对稳定性可用频域指标 (增益裕量、相位裕量、谐振峰值) 和时域指标 (超调量、振荡次数) 等来规定。响应的快速性可用穿越频率、频宽、上升时间和调整时间等来规定。

(5) 控制精度要求: 由指令信号引起的稳态误差 (稳态位置误差、稳态速度误差和稳态加速度误差); 由负载 (力或力矩) 扰动引起的稳态误差; 由参数变化和元件零漂、非线性因素 (执行和负载的摩擦力, 放大器和伺服阀的滞环、死区, 传动机构的间隙等) 引起的误差 (静差); 检测机构、传感器及其二次仪表误差。

(6) 工作环境条件: 室内室外、环境温度、环境湿度、周围介质、外界冲击与振动、噪声、电磁场干扰、酸碱腐蚀性、易燃性等。

(7) 限制性条件: 装置的尺寸、体积、质量、经济性 (投资费用或成本、运行能耗维护保养费用等)、油温、噪声等级、电源等级、接地方式等。

(8) 其他要求: 抗污染性能或油液清洁度等级、无故障工作率、工作寿命、安全保护、工作可靠性操作和维护的方便性等。

11.2 液压伺服与比例控制系统的方案拟定

11.2.1 确定控制方案

液压伺服与比例控制系统的控制方案主要是根据设计要求, 如被控物理量类型, 控制功率的大小, 执行元件的运动方式, 各种静、动态性能指标值以及环境条件和价格等因素考虑决定的。为使所设计的系统具有可靠性与先进性, 应避免在设计中出现重大失误, 拟定系统总体方案时要进行同主系统的情况论证和初拟几种方案进行对比分析, 初步确定一个较优方案。

11.2.2 确定控制系统的控制方式

要求结构简单、造价低、控制精度不需很高的场合宜采用开环控制; 反之, 对外界干扰敏感、控制精度要求高的场合宜采用闭环控制。若采用闭环控制, 则还应考虑检测反馈元件的形式。

11.2.3 确定控制系统的控制元件类型

凡是要求响应快、精度高、结构简单, 而不计较效率低、发热量大、参数变化范围大的小功率系统可采用阀控方式; 反之, 追求效率高、发热量小、温升有严格限制、参数量值比较稳定, 而容许结构复杂些、价格高些、响应低些的大功率系统可采用泵控方式。

11.2.4 确定控制系统的控制系统类型

闭环控制系统按照它所控制的物理参数, 可分为电液伺服位置控制系统、电液伺服速度控制系统、电液伺服加速度控制系统和电液伺服力 (压力) 控制系统。在拟定系统方案时, 首先要确定所设计的比例控制系统属于哪一种类型。通常情况下, 电液伺服系统控制的物理量, 即系统类型是不能人为地随意指定和改变的,它是由设备用途、工艺要求和控制过程决定的。

11.2.5　确定控制系统的执行元件类型

在选择液压执行元件时,除了运动形式以外,还需考虑行程和负载。例如,直线位移式伺服系统在行程短、出力大时宜采用液压缸;行程长、出力小时宜采用液压马达。

液压放大元件 (伺服阀和伺服变量泵) 与液压执行元件 (液压缸和液压马达) 的不同组合可得到不同类型的液压动力元件。液压动力元件类型不仅决定了系统的拖动特性,而且对系统的动静态品质也有较大影响,必须根据设计要求综合考虑。各种动力元件的特点和适用工况类型见表 11.1

表 11.1　液压动力元件类型、特点及适用工况类型

类型	特点	适用工况类型
阀控缸	结构简单,成本较低,小行程及小惯量负载时液压固有频率高。但随行程增加固有频率随之降低,系统响应速度和稳定性均变坏;系统效率低	高性能要求的小惯量负载及小行程 (一般小于 500 mm) 直线运动的中小功率场合,大质量负载,但对快速性要求较低的中小功率场合
阀控马达	液压固有频率较高,速度刚度大,可通过减速装置减小大惯量负载的影响。但效率低,成本高	中小功率且负载做回转运动或大行程大惯量负载的直线运动,且对控制性能要求较高的场合。控制直线运动时,由丝杠螺母将转动变为直线运动
泵控马达	效率高,系统参数稳定。但液压固有频率低,响应速度慢,需配备变量操纵机构,结构复杂,造价昂贵	大功率,且响应速度要求不高的场合

11.2.6　确定控制系统的原理方框图

系统的控制方案一旦确定,即可以确定控制系统原理方框图 (其示例见图 11.2) 。表 11.2 所给出的是本章重点介绍的阀控缸位置系统的原理图及方框图。

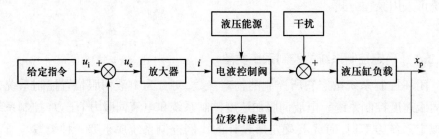

图 11.2　液压伺服与比例控制系统原理方框图

表 11.2　阀控缸位置系统原理图及方框图

名称	阀控缸位置控制系统
原理图	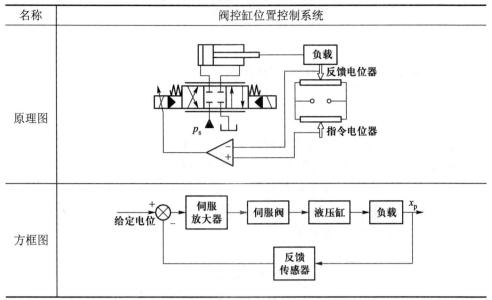
方框图	

11.3　液压伺服与比例控制系统的静态设计

静态设计的主要内容是确定液压动力元件参数, 选择系统的组成元件。液压动力元件是伺服系统的关键部件。它在整个工作循环中拖动负载按要求的速度运动的同时, 其主要性能参数应能满足整个系统所要求的动态特性。此外, 动力元件参数的选择还必须考虑与负载参数的最佳匹配, 以保证系统的功耗最小, 效率高。

液压动力元件参数选择包括系统的供油压力 p_s, 液压执行元件的主要规格尺寸 (液压缸的有效面积 A_p 或液压马达的排量 D_m), 伺服阀的规格 (最大空载流量 q_{0m} 及额定流量 q_n)。当选择液压马达作执行元件时, 还应包括液压马达至负载间的齿轮传动比 i 的选择。

11.3.1　控制系统的供油压力的选择

选用较高的供油压力, 在相同输出功率条件下, 可减小执行元件——液压缸的活塞面积 (或液压马达的排量), 从而使泵和动力元件尺寸小质量轻, 设备结构紧凑, 同时油腔的容积减小, 容积弹性模数增大, 有利于提高系统的响应速度。但是, 随供油压力增加, 由于受材料强度的限制, 液压元件的尺寸和质量也有增加的趋势, 元件的加工精度也需提高, 系统的造价也随之提高。同时, 高压时, 泄漏大, 发热高, 系统功率损失增加, 噪声加大, 元件寿命降低, 维护也较困难。所以条件允许时, 通常还是选用较低的供油压力。

常用的供油压力等级为 $7 \sim 28$ MPa, 可根据系统的要求和结构限制条件选择适当的供油压力。

11.3.2　液压执行元件及控制阀规格的确定

1. 按负载匹配确定

1) 负载特性 (负载力与负载速度之间的关系)

负载特性曲线 (负载轨迹图) 是根据负载的情况, 以横坐标轴为负载力 (可转化为负载压力)、纵坐标轴为负载速度 (可转化为负载流量) 作出的曲线 (见图 11.3), 其方程为负载轨迹方程。负载特性曲线与执行元件所驱动的负载结构、负载大小以及所响应的控制信号有关。通常, 采用频率法分析系统的动特性, 分析系统在正弦信号作用下的位移、速度和受力情况。

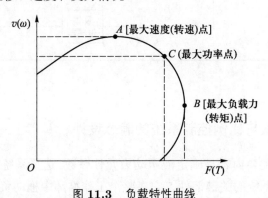

图 11.3　负载特性曲线

(1) 惯性负载特性: 由牛顿第二定律知

$$F_{\mathrm{m}} = m_{\mathrm{L}} \ddot{x}_{\mathrm{L}}$$

对于负载的正弦位移 $x_{\mathrm{L}} = A \sin \omega t$, 其负载速度为 $\dot{x}_{\mathrm{L}} = A\omega \cos \omega t$, 加速度为 $\ddot{x}_{\mathrm{L}} = -A\omega^2 \sin \omega t$。所以

$$F_{\mathrm{m}} = -m_{\mathrm{L}} A \omega^2 \sin \omega t$$

利用三角函数中的正、余弦函数平方和为 1 的关系, 可得

$$\frac{v^2}{(A\omega)^2} + \frac{F_{\mathrm{m}}^2}{\left(m_{\mathrm{L}} A\omega^2\right)^2} = 1$$

即纯惯性负载的负载特性曲线是长短轴分别在两个坐标轴上的椭圆。

(2) 黏性负载特性: 下式

$$F_{\mathrm{B}} = B \dot{x}_{\mathrm{L}}$$

为一直线段。

(3) 弹性负载特性: 下式

$$F_s = Kx_L = KA\sin \omega t$$

$$v = \dot{x}_L = A\omega\cos \omega t$$

的负载特性方程为

$$\frac{v^2}{(A\omega)^2} + \frac{F_s^2}{(KA)^2} = 1$$

(4) 惯性负载、黏性负载及弹性负载共同作用下的负载特性方程为

$$\frac{v^2}{(A\omega)^2} + \frac{(F_t - Bv)^2}{(K - M_L\omega^2)^2 A^2} = 1$$

式中, $F_t = F_m + F_B + F_s$

　　负载工作的每一个工况都应在负载特性曲线内, 在负载特性曲线上具有最大功率点或最大速度 (转速) 点和最大负载力 (转矩) 点, 如图 11.3 所示, A、B、C 三点分别为最大速度点、最大负载力点和最大功率点。

　　2) 液压动力元件的输出特性

　　液压动力元件的输出特性可通过将伺服阀的流量 – 压力曲线经坐标变换 [将阀的负载流量除以液压缸的面积 (或液压马达的排量 D_m), 负载压力乘以液压缸面积 (或液压马达的排量)] 得到。在速度 (转速)– 力 (转矩) 平面上, 绘出的液压动力元件输出特征曲线为抛物线, 如图 11.4 所示为动力元件 (阀控缸) 的输出特性曲线。由图 11.4 可看出, 当伺服阀规格 (空载流量 q_{0m}) 和液压缸面积 A_p 不变, 提高供油压力 p_s, 曲线向外扩展, 最大功率提高, 最大功率点右移 (图 11.4a); 当供油压力和液压缸面积不变, 加大伺服阀规格, 曲线不变, 曲线的顶点 $A_p p_s$ 不变, 最大功率提高, 最大功率点不变 (图 11.4b); 当供油压力和伺服阀规格不变, 加大液压缸面积, 曲线变低, 顶点右移, 最大功率不变, 最大功率点右移 (图 11.4c); 通过调整 p_s、q_{0m}、A_p 这三个参数, 即实现液压动力元件与负载的匹配。

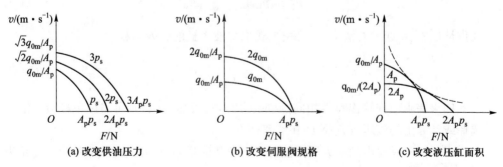

F —输出力; v —活塞运动速度; p_s —供油压力; A_p —液压缸有效面积; q_{0m} —伺服阀的空载流量

图 11.4　液压动力元件 (阀控缸) 输出特性曲线

3) 负载最佳匹配

(1) 图解法: 在速度 – 力坐标系内绘出负载轨迹曲线和动力元件输出特性曲线, 并使每一条输出特性曲线均与负载轨迹相切, 调整参数, 使动力元件输出特性曲线从外侧完全包围负载轨迹曲线, 即可保证动力元件能够推动负载。如图 11.5 所示, 曲线 1、 2、 3 代表三条动力元件的输出特性曲线。曲线 3 的最大输出功率点与负载轨迹最大功率点 c 相重合, 满足负载最佳匹配条件。曲线 1 和 2 的最大功率输出点 (a 点和 b 点) 大于负载的最大功率点 (c 点), 虽能推动负载, 但动力元件的功率未充分利用, 故效率都较低。

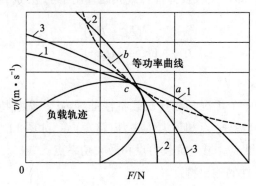

图 11.5　液压动力元件的负载匹配

负载匹配的图解也可在流量 – 压力坐标系内进行, 这时将负载力变成负载压力, 负载速度变成负载流量, 负载轨迹用负载压力和负载流量表示, 与阀的压力 – 流量特性曲线匹配即可。

(2) 解析法: 对于某些较为简单的负载轨迹, 可以利用负载最佳匹配原则, 采用解析法确定液压动力元件的参数。伺服阀输出功率为最大值时的负载压力 p_L 与供油压力 p_s 的关系为

$$p_L = \frac{2}{3}p_s \tag{11.1}$$

故最大输出功率点的负载力 (合外力) 为

$$F_L^* = p_L A_p = \frac{2}{3}p_s A_p \tag{11.2}$$

在供油压力 p_s 选定的情况下, 可由上式求得液压缸的有效面积为

$$A_p = \frac{3}{2}\frac{F_L^*}{p_s} \tag{11.3}$$

如果要求双向输出特性相同, 则应使用双杆液压缸; 否则可采用单杆液压缸。选择或计算出的液压缸直径 D 和活塞杆直径 d。

由于伺服阀输出功率为最大值时对应负载流量 q_L 与最大空载流量 q_{0m} 关系为

$$q_L = \frac{1}{\sqrt{3}}q_{0m} \tag{11.4}$$

故最大输出功率点的负载速度为

$$v_{\mathrm{L}}^* = \frac{q_{\mathrm{L}}}{A_{\mathrm{p}}} = \frac{q_{0\mathrm{m}}}{\sqrt{3}A_{\mathrm{p}}} \tag{11.5}$$

在计算出液压缸缸筒 (活塞) 直径 D、活塞杆直径 d 并计算出圆整后的有效面积后, 即可由上式求出伺服阀的最大空载流量为

$$q_{0\mathrm{m}} = \sqrt{3}v_{\mathrm{L}}^* A_{\mathrm{p}} \tag{11.6}$$

式中, A_{p} 为圆整后液压缸的有效面积。

2. 近似计算法

在工程设计中, 设计动力元件时常采用近似计算法, 即按最大负载力 F_{Lmax} 选择动力元件。在动力元件输出特性曲线上, 限定 $F_{\mathrm{Lmax}} \leqslant p_{\mathrm{L}}A = \frac{2}{3}p_{\mathrm{s}}A$, 并认为负载力、最大速度和最大加速度是同时出现的, 这样液压缸的有效面积可按下式计算:

$$A = \frac{F_{\mathrm{Lmax}}}{p_{\mathrm{L}}} = \frac{m\ddot{x} + B\dot{x} + kx + F_{\mathrm{L}}}{\frac{2}{3}p_{\mathrm{s}}} \tag{11.7}$$

在计算出液压缸缸筒 (活塞) 直径 D、活塞杆直径 d 并计算出圆整后的有效面积后, 即可计算伺服阀的最大空载流量。伺服阀空载流量可按最大负载速度 $\dot{x}_{\max}$ 确定, 并认为最大负载速度和最大负载力是同时出现的。则伺服阀空载流量为

$$q_{0\mathrm{m}} = \sqrt{3}\dot{x}_{\max}A_{\mathrm{p}} \tag{11.8}$$

3. 伺服阀 (或变量泵) 规格的确定

根据所确定的供油压力 p_{s} 和由负载流量 q_{L}(即要求伺服阀输出的流量) 计算得到的伺服阀空载流量 $q_{0\mathrm{m}}$, 即可由伺服阀样本确定伺服阀的规格。因为伺服阀输出流量是限制系统频宽的一个重要因素, 所以伺服阀流量应留有余量。通常可取 15% 左右的负载流量作为伺服阀的流量储备。

除了流量参数外, 在选择伺服阀时, 还应考虑以下因素。

(1) 伺服阀的流量增益线性好。在位置控制系统中, 一般选用零开口的流量阀, 因为这类阀具有较高的压力增益, 可使动力元件有较大的刚度, 并可提高系统的快速性与控制精度。

(2) 伺服阀的频宽应满足系统频宽的要求。一般伺服阀的频宽应大于系统频宽的 5 倍, 以减小伺服阀对系统响应特性的影响。

(3) 伺服阀的零点漂移、温度漂移和不灵敏区应尽量小, 保证由此引起的系统误差不超出设计要求。

(4) 其他要求, 如对零位泄漏、抗污染能力、电功率、寿命和价格等, 都有一定要求。

对于泵控系统,变量泵的最大流量能满足负载所需最大流量即可,系统容积效率可按 0.85 计。

11.3.3　反馈传感器、放大器等元件的选择

(1) 反馈传感器或偏差检测器 (可同时完成反馈传感与偏差比较功能)、交流误差放大器、解调器、直流功率放大器等元件的选择,要考虑系统增益和精度上的要求。根据系统总误差的分配情况,看它们的精度 (如零漂、不灵敏度等) 是否满足要求。

(2) 反馈传感器或偏差检测器的选择特别重要,检测器的精度应高于系统所要求的精度。反馈传感器或偏差检测器的精度、线性度、测量范围、测量速度等要满足要求。为了使传感器的检测误差对系统精度的影响小到可忽略不计的程度,常使传感器精度比系统要求的精度提高一个数量级。例如,系统精度为 1%,则传感器精度应为 0.1%。在选择传感器时,还应考虑抗干扰能力等因素。传感器的类型见表 11.3。

表 11.3　传感器的类型

位移传感器	差动变压器、磁尺、磁致伸缩位移传感器、高精度导电塑料电位计等
速度传感器	测速机、光码盘、编码器、圆形光栅等
压力传感器	应变式压力传感器、半导体压力传感器、差压传感器等
力传感器	压磁式力传感器、应变式力传感器

(3) 交流误差放大器、解调器、直流功率放大器的增益应满足系统要求,而且希望增益有一个调节范围。在增益分配允许的情况下,应使交流放大器保持较高的增益,这样可以减小直流放大器漂移引起的误差。

(4) 对于已设计好的伺服与比例控制系统,其开环增益的调整可以通过调节伺服放大器的增益实现,伺服放大器的选用除了要满足系统的动态响应特性要求以外,还要注意与电气系统和控制阀的匹配关系。

(5) 通常,反馈传感器和伺服放大器的动态响应比伺服阀和液压执行元件的动态响应要高得多,其动态特性可以忽略,故将其看成比例环节。

11.4　液压伺服与比例控制系统的动态设计

11.4.1　系统的组成元件及传递函数建立

以图 11.6a 所示的双电位器阀控缸电液位置伺服系统为例给出其数学模型。该系统用于控制工作台 (负载) 的位置,使之按照指令电位器给定的规律变化。图 11.6b 为系统的职能方框图。

指令电位器将滑臂的位置指令 x_{p0} 转换为指令电压 u_r, 被控制的工作台位置 x_p 由反馈电位器检测转换为反馈电压 u_f。两个线性电位器接成桥式电路, 从而得到偏差电压 $u_e = u_r - u_f$。当工作台位置 x_p 与指令位置 x_{p0} 相一致时, 电桥输出偏差电压 $u_e = 0$, 此时伺服放大器输出电流为零, 电液伺服阀处于零位, 没有流量输出, 工作台不动。当指令电位器滑臂位置发生变化时, 如向右移动一个位移 Δx_{p0}, 在工作台位置发生变化之前, 电桥输出的偏差电压 u_e 经伺服放大器放大后变为电流信号 i 去控制电液伺服阀, 电液伺服阀输出压力油进入液压缸推动工作台右移。随着工作台的移动电桥输出偏差电压逐渐减小, 当工作台位移 Δx_p 等于指令电位器位移 Δx_{p0} 时, 电桥输出偏差电压为零, 工作台停止运动。如果指令电位器滑臂反向运动, 工作台也反向跟随运动。

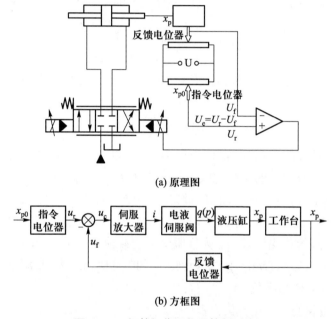

(a) 原理图

(b) 方框图

图 11.6 阀控缸位置伺服控制系统图

1. 伺服放大器的传递函数

通常, 当采用电流负反馈伺服放大器时, 其输出电流 Δi 与其输入电压 u_e 近似成比例, 其传递函数可用伺服放大器的增益 K_a 表示, 即

$$\frac{i(s)}{u_e(s)} = K_a \quad \text{(伺服放大器的增益)} \tag{11.9}$$

2. 位移传感器的传递函数

系统中的位移传感器 (包括其放大器部分) 是将工作台的位移 (即液压缸的输出位移) x_p 检测并转换成与输入信号相同形式的电气参量的元件。一般选取时应有足够快的响应, 这里将其看成比例环节, 则位移传感器的传递函数可以表示为

$$\frac{u_f(s)}{x_p(s)} = K_f \tag{11.10}$$

式中, $x_p(s)$ 为液压缸活塞位移变化的拉氏变换式; K_f 为位移传感器 (包括其放大器部分) 的增益。

3. 电液伺服 (比例) 阀的传递函数

电液伺服阀的传递函数的形式的选择取决于动力元件的液压固有频率 ω_h 的大小。

(1) 当伺服 (比例) 阀的频宽与液压固有频率接近时, 伺服阀可近似视为二阶振荡环节

$$K_{sv}(s)G_{sv}(s) = \frac{q_0}{\Delta I} = \frac{K_{sv}}{\dfrac{s^2}{\omega_{sv}^2} + \dfrac{2\zeta_{sv}}{\omega_{sv}}s + 1} \tag{11.11}$$

(2) 当伺服阀 (比例) 频宽大于液压固有频率的 $3 \sim 5$ 倍时, 伺服阀可近似视为惯性环节

$$K_{sv}(s)G_{sv}(s) = \frac{q_0}{\Delta I} = \frac{K_{sv}}{\tau_{sv}s + 1} \tag{11.12}$$

(3) 当伺服阀频宽远大于液压固有频率 $5 \sim 10$ 倍时, 伺服阀可近似视为比例环节

$$K_{sv}(s)G_{sv}(s) = \frac{q_0}{\Delta I} = K_{sv} \tag{11.13}$$

式中, K_{sv} 为伺服阀的流量增益, 以电流为输入, 以空载流量为输出的流量增益 K_{sv} 应按实际供油压力下的实际空载流量来确定 $K_{sv} = q_n\sqrt{p_s/p_{sn}}/I_n$; q_n 为伺服阀的额定流量 ($\mathrm{m^3/s}$); I_n 为伺服阀的额定电流 (A); p_s 为实际供油压力 (Pa); p_{sn} 为伺服阀通过额定流量时的规定阀压降 (Pa), 一般规定 $p_{sn} = 7$ MPa; $G_{sv}(s)$ 为 $K_{sv} = 1$ 时伺服阀的传递函数; q_0 为伺服阀的空载流量 ($\mathrm{m^3/s}$), $q_0 = q_n\sqrt{p_s/p_{sn}}$; ω_{sv} 为伺服阀的固有频率 (rad/s); ζ_{sv} 为伺服阀的阻尼比; τ_{sv} 为伺服阀的时间常数。

4. 动力元件的传递函数

1) 电液伺服阀的线性化流量方程

电液伺服阀以控制电流为输入、空载流量为输出时, 它的线性化流量方程为

$$q_L = K_q x_v - K_c p_L \tag{11.14}$$

式中, q_L 为负载流量 ($\mathrm{m^3/s}$); p_L 为负载压降 (Pa); x_v 为滑阀阀芯相对中立位置的位移 (m); K_q 为流量增益, 即

$$K_q = \frac{\partial q_L}{\partial x_v} = C_d W\sqrt{\frac{1}{\rho}(p_s - p_L)};$$

K_c 为流量 – 压力系数, 即

$$K_c = -\frac{\partial q_L}{\partial p_L} = \frac{C_d W x_v \sqrt{\dfrac{1}{\rho}(p_s - p_L)}}{2(p_s - p_L)};$$

p_s 为供油压力 (Pa); C_d 为阀各节流口流量系数; W 为节流阀口的面积梯度 (m); ρ 为油液密度 (kg/m^3)。

2) 液压缸的流量连续性方程

对于双作用液压缸, 考虑内泄漏、外泄漏和压缩性流量, 液压缸流量连续性方程的常用形式

$$q_L = A_p \frac{\mathrm{d}x_p}{\mathrm{d}t} + C_{tp} p_L + \frac{V_t}{4\beta_e} \frac{\mathrm{d}p_L}{\mathrm{d}t} \tag{11.15}$$

则上式的拉氏变换式为

$$q_L = A_p s x_p + C_{tp} p_L + \frac{V_t}{4\beta_e} s p_L$$

式中, A_p 为液压缸的有效作用面积 (m^2); C_{tp} 为液压缸总泄漏系数 [m^3/(s·Pa)], $C_{tp} = C_{ip} + C_{ep}/2$; V_t 为液压缸油腔的总容积 (m^3)。

3) 液压缸与负载的力平衡方程

液压动力元件的动态特性受负载特性的影响。负载力一般包括惯性力、黏性阻尼力、弹性力和外负载力。液压缸的输出力与负载力的平衡方程为

$$A_p p_L = m_t \frac{\mathrm{d}^2 x_p}{\mathrm{d}t^2} + B_p \frac{\mathrm{d}x_p}{\mathrm{d}t} + K_s x_p + F_L \tag{11.16}$$

则上式的拉氏变换式为

$$A_p P_L = m_t s^2 X_p + B_p s X_p + K_s X_p + F_L$$

式中, m_t 为活塞及负载折算到活塞上的总质量 (kg); B_p 为活塞及负载的黏性阻尼系数 [(N·s)/m]; K_s 为负载弹簧刚度 (N/m); F_L 为作用在活塞上的外负载力 (N)。

4) 液压动力元件的输出方程

由式 (11.14)、式 (11.15)、式 (11.16) 的拉氏变换式可得电液伺服阀控缸的位置输出方程的标准形式

$$X_p = \frac{\dfrac{K_{ps} A_p}{K_s} X_v - \dfrac{1}{K_s}\left(1 + \dfrac{V_t}{4\beta_e K_{ce}} s\right) F_L}{\left(\dfrac{s}{\omega_r} + 1\right)\left(\dfrac{s^2}{\omega_0^2} + \dfrac{2\zeta_0}{\omega_0} s + 1\right)} \tag{11.17}$$

11.4.2　系统的方框图

按照惯性负载位置系统的建模方法容易获得本系统的方框图, 如图 11.7 所示。图中, K_i 为输入放大系数。

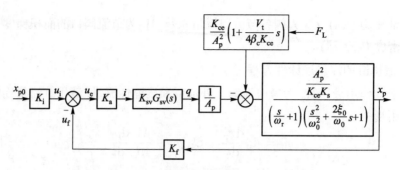

图 11.7　阀控缸位置伺服控制系统的方框图

11.4.3　系统的开环传递函数

系统的开环传递函数为

$$G(s)H(s) = \frac{K_0 G_{sv}(s)}{\left(\dfrac{s}{\omega_r} + 1\right)\left(\dfrac{s^2}{\omega_0^2} + \dfrac{2\zeta_0 s}{\omega_0} + 1\right)} \tag{11.18}$$

式中, K_0 为开环增益, $K_0 = K_a K_{sv} K_f \dfrac{A_p}{K K_{ce}}$; K_f 为反馈传感器增益; K_s 为负载弹簧刚度 (N/m); F_L 为外作用力 (N); ω_r 为惯性环节转折频率 (rad/s), $\omega_r = K K_{ce}/A_p^2$; 双杆液压缸时 A_p 为活塞有效面积 (m²), 单杆缸时 A_p 为无杆腔有效面积 (m²); ω_0 为二阶环节固有频率 (rad/s), 即

$$\omega_0 = \omega_h \sqrt{1 + \frac{K_s}{K_h}} = \sqrt{\frac{K_s + K_h}{M_t}};$$

ζ_0 为阻尼比,

$$\zeta_0 = \frac{1}{2\omega_0} \frac{4\beta_e K_{ce}}{V_t(1 + K/K_h)};$$

K_h 为液压弹簧刚度 (N/m), $K_h = 4\beta_e A_p^2/V_t$。

11.5　液压伺服与比例控制系统的静、动态品质检验

控制系统的动态和静态性能指标计算完成后, 则需检验系统的静、动态性能指标是否满足设计要求。如不满足要求, 需调整或重新选择动力元件的某些参数 (如供油压力 p_S、传动比 i 和伺服放大器增益 K_a 等), 甚至重新选择控制方案。如仍不能达到性能指标, 就需要采用措施对系统进行校正 (或称补偿)。校正的实质是在系统相应的部位加进校正装置, 以改变系统开环伯德图的形状, 去满足系统性能要求。校正是伺服系统设计的重要组成部分。

11.5.1　液压伺服与比例控制系统的稳定性

稳定性是控制系统正常工作的必要条件, 因此它是系统最重要的特性。电液伺服系统的设计和静、动态分析一般都是以稳定性要求为中心进行的。

性能良好的控制系统如图 11.8 所示, 其开环伯德图大致分为以下三段。

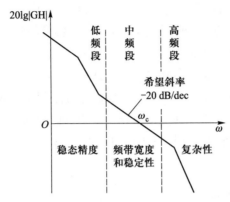

图 11.8　性能良好的控制系统开环伯德图

(1) 低频段的增益越高, 系统的稳态精度越高, 说明系统的控制能力强。低频段曲线的斜率表示系统的无差度, 即 Ⅰ 型、Ⅱ 型系统等。控制精度较高的系统通常为 Ⅰ 型或 Ⅰ 型以上, 也即低频段渐近线斜率应至少为 -20 dB/dec 或更陡。

(2) 中频段在穿越频率 ω_c 附近。中频段决定系统的稳定性和响应速度。设计时通常取相位裕量 $\gamma = 30° \sim 60°$, 增益裕量 $k_g = (4 \sim 12)$ dB。两者往往不在同一频率下出现, 确定参数应以较小者为准。穿越频率 ω_c 表示系统响应的快速性, 它大致决定了系统的频宽 ω_b(ω_b 比 ω_c 稍大)。提高 ω_b 常受系统稳定性和高频噪声干扰的限制。ω_b 处曲线的斜率应为 -20 dB/dec, 这样的斜率使系统容易稳定。

(3) 高频段表现系统的复杂性。为了消除高频噪声干扰, 希望高频段曲线的斜率至少应为 -60 dB/dec。

11.5.2　液压伺服与比例控制系统的误差

根据系统对输入信号的响应过程, 系统中的误差有动态误差和稳态误差两种形式。系统在响应过程中存在的误差稳态分量称为动态误差。如果系统是稳定的, 则当系统动态响应过程结束进入稳态后, 系统输出的实际值与期望值的差值 (也称为误差的稳态分量) 构成了系统的稳态误差。稳态误差的大小反映了系统控制精度的高低。

闭环系统的误差来源如下:

(1) 输入误差: 指由闭环系统输入信号的类型和系统结构产生的误差, 这类误差是闭环系统特有的, 误差的大小可参考自动控制原理介绍的方法进行计算。

(2) 干扰误差: 由于干扰作用在系统输出端引起的误差。该误差的大小就是干扰作用在系统输出端所引起的稳态输出的大小。闭环系统具备抗干扰能力, 其干扰误差的计算方法有别于开环系统。

(3) 元件误差: 是指组成系统的各个元件本身存在的误差在系统输出端引起的误差。

当计算一个系统的总误差时, 一般的做法是将上述各项误差求和得到。应指出的是, 这样做只是求出了一个系统可能出现的最大误差, 并非代表系统实际误差的大小。一方面, 上述各项误差并不一定会同时作用在一个实际的系统上; 另一方面, 各项误差也不一定是按几何相加的方式进行叠加。因此, 求取一个系统的总误差时, 要作具体分析。例如, 一个系统在稳定运行过程中, 如果不会受到加速度信号的作用, 就没有必要求出加速度信号作用下引起的输入误差。

关于误差分析方面的内容参照 2.4 节的内容, 本节不再赘述。

11.5.3 控制系统的校正

校正装置采用电气、机械、液压、气动装置之一或它们的某种组合, 在电液伺服系统中最方便且经常使用的是电子元件组成的电气校正装置。

按校正装置在系统中连接的方式不同一般分为串联校正和局部反馈校正 (或称并联校正) 两类, 串联校正装置通常串联在前向 (正向) 通路上, 并且在伺服放大器之前, 以减小功率损耗。局部反馈校正 (或称并联校正) 装置主要用于性能要求较高的电液位置伺服系统中。此外还可以采用液压阻尼技术对系统进行校正。

对高性能要求的伺服系统, 当采用一种校正方式难以满足要求时, 可以联合采用串联校正与反馈校正。通常先选取一串联校正装置, 使系统原始特性得到一定程度的改善, 然后, 再采用一局部反馈校正装置, 按校正后的方框图求出系统开环传递函数, 验算系统性能指标, 直至达到要求。

1. 串联校正装置

串联校正装置按其有无外接电源分为无源校正装置 (称为校正网络或环节) 和有源校正装置 (称调节器) 两类。

1) 无源校正装置

无源校正装置的特点是本身增益小于 1, 需提高放大器增益来补偿其增益的降低, 且输入阻抗低, 输出阻抗高, 要求网络两端匹配得当或采用隔离放大器。其优点是结构简单, 多用于简单的伺服系统中。

2) 有源校正装置

有源校正装置克服了无源装置的缺点, 用于性能要求较高的系统中。液压控制系统中常用的有源调节器的电路原理图、传递函数及作用见表 11.4 。

2. 并联校正装置

并联校正装置能有效地改变被包围环节的动态结构参数。当开环增益较大时,

表 11.4　有源调节器的电路原理图、传递函数及作用

名称	原理图	传递函数	作用
PD(比例 – 微分校正) 调节器	R_2 R_3 C R_1 $X(s)$ $Y(s)$ ①	$G_c(s) = K_p + K_d s$ $= K_p(T_d s + 1)$	相当于超前校正
PI(比例 – 积分校正) 调节器	R_2 C R_1 $X(s)$ $Y(s)$ ②	$G_c(s) = K_p + \dfrac{1}{T_i s}$ $= \dfrac{K_p T_i s + 1}{T_i s}$	相当于滞后校正,但静态增益为无穷大,稳态误差为零
PID(比例–积分–微分校正) 调节器	R_2 C_1 R_3 C_2 R_1 $X(s)$ $Y(s)$ ③	$G_c(s) = K_p + K_d s + \dfrac{1}{T_i s}$ $= \dfrac{T_i K_d s^2 + K_p T_i s + 1}{T_i s}$	相当于滞后 – 超前校正

反馈校正甚至能取代被包围环节, 从而大大减弱这部分环节由于特性参数变化及各种干扰给系统带来的不利影响。反馈校正的缺点是实现起来较困难。

11.6　液压伺服控制系统的液压能源选择

合理选择和配置液压能源及相关辅件是保证液压伺服系统长期可靠工作的重要因素。液压伺服系统对液压能源的要求较液压传动系统严格, 通常要求选用独立的液压能源。其要求如下:

(1) 液压能源应能提供系统足够的压力、流量, 以满足负载的需要, 同时又不造成能量及设备的浪费。

(2) 保证油液的清洁度, 以提高伺服系统的工作可靠性, 一般要求有 $5 \sim 10\ \mu m$ 的过滤器。

(3) 防止空气混入, 以免影响系统的稳定性和快速性, 一般油中的空气含量不应超过 2%~3% 。

(4) 保持油温恒定, 以提高系统性能并延长元件寿命, 一般油温控制在 35~55 ℃间。

(5) 保持压力稳定, 减小压力波动, 以提高响应能力。

11.6.1　伺服控制系统常用的液压油源

　　三种常用的伺服系统液压油源及其特点与适用场合见表 11.5。所选择的油源方案应能与负载很好地匹配,即应使液压能源的压力 – 流量特性曲线完全包围负载的压力 – 流量特性曲线,并留有一定的余量。

表 11.5　三种常用的伺服系统液压油源及其特点与适用场合

油源名称	原理图	特点与适用场合
定量泵-溢流阀定压油源	1. 吸油过滤器; 2. 定量泵; 3. 溢流阀; 4. 二位二通电磁阀; 5、6、12. 单向阀; 7. 冷却器; 8. 压力表; 9. 压力表开关; 10. 高压过滤器; 11. 蓄能器; 13. 回油过滤器; 14. 电液伺服阀	原理:通过溢流阀3的溢流使供油压力恒定 特点:结构简单,反应迅速,压力波动小。液压源的流量按系统峰值流量确定,系统效率低,发热和温升大。但利用蓄能器可减小泵的规格,并减少发热和温升 适用:压力小于 7 MPa 的系统
定量泵-蓄能器-卸荷阀油源	1. 吸油过滤器; 2. 定量泵; 3. 溢流阀; 4. 二位二通电磁阀; 5. 单向阀; 6. 压力继电器; 7. 蓄能器; 8. 高压过滤器	原理:供油压力变动范围可由压力继电器6通过电磁阀4和溢流阀3控制,泵卸荷时,由蓄能器保压 特点:供油压力在一定范围内波动,否则泵频繁启停会降低泵的寿命 适用:一般均可
恒压式变量泵油源	1. 吸油过滤器; 2. 恒压变量泵; 3. 安全阀; 4. 单向阀; 5. 压力表开关; 6. 压力表; 7. 高压过滤器; 8. 蓄能器	原理:油源压力靠改变恒压式变量泵 2 的液压功率调节,泵的流量决定于系统的需要 特点:组成简单,质量轻;效率高,经济性好。泵的动态响应较慢,所以必须配置蓄能器;小流量时,泵内运动件的摩擦产生较高温升,影响泵的寿命 适用:高压大功率系统

11.6.2 液压能源与负载的匹配

图 11.9 表示了液压能源与负载的匹配情况, 对于负载特性曲线 a 和 b 分别表示液压能源的压力和流量不足。为了充分发挥能源的作用以提高系统效率, 能源装置的最大功率点应尽量接近负载特性曲线的最大功率点。

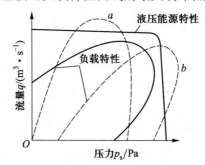

图 11.9　液压能源与负载的匹配情况图

11.6.3 阀控伺服系统液压能源的选择

阀控伺服系统液压能源的选择如图 11.10 所示。图 11.10 中, 液压能源特性曲线虽未完全包围伺服阀的特性曲线, 但完全包围了负载特性曲线, 可以满足负载的要求。这样选择液压能源, 可以提高系统效率。

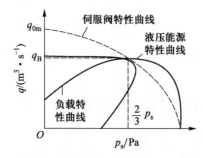

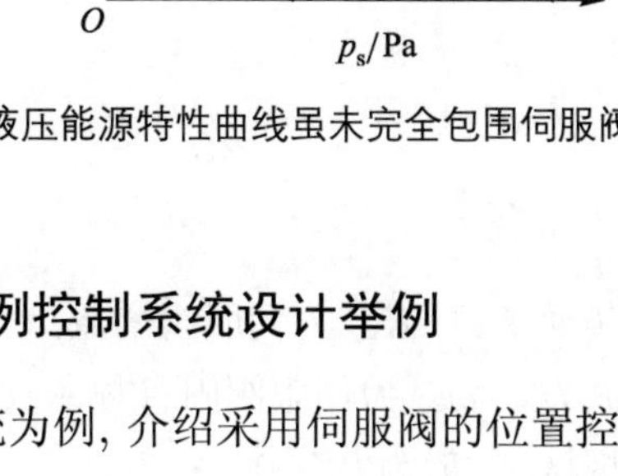

图 11.10　液压能源特性曲线虽未完全包围伺服阀的特性曲线

11.7 液压伺服与比例控制系统设计举例

以闭环位置控制系统为例, 介绍采用伺服阀的位置控制系统的数学模型, 如图 11.11 所示。

位置控制系统的组成框图如图 11.12 所示。

图 11.12 的动态数学模型按只有惯性负载的位置控制系统处理, 这种位置控制系统应用相当广泛。图中各环节的传递函数按以下方法求出。

(1) 放大器: 由于其转折频率比系统的频宽高得多, 故可近似为比例环节。

(2) 位移传感器: 其频宽也比系统频宽高得多, 亦可近似为比例环节。

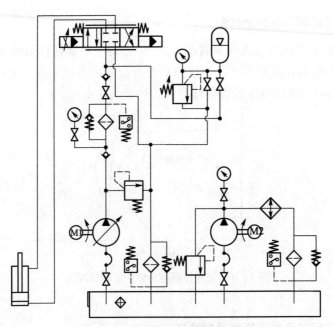

图 11.11 采用伺服阀构成的位置控制系统

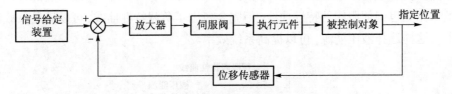

图 11.12 位置控制系统的基本组成框图

(3) 伺服阀: 根据测试结果, 将伺服阀视为一个二阶环节。

传递函数为

$$G_{sv}(s) = \frac{K_{sv}}{\dfrac{s^2}{\omega_{sv}^2} + \dfrac{2\zeta_{sv}}{\omega_{sv}}s + 1} \tag{11.19}$$

式中, $G_{sv}(s)$ 为伺服阀的传递函数; K_{sv} 为伺服阀增益, 以电流 i_{sv} 为输入、以阀芯位移 x_v 为输出时 $K_{sv} = x_v/i_{sv}$; ω_{sv} 为伺服阀固有频率; ζ_{sv} 为阻尼系数, 量纲一的量, 取决于伺服阀类型及规格, 一般为 0.5~1 。

输出液压缸位移 x_p 对输入阀芯位移 x_v 的传递函数为

$$\frac{x_p}{x_v} = \frac{\dfrac{k_q}{A_p}}{s\left(\dfrac{s^2}{\omega_h^2} + \dfrac{2\zeta_h}{\omega_h}s + 1\right)} \tag{11.20}$$

$$\omega_{\mathrm{h}} = \sqrt{\frac{4\beta_{\mathrm{e}}A_{\mathrm{p}}^2}{V_{\mathrm{t}}m_{\mathrm{c}}}}$$

$$\zeta_{\mathrm{h}} = \frac{k_{\mathrm{ce}}}{A_{\mathrm{p}}}\sqrt{\frac{\beta_{\mathrm{e}}m_{\mathrm{c}}}{V_{\mathrm{t}}}} + \frac{B_{\mathrm{p}}}{4A_{\mathrm{p}}}\sqrt{\frac{V_{\mathrm{t}}}{\beta_{\mathrm{e}}m_{\mathrm{c}}}}$$

当 B_{p} 较小可以忽略不计时, ζ_{h} 可近似写为

$$\zeta_{\mathrm{h}} = \frac{K_{\mathrm{ce}}}{A_{\mathrm{p}}}\sqrt{\frac{\beta_{\mathrm{e}}m_{\mathrm{c}}}{V_{\mathrm{t}}}}$$

$$k_{\mathrm{q}} = \frac{\partial q_{\mathrm{L}}}{\partial x_{\mathrm{v}}} = C_{\mathrm{d}}W\sqrt{\frac{2(p_{\mathrm{s}} - p_{\mathrm{L}})}{\rho(1 + \eta^3)}}$$

式中, ω_{h} 为液压缸固有频率 (rad/s); ζ_{h} 为液压阻尼比; x_{p} 为液压缸位移 (m); K_{q} 为流量增益 $[(\mathrm{m}^3 \cdot \mathrm{s}^{-1})/\mathrm{m}]$; x_{v} 为阀芯位移 (m); β_{e} 为体积弹性模量 (Pa); V_{t} 为液压缸的容积 (m^3); m_{c} 为活塞缸质量 (kg); A_{p} 为活塞有效面积 (m^2); q_{L} 为负载流量 $(\mathrm{m}^3/\mathrm{s})$; C_{d} 为滑阀开口流量系数; W 为滑阀开口面积梯度 (m); p_{s} 为油源压力 (Pa); p_{L} 为负载压力 (Pa); η 为液压缸两腔面积之比; ρ 为液压油密度 $(\mathrm{kg/m}^3)$。

液压系统模型方框图如图 11.13 所示。

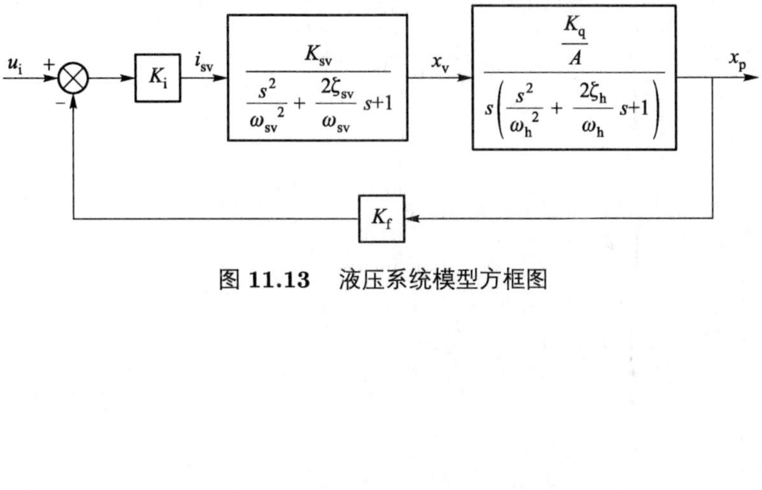

图 11.13 液压系统模型方框图

第 12 章 液压伺服与比例控制
系统的仿真分析

控制系统的仿真分析集中体现两个步骤: 建模和仿真。其基本思想就是建立物理的或数学的模型来模拟现实的过程, 以寻求过程中的规律。实物仿真比较直观、形象, 例如飞机、导弹在风洞中的模拟实验, 利用沙盘模型作战, 以及汽车的道路实验等。利用数学的语言、方法来描述实际问题, 并用数值计算方法对这一问题进行分析, 这一过程称为数字仿真。人们充分利用计算机在数值计算上的优势, 这使得数学模型的求解变得更加方便、快捷和精确。目前有许多专业性和通用性的计算仿真软件, MATLAB 就是其中之一。

12.1 MATLAB 仿真工具软件简介

MATLAB 1.0 版于 1984 年由 MATHWORKS 公司推出, 该软件的名称由 Matrix Laborator 缩写而来, 主要优势在于它强大的矩阵处理和绘图功能。MATLAB 把计算、可视化、编程等基本功能都集中在一个易于使用的环境中 (见图 12.1), 公式的表达和求解与日常数学运算相似, 非常便于工程应用。MATLAB 的工作界面如图 12.1 所示。

随着 MATLAB 的不断完善和新功能的开发, 1993 年在 MATLAB 中集成了具有动态系统建模和仿真的 SIMULINK 。工具 SIMULINK 是图形仿真工具包, 能对动态系统进行建模、仿真和综合分析, 可处理线性和非线性方程, 以及离散的、连续的和混合系统, 进行单任务和多任务仿真分析。工程技术人员不需要编制程序即可完成控制系统的模型构建、仿真和分析校正, 能直观、快捷地得到希望的参数。 SIMULINK 中的线性元件子库及成员如图 12.2 所示。

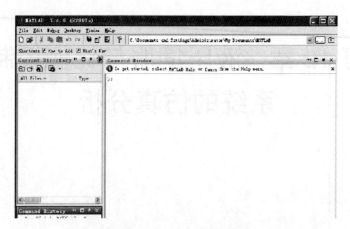

图 12.1　MATLAB 工作界面

图 12.2　SIMULINK 中的线性元件子库及成员

在 SIMULINK 下进行控制系统仿真分两步进行: 首先是系统建模, 其次是系统仿真和分析。

12.2　闭环位置控制系统仿真实例

1. 技术参数

活塞直径 D=40 mm, 活塞杆直径 d=22 mm, 液压缸行程 L=50 mm, 负载质量 m=839 kg, 空载外伸的最快速度 $v_{\max} = 0.5$ m/s。

无杆腔面积为

$$A_{\mathrm{K}} = \frac{\pi}{4}D^2 = \frac{\pi}{4} \times 40^2 \times 10^{-6} \text{ m}^2 = 1.256 \times 10^{-3} \text{ m}^2 \tag{12.1}$$

环形腔面积为

$$A_{\mathrm{R}} = \frac{\pi}{4}(D^2 - d^2) = \frac{\pi}{4}(40^2 - 22^2) \times 10^{-6} \text{ m}^2 = 8.76 \times 10^{-4} \text{ m}^2 \tag{12.2}$$

面积比为

$$\alpha = \frac{A_{\mathrm{R}}}{A_{\mathrm{K}}} = \frac{8.76 \times 10^{-4}}{1.256 \times 10^{-3}} = 0.7$$

$$f_{0\min} = \frac{1}{2\pi} \sqrt{\frac{4EA_{\mathrm{K}}}{mL} \left(\frac{1 + \sqrt{\alpha}}{2} \right)} = 60.2 \text{ Hz}$$

单杆缸的固有频率为

$$\omega_{0\min} = 2\pi f_{0\min} = 378 \text{ rad/s} \tag{12.3}$$

液压缸上升时最大外负载为

$$F_{\mathrm{L}} = mg = 839 \times 9.8 \text{ N} = 8\ 134 \text{ N}$$

无杆腔的压力为

$$p_{\mathrm{LA}} = \frac{F_{\mathrm{L}}}{A_{\mathrm{K}}} = \frac{8\ 134}{1.256 \times 10^{-3}} \times 10^{-5} \text{ MPa} = 6.5 \text{ MPa}$$

取液压泵的供油压力为

$$p_{\mathrm{LA}} = \frac{2}{3} p_{\mathrm{p}},$$

则

$$p_{\mathrm{p}} = \frac{3}{2} p_{\mathrm{LA}} = \frac{3}{2} \times 6.5 \text{ MPa} \approx 9.8 \text{ MPa}$$

$$q_{\mathrm{i}} = v_{\max} A_{\mathrm{K}} = 0.5 \times 1.256 \times 10^{-3} \times 10^3 \times 60 \text{ L/min} = 38 \text{ L/min}$$

上述流量是阀口压降 $\Delta p_{\mathrm{V}} = \frac{1}{2} p_{\mathrm{P}} = 4.9$ MPa 时应保证的最大流量。

对应阀口压降 $\Delta p_{\mathrm{VN}} = 3.5$ MPa 时的流量为

$$q_{\mathrm{N}} = q_{\mathrm{i}} \sqrt{\frac{\Delta P_{\mathrm{VN}}}{0.5 p_{\mathrm{p}}}} = 38 \sqrt{\frac{3.5}{4.9}} \text{ L/min} = 32 \text{ L/min}$$

据此,可确定控制阀的规格,查相关产品样本,选用 Bosch 的比例阀,型号 0811 404 036。该阀额定流量 $q_{\mathrm{VN}} = 40$ L/min, 最大输入电流 $I_{\max} = 2.7$ A, 配套放大器输入信号 $U = 0 \sim \pm 10$ V, 滞环 $\leqslant 0.2\%$, 重复误差 $\leqslant 0.1\%$, 温漂 $\leqslant 1\%$, $\omega_{\mathrm{v}} = 377$ rad/s。

液压缸快进时的实际体积流量为

$$q_{\mathrm{i}} = q_{\mathrm{VN}} \sqrt{\frac{0.5 p_{\mathrm{p}}}{\left(1 + \dfrac{1}{\varphi^3} \right) \Delta p_{\mathrm{VN}}}} = 40 \sqrt{\frac{5}{(1 + 0.7^3) \times 3.5}} \text{ L/min} = 42 \text{ L/min}$$

控制阀的流量增益为

$$K_{\mathrm{V}} = \frac{q_{\mathrm{i}}}{I_{\max}} = \frac{42 \times 10^{-3}}{60 \times 2.7} \ \mathrm{m^3/(s \cdot A)} = 2.6 \times 10^{-4} \ \mathrm{m^3/(s \cdot A)}$$

工程实践中, $\zeta = 0.05 \sim 0.2$, 在此取 $\zeta = 0.1$

根据系统的稳定性要求初步求解闭环系统开环增益的最大值为

$$K_{\mathrm{cmax}} = 2\zeta\omega_{0\min} = 75.6 \ \mathrm{rad/s}$$

根据驱动的要求已求得液压缸面积, 故得:

执行元件的增益

$$K_{\mathrm{h}} = \frac{1}{A_{\mathrm{K}}} = \frac{1}{1.256 \times 10^{-3}} \ \mathrm{m^2} = 796 \ \mathrm{m^2}$$

放大器增益

$$K_{\mathrm{a}} = 0.27 \ \mathrm{A/V}$$

比例方向阀的增益

$$K_{\mathrm{a}}K_{\mathrm{v}} = 0.27 \times 2.6 \times 10^{-4} \ \mathrm{m^3/(s \cdot V)} = 7 \times 10^{-5} \ \mathrm{m^3/(s \cdot V)}$$

检测装置的增益

$$K_{\mathrm{m}} = \frac{10}{50} \ \mathrm{V/m} = \frac{10}{50 \times 10^{-3}} \ \mathrm{V/m} = 200 \ \mathrm{V/m}$$

比例环节的最大增益

$$K_{\mathrm{pmax}} = \frac{K_{\mathrm{cmax}}}{K_{\mathrm{a}}K_{\mathrm{v}}K_{\mathrm{h}}K_{\mathrm{m}}} = \frac{75.6}{7 \times 10^{-5} \times 796 \times 200} = 6.8$$

工程上采用调试结果的实际值为 $0.14K_{\mathrm{p}} = \frac{2}{3}K_{\mathrm{pmax}} = \frac{2}{3} \times 6.8 = 4.5$

2. Simulink 建模

1) 新建模型窗口

单击 " Simulink Library Brower " 下的 ⬜ 按钮, 新建 " Untited* " 模型窗口; 或者选择 MATLAB 命令窗口中的 " File\New\Model " 菜单选项, 也可新建模型窗口, 如图 12.3 所示。

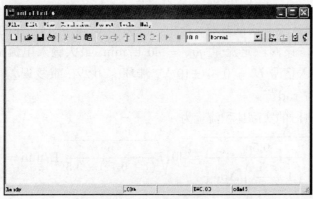

图 12.3　新建模型窗口

2) 拖入成员块

在 Simulink 元件库的" Continuous "子元件库中单击" Transfer Fcn "、
" Intergrator "成员块, 并拖到模型窗口。采用同样的方法, 把" Commonly
Used Blocks "子元件库中的" Sun "、" Gain "成员块拖到模型窗口, 如图
12.4 所示。

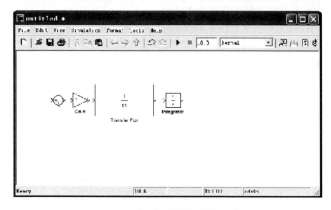

图 12.4 各成员块拖到模型窗口

3) 调整成员块

单击" Transfer Fcn "成员块的同时按住" Ctrl "键, 移动鼠标, 复制一传递
函数" Transfer Fcn1 "成员块。采用同样的方法, 复制" Gain1 "和" Gain2 "
成员块。复制等编辑过程遵循 Windows 规范操作。选中" Gain2 "成员块, 选择
" Format\Rotate Block "菜单选项两次或按" Ctrl+R "键两次使" Gain2 "
成员块旋转 180°; 单击成员块并移动鼠标, 调整成员块相对位置, 如图 12.5 所示。

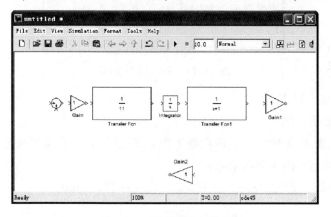

图 12.5 调整成员块位置

4) 编辑成员块

分别双击每个成员块, 如图 12.6 所示, 就能在弹出的对话框中对该块的参数进
行编辑修改。双击" Transfer Fcn "成员块, 把" Numerator "值 [1] 改为 [7e-5];
" Denominator "值 [11] 改为 [1/628^22*0.7/628 1], 如图 12.7 所示, " Transfer

Fcn"成员块表达传递函数 Gpv(s)。采用同样的方法, 修改"Transfer Fcn"成员块, 使它表达传递函数 Gh(s)。

对其他成员块进行相应的修改。单击成员块后, 用鼠标拖动成员块的任一角点, 可改变成员块尺寸大小, 使函数表达式显示完整。

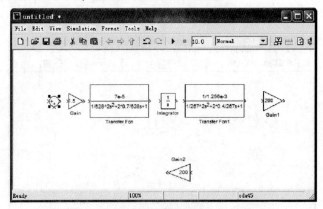

图 12.6　编辑成员块

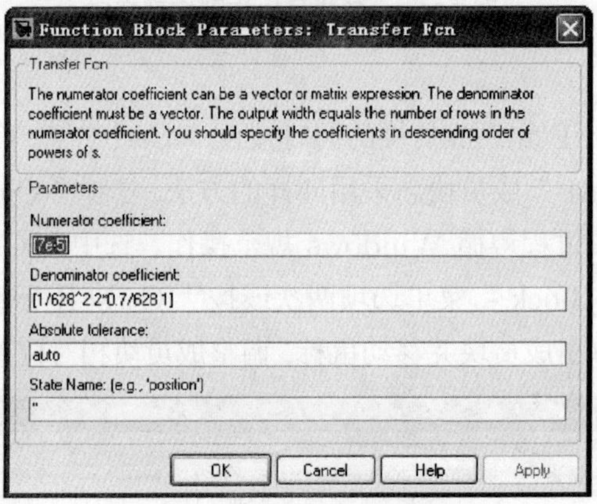

图 12.7　成员块参数设置

5) 连接成方框图

单击成员块上的">", 并拖到下一成员块的">"处, 在成员块间自动连上流程线, 如图 12.8 所示。从流程线上作分支线时, 在单击前需按住"Ctrl"键, 其结果和通常书写的传递函数相同。

最后, 选择"File\Save"菜单选项, 取文件名 example。

3. 仿真

1) 检测: 加入信号类型和输出显示类型

从 Simulink 元件库中的"Sources"子元件库中单击"Sine Wave"成员块, 并拖到模型窗口。采用同样的方法, 把"Sinks"子元件库中的"Scope"成员块拖到模型窗口, 并复制"Scope1"成员块, 连接构成一个正弦波输入、示波器显示输出的仿真图。

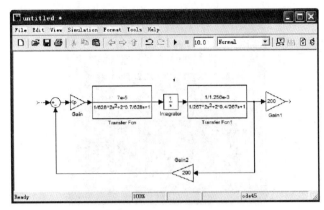

图 12.8　形成方框图

2) 设置观测点

用编辑成员块的方法为 K_p 赋值, 或者在 MATLAB 命令窗口输入 $K_p=1.5$, 如图 12.9 所示。

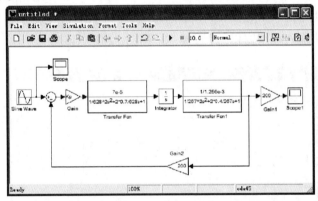

图 12.9　设置观测点

3) 直接查仿真过程

双击 "Scope1"、"Scope", 将弹出 "Scope1" 和 "Scope" 两个对话框, 单击模型窗口工具栏中的 ▶ 按钮开始进行仿真, 其过程和结果分别在 "Scope1" 和 "Scope" 窗口中显示, 如图 12.10 和图 12.11 所示。

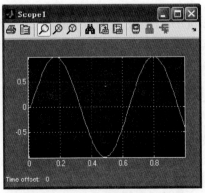

图 12.10　查看仿真结果 1

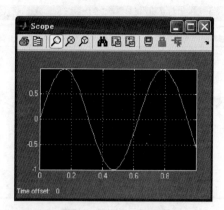

图 12.11　查看仿真结果 2

4) 加入输入输出点

去除模型窗口中的 " Sine Wave "、" Scope1 "、" Scope " 成员块, 从 Simulink 元件库的 " Commonly Used Blocks " 子元件库中分别将输入 In1 和输出 Out1 成员块拖入模型窗口, 并连接, 如图 12.12 所示。

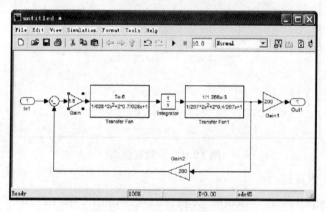

图 12.12　加入输入输出点

5) 运行

选择 " Tools\Control Design\Linear Analysis " 菜单选项, 弹出 " Control and Estimation Tools Manager " 窗口, 单击该窗口下方的 " Linearize Model " 按钮运行, 如图 12.13 所示。此时 $K_p = 6.5$。

6) 改变传递函数的参数

不关闭 " LTI Viewer:Linearization Quick Plot " 窗口, 激活 " example " 模型窗口。用编辑成员块的方法为 K_p 赋值, 或者在 MATLAB 命令窗口输入 $K_p = 4.5$。返回 " Control and Estimation Tools Manager " 窗口, 单击该窗口下方的 " Linearize Model " 按钮运行, 便绘出响应曲线 (1 号线 $K_p = 6.5$; 2 号线 $K_p = 5.5$), 如图 12.14 所示。

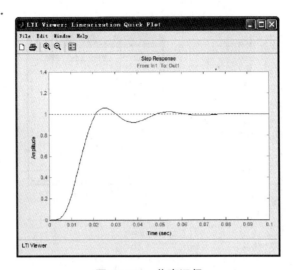

图 12.13 仿真运行

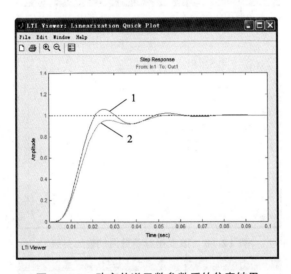

图 12.14 改变传递函数参数后的仿真结果

7) 改变坐标值

选取"LTI Viewer: Linearization Quick Plot"绘图区, 右击, 在弹出的快捷菜单中选择"Properties", 在"Limits"选项卡里设置 X 、 Y 轴的坐标, 如图 12.15 所示。改变坐标参数后的输出结果如图 12.16 所示。

8) 获取性能指标

在"LTI Viewer: Linearization Quick Plot"绘图区右击, 在弹出的快捷菜单中选择"Characteristics", 如图 12.17 所示, 将对已绘出的曲线标记特征值: 如过渡过程时间 (Rise Time) 、进入稳态时间 (Settling Time) 、峰值点 (Peak) 等, 单击并按住标记点, 将显示该点特征值, 如图 12.18 所示。

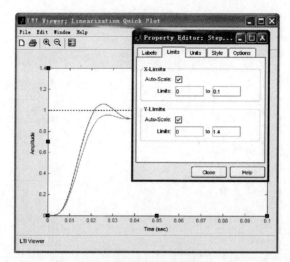

图 12.15　坐标设置

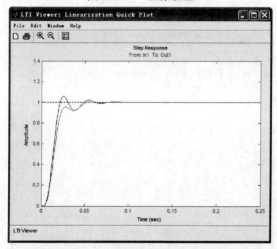

图 12.16　改变坐标参数后的输出结果

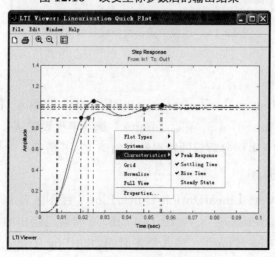

图 12.17　调整时间的获取

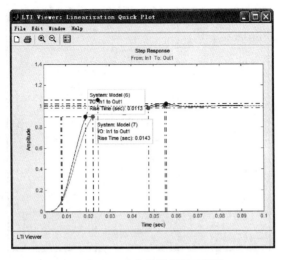

图 12.18 动态性能指标的获取

根据图 12.18 可以得到两个曲线的上升时间的指标, 当 K_p=6.5 时, $t_r =$ 0.011 3, 当 K_p=5.5 时, t_r=0.014 3 。

9) 变换响应曲线类型

在 " LTI Viewer: Linearization Quick Plot " 绘图区右击, 在弹出的快捷菜单中选择 " Plot Type\Bode ", 进行曲线类型变换。

通过转换可以得出系统的阶跃响应 (图 12.19)、脉冲响应、伯德图、奈奎斯特图等相关信息。图 12.20 即为系统的伯德图, 单击曲线可以得到标记点的信息, 可以通过鼠标移动标记点以获取相关的数据。由图中标记的数据可以得知, 对于 1 号曲线, 它仍然是稳定的。

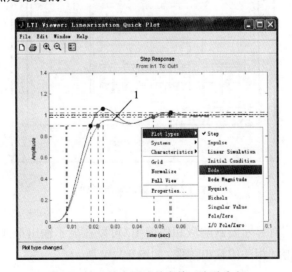

图 12.19 输出形式的变换 (阶跃响应)

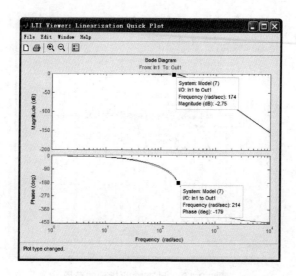

图 12.20　输出形式的变换 (伯德图)

10) 显示多种类型曲线

在 " LTI Viewer: Linearization Quick Plot " 窗口选择 " Edit\Plot Con-figurations " 菜单选项, 设置同时显示响应曲线的种类和布局, 如图 12.21 所示。

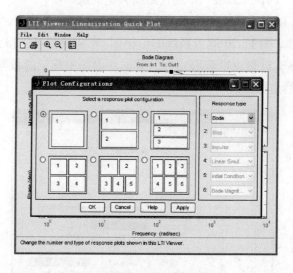

图 12.21　显示输出形式

例如, 若要同时显示阶跃响应和伯德图, 可以在显示输出形式的选项中进行相关的设置, 即可得到相关的输出图像, 如图 12.22 所示。

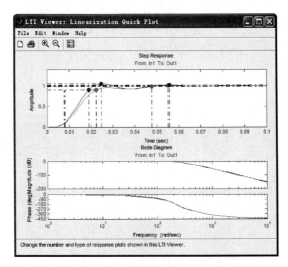

图 12.22　显示输出形式示例

参 考 文 献

[1] 曹鑫铭. 液压伺服系统. 北京: 冶金工业出版社, 1991.

[2] 王占林. 液压伺服控制. 北京: 北京航空学院出版社, 1987.

[3] 王占林. 近代电气液压伺服控制. 北京: 北京航空航天大学出版社, 1999.

[4] 王春行. 液压伺服控制系统. 北京: 机械工业出版社, 1989.

[5] 宋锦春, 苏东海, 张志伟. 液压与气压传动. 北京: 科学出版社, 2006.

[6] 刘春荣, 宋锦春, 张志伟. 液压传动. 北京: 冶金工业出版社, 2005.

[7] 宋锦春, 张志伟, 陈建文. 液压技术实用手册. 北京: 中国电力出版社, 2011.

[8] 宋锦春. 机械设计手册: 第 4 卷.5 版. 北京: 机械工业出版社, 2010.

[9] 成大先. 机械设计手册. 北京: 化学工业出版社, 2004.

[10] 宋锦春, 张志伟, 陈建文. 液压工必备手册. 北京: 中国机械出版社, 2010.

[11] 关景泰. 机电液控制技术. 上海: 同济大学出版社, 2003.

[12] 董景新. 控制工程基础. 北京: 清华大学出版社, 1992.

[13] 雷天觉. 新编液压工程手册. 北京: 北京理工大学出版社, 1998.

[14] 张利平. 现代液压技术应用 220 例. 北京: 化学工业出版社, 2004.

[15] 张平格. 液压传动与控制. 北京: 冶金工业出版社, 2004.

[16] 李壮云, 葛宜远. 液压元件与系统. 北京: 机械工业出版社, 2004.

[17] 杨逢瑜. 电液伺服与电液比例控制技术. 北京: 清华大学出版社, 2009.

[18] 杨征瑞, 花克勤, 徐轶. 电液比例与伺服控制. 北京: 冶金工业出版社, 2009.

[19] 路甬祥. 电液比例控制技术. 北京: 机械工业出版社, 1988.

[20] 许益民. 电液比例控制系统分析与设计. 北京: 机械工业出版社, 2005.

[21] 黎启柏. 电液比例控制与数字控制系统. 北京: 机械工业出版社, 1997.

[22] 王丹力. MATLAB 控制系统设计仿真应用. 北京: 中国电力出版社, 2007.

[23] 薛定宇, 陈阳泉. 基于 MATLAB/Simulink 的系统仿真技术与应用. 北京: 清华大学出版社, 2002.

[24] 王沫然. Simulink 建模及动态仿真. 北京: 电子工业出版社, 2002.

[25] 宋锦春, 宋涛, 王长周, 等. 冷轧薄板酸洗生产线带钢对中装置. 重型机械, 2006(4): 10-12.

[26] 宋锦春, 王长周, 宋涛, 等. 管拧机浮动夹紧装置液压减振系统分析. 液压与气动, 2006(12): 11-13.

[27] 马庆杰, 宋锦春. 新型浮动式管拧机液压夹紧装置的设计. 机床与液压, 2005(1): 202-203.

[28] 宋锦春, 王艳, 张志伟, 等. 飞机拦阻系统电液比例控制研究. 航空学报, 2005(4): 520-523.

[29] 陈建文, 郝彦军, 游显盛, 等. 弧形连铸机液压伺服振动台的研究. 冶金设备, 2006(6): 52-55.

[30] 孙衍石. 电液伺服比例阀控缸位置控制系统联合仿真研究. 液压气动与密封, 2009(4): 32-35.

[31] Song Jinchun, Wang Changzhou.Modeling and simulation of hydraulic control system for vehicle continuously variable transmission//2008 3rd IEEE Conference on Industrial Electronics and Applications, 2008.

[32] Song Jinchun, Wang Changzhou, Xu Dong.Dynamic simulation and control strategy of centrifugal flying shear.Applied Mechanics and Materials, 2009, 16-19: 278-282.

[33] Song Jinchun, Chen Jianwen, Zhang Zhiwei.IV machine and automation: The constant power control of hydraulic grinding saw.Key Engineering Materials, 2006, 304-305: 465-468.

[34] Song Jinchun, Li Yiming.Study on the turret feeding servo system of precision CNC lathe.Advanced Materials Research, 2010, 139-141: 1894-1897.

[35] 宋锦春, 董嘉庆, 张志伟, 等. 全液压稠油热力开采系统. 东北大学学报 (自然科学版), 2006, 27(2): 221-223.

[36] 徐瑞银. 液压传动技术. 济南: 山东科学技术出版社, 2009.

[37] 朱新才, 周雄, 周小鹏, 等. 液压传动与气压传动. 北京: 冶金工业出版社, 2009.

[38] 杨征瑞, 花克勤, 徐铁. 电液比例与伺服控制. 北京: 冶金工业出版社, 2009.

[39] 梁立华. 液压传动与电液伺服系统. 哈尔滨: 哈尔滨工程大学出版社, 2005.

[40] 马长水, 液压伺服控制系统. 北京: 煤炭工业出版社, 1990.

[41] 李福义. 液压技术与液压伺服系统. 哈尔滨: 哈尔滨工程大学出版社, 1992.

[42] 刘长年. 液压伺服系统优化设计理论. 北京: 冶金工业出版社, 1989.

[43] Song Jinchun. Simulation analysis of V-belt style continuously variable transmission with electro-hydraulic proportional control system//ICMT2006.Beijing: Science Press.

[44] 张志伟, 毛福荣, 宋锦春. 电液伺服控制摩托车随机疲劳试验台的实验研究. 东北大学学报: 自然科学版, 2006, 27(8): 903-906.

[45] Zhou S H, Yasunobu S. A cooperative auto-driving system based on fuzzy instruction//Proc.of the 7th International Symposium on Advanced Intelligent Systems (ISIS-2006). 2006: 300-304.

[46] Zhou S H, Yasunobu S. Design of a cooperative auto-driving system based on fuzzy instruction//SICE Symposium on Systems and Information 2006(SSI2006). 2006: 331-336.

[47] 宋锦春, 郝彦军, 王长周, 等. 连铸冷床平移液压系统分析与改进. 冶金设备, 2006(5): 45-48.

[48] 宋锦春, 郝彦军, 王长周, 等. 钢坯连铸机液压伺服振动台的研究. 冶金设备, 2006(5): 32-35.

[49] 陈建文, 宋锦春, 张志伟, 等. 关于油雾润滑中油雾浓度的影响因素分析. 东北大学学报 (自然科学版), 2007, 28(4): 565-568.

[50] 赵丽丽, 宋锦春, 柳洪义. 电渣重熔熔速控制过程综合分析. 冶金设备, 2007(5): 20-24.

[51] 陈建文, 宋锦春, 李雪莲. 油雾润滑中局部油雾损失实验研究. 液压与气动, 2007(4): 31-34.

[52] 宋涛, 王长周, 宋锦春. 高压辊磨机液压系统动态分析. 液压与气动, 2007(4): 35-39.

[53] 郝彦军, 裴嗣明, 王长周, 等. 基于二次型理论的热轧带钢破鳞液压控制系统的改进. 冶 金自动化, 2007(6): 26-30.

[54] Song Jinchun, Wang Changzhou. Modeling and simulation of hydraulic control system for vehicle continuously variable transmission//ICIEA2008.2008: 799-803.

[55] Chen Jianwen, Song Jinchun. Measurement of the size of oil mist droplets//ICIEA2009. 2009: 373-376.

[56] Song Jinchun, Wang Changzhou. Dynamic simulation and control strategy of cen-trifugal flying shear. Applied Mechanics and Materials, 2009, 16-19: 278.

[57] Zhang Zhiwei, Song Jinchun. Study on motorcycle fatigue test with electro-hydraulic servo system//ICIEA2009.

[58] Chen Jianwen, Zhang Zhiwei, Song Jinchun. The application of optical rotation prin-ciple in density of oil mist measuring. Applied Mechanics and Materials, 2009, 16-19: 980.

[59] 张敬妹, 周自强, 王长周. 基于比例阀的气压伺服系统性能分析及仿真. 常熟理工学院学 报, 2009(2): 25-28.

[60] Zhang Zhiwei, Wu Zhongyou, Liu Fuchun, et al. Application of symmetrical propor-tional direction valve controlled unsymmetrical cylinder in the automatic roller gap adjusting of a novel straightener//IECON2010.

[61] 王长周, 宋锦春, 张志伟, 等. DSHplus 系统仿真软件在液压回路教学中的应用. 实验科 学与技术, 2011, 11(3): 58-60.

索　引

B

泵控液压缸	113
泵控液压马达	113,132
比例	1,4,7
比例电磁铁	169,171,174
比例调速阀	194
比例方向阀	188
比例复合阀	199
比例减压阀	185
比例节流阀	193
比例排量控制	209
比例容积控制	201
比例速度控制	237
比例压力调节	214
比例压力控制	180,233
比例溢流阀	180

C

差动回路	244

D

带钢对中装置	263
电液比例阀	178
电液力控制系统	149
电液伺服阀	61,103,106
电液伺服系统	146
电液速度控制系统	148
电液位置伺服系统	146
动态特性	111

E

二次静压调节	222

F

阀控液压缸	113,115
阀控液压马达	113,128
阀系数	69
仿真分析	293
飞机拦阻器	267
风力发电机	268

G

钢管水压试验机	257
功率适应控制	206
管拧机浮动抱钳	261

H

恒功率控制	207
恒压变量泵	203
滑阀	63,66

J

机液伺服系统	137,140
矫直机	264
静态特性	65,71,106
卷取机恒张力控制系统	165

K

空载流量特性	106
控制理论	9,36

L

流量连续性方程	114,130,134
流量敏感型变量泵	202
流量适应控制	201
流量线性化方程	69,130
流量压力系数	70
流量增益	70

P

跑偏控制伺服系统	159
喷嘴挡板阀	64,88

Q

汽车转向助力装置	156

S

射流管阀	66,98
水平连铸电液伺服系统	157
瞬态液流力	82
四边滑阀	71,74
伺服	1,2,6
速度放大系数	122

T

同步回路	240,246

W

位移 – 电反馈型	213
位移直接反馈式	210
稳态液流力	79
无级变速器	259

X

限压式变量泵	201

Y

压力 – 流量特性	107
压力补偿器	196
压力适应控制	204
压力特性	108
压力增益	70
液压仿形刀架	140
液压放大器	61
液压缸速度控制系统	155
液压固有频率	122
液压压下伺服系统	161
液压阻尼比	124

Z

重力平衡回路	245

郑重声明

高等教育出版社依法对本书享有专有出版权。任何未经许可的复制、销售行为均违反《中华人民共和国著作权法》，其行为人将承担相应的民事责任和行政责任；构成犯罪的，将被依法追究刑事责任。为了维护市场秩序，保护读者的合法权益，避免读者误用盗版书造成不良后果，我社将配合行政执法部门和司法机关对违法犯罪的单位和个人进行严厉打击。社会各界人士如发现上述侵权行为，希望及时举报，本社将奖励举报有功人员。

反盗版举报电话　（010）58581897　58582371　58581879
反盗版举报传真　（010）82086060
反盗版举报邮箱　dd@ hep. com. cn
通信地址　北京市西城区德外大街 4 号　高等教育出版社法务部
邮政编码　100120